“十三五”江苏省高等学校重点教材(编号:2019-2-073)
中国矿业大学教材建设工程资助教材

过程控制技术

主　编　窦东阳　杨建国
副主编　王艳飞　王启立　邓建军

中国矿业大学出版社
·徐州·

内 容 简 介

本书全面地论述了面向现代工业生产的过程控制技术和仪表知识，主要内容包括过程控制基础、检测技术及传感器、调节规律及控制器、执行器及仪表的防爆、单回路控制系统、复杂控制系统、计算机控制系统和典型过程设备的控制等。本书可作为高等院校相关专业（如机械类、化工类、能源类等）控制、仪表类课程的教材，也可作为从事过程控制研究、设计和应用的科学技术人员的参考、培训用书。

图书在版编目(CIP)数据

过程控制技术/窦东阳，杨建国主编. 一徐州：中国矿业大学出版社，2020.7(2024.1 重印)

ISBN 978-7-5646-4748-3

Ⅰ. ①过… Ⅱ. ①窦… ②杨… Ⅲ. ①过程控制—高等学校—教材 Ⅳ. ①TP273

中国版本图书馆 CIP 数据核字(2020)第 085682 号

书　　名 过程控制技术

主　　编 窦东阳　杨建国

责任编辑 周　红

出版发行 中国矿业大学出版社有限责任公司

（江苏省徐州市解放南路　邮编 221008）

营销热线 (0516)83884103　83885105

出版服务 (0516)83995789　83884920

网　　址 http://www.cumtp.com　**E-mail**:cumtpvip@cumtp.com

印　　刷 江苏淮阴新华印务有限公司

开　　本 787 mm×1092 mm　1/16　**印张** 14.5　**字数** 362 千字

版次印次 2020 年 7 月第 1 版　2024 年 1 月第 2 次印刷

定　　价 35.00 元

前　言

随着科技的发展，过程控制已经渗透到现代工业生产的各个角落，各行各业对懂过程控制的人才需求越来越旺盛。本书第 1 章论述了过程控制系统的发展、概念、性能，以及工艺管道和仪表流程图；第 2 章论述了压力、流量、温度、物位、质量、水分、密度、成分等工艺参数的检测技术及传感器的线制；第 3 章论述了被控对象特性、PID 调节规律、参数整定及模拟式、数字式调节器；第 4 章论述了气动、电动、数字调节阀及其流量特性和选型等；第 5 章论述了单回路控制系统设计和投运；第 6 章论述了串级、前馈、比值、选择、分程、均匀等复杂控制系统；第 7 章论述了直接数字控制、可编程逻辑控制、集散控制和现场总线控制等计算机控制系统；第 8 章论述了流体输送、传热、精馏、反应过程及汽包液位、炉膛温度等典型控制方案应用。本书可作为高等院校相关专业（如机械类、化工类、能源类等）控制、仪表类课程的教材，也可作为从事过程控制研究、设计和应用的科学技术人员的参考、培训用书。

本书配套了相关电子课件供选用本书作为教材的高等院校使用，并配有在线慕课视频，若需要上述资源可联系中国矿业大学出版社。

本书由窦东阳、杨建国任主编，王艳飞、王启立、邓建军任副主编。其中，窦东阳编写了第 1、2、3、4、8 章，王艳飞编写了第 5、6 章，王启立编写了第 7 章。杨建国、邓建军在全书的编写过程中提供了许多积极的建议，并参与了全书的审核。

由于编者水平有限，书中难免存在不妥之处，恳切希望大家提出宝贵的意见。

编　者

2019 年 3 月

目　录

第 1 章　过程控制基础

过程工业，也叫流程工业，是指石化、电力、冶金、造纸、化工、医药和食品等工业，其特点是连续性。为了提高竞争力，流程工业正在不断地通过提高过程装备的控制水平来提高产品质量、节省能耗、降低成本以获得更显著的经济效益。

过程装备控制是指在过程设备上，配上一些自动化装置或采用特定的自动控制系统来代替现场操作人员的部分或全部直接劳动，使设计、制造、装配、安装等过程在不同程度上自动地进行。这种利用自动化装置来管理生产过程的方法也叫生产过程自动化。生产过程自动化的程度已成为衡量工业企业现代化水平的一个重要标志。过程装备控制是生产过程自动化最重要的一个分支，随着国民经济建设的深入推进以及人们对安全、环保问题的日益重视，过程装备控制技术的发展日新月异，应用也越来越广泛，已经成为现代过程工业不可或缺的重要组成部分。

1.1　过程装备控制的发展过程

在过程装备控制发展的历程中，生产过程的需求、控制理论的开拓和控制手段的推陈出新三者相互影响、相互促进，有力推动了过程装备控制的不断进步。大多数学者认为，这个过程大致经历了以下几个阶段：

(1) 20 世纪 40 年代

手工操作状态，只有少量的检测仪表用于生产过程，操作人员主要根据观测到的反映生产过程的关键参数，用人工来改变操作条件，凭经验去控制生产过程。

(2) 20 世纪 50 年代

过程控制系统方面，多为单输入、单输出简单控制系统。

自动化仪表方面，采用的是基地式仪表和部分单元组合仪表(气动Ⅰ型和电动Ⅰ型)，部分生产过程实现了仪表化和局部自动化。

控制理论方面，只有以反馈为中心的经典控制理论。

(3) 20 世纪 60 年代

过程控制系统方面，出现了串级、比值、均匀、前馈和选择性等多种复杂控制系统。

自动化仪表方面，单元组合仪表(气动Ⅱ型和电动Ⅱ型)成为主流产品。

控制理论方面，出现了以状态空间法为基础，以极小值原理和动态规划等最优控制理论为基本特征的现代控制理论，由传统的单输入单输出系统理论发展到多输入多输出系统理论。

60 年代后期，出现了专门用于过程控制的小型计算机，直接数字控制系统和监督计算机控制系统开始应用于过程控制领域。

(4) 20 世纪 70 至 80 年代

微型计算机的出现及应用极大地促进了过程装备控制的发展。

过程控制系统方面,最优控制、非线性分布式参数控制、解耦控制、模糊控制应运而生。

自动化仪表方面,气动Ⅲ型、电动Ⅲ型和以微处理器为主要构成单元的智能控制装置,如集散控制系统(DCS)、可编程逻辑控制器 (PLC)、工业 PC 机和数字控制器等成为主流。尤其是集散控制系统,它实现了控制分散、危险分散,而操作监测和管理集中。

控制理论方面,形成了大系统理论和智能控制理论,如模糊控制、专家系统控制、预测控制、自适应控制、非线性控制、鲁棒控制等。

(5) 20 世纪 90 年代至今

过程控制系统方面,管控一体化、综合自动化是当今过程装备控制系统的发展方向。

自动化仪表方面,总线控制系统的出现,引起过程控制系统体系结构和功能结构上的重大变革。现场仪表的数字化和智能化,形成了真正意义上的全数字过程控制系统。

控制理论方面,人工智能方兴未艾。

近年来,出现了一种新的控制系统,称之为现场总线控制系统(FCS)。现场总线控制技术是计算机技术、通信技术、控制技术的综合与集成,它的特点是全数字化、全分布、全开放、可互操作和开放式互联网络。它克服了 DCS 的一些缺点,在体系结构、设计方法、安装调试方法和产品结构方面,对自动控制系统产生了深远的影响。

1.2 过程装备控制系统的分类

(1) 自动检测系统

自动检测系统采用各种检测仪表,如热电偶、热电阻、压力传感器等,自动连续地对各种工艺变量,如温度、压力、流量、液位等进行测量,将测量结果用仪表指示并记录下来供操作人员观察、分析或将测量结果传送给控制系统,作为自动控制的输入。

(2) 信号连锁系统

在生产过程中,各种因素的影响会导致某些工艺变量超出允许的变化范围,使生产不能正常运行,严重时甚至会引起燃烧、爆炸等事故。为了确保安全生产,常对这些关键性变量设置信号报警或连锁保护装置。其作用是在事故发生前,自动地发出声光报警信号,从而引起操作员的注意以便及早采取措施。若工况已接近危险状态,信号连锁系统将启动,如打开安全阀,切断某些通路或紧急停车,从而阻止事故的发生或扩大。

(3) 自动操纵系统

这是一种根据预先规定的程序,自动地对生产设备进行某种周期性操作,极大地减轻操作人员的繁重或重复性体力劳动的装置。例如,合成氨造气车间煤气发生炉的操作就是按照程序自动地进行的,如自动进行吹风,上吹、下吹制气,吹净等步骤,周期性地接通空气与水蒸气实现自动操纵。另外,一些工厂生产设备要求按某一方向间隔一段时间依次开车,按相反方向间隔一段时间依次停车,也是通过自动操纵系统实现的。

(4) 自动控制系统

利用一些自动控制仪表及装置,对生产过程中某些重要的工艺变量进行自动调节,使它们在受到外界干扰影响偏离正常状态后，能够自动地重新回复到规定的范围之内，从而保证生产的正常进行。

1.3　过程装备控制技术的研究内容

1.3.1　过程建模

（1）机理建模

根据过程本身的内在机理，利用能量平衡、物质平衡、反应动力学等规律建立系统的模型。此方法目前仍有不少应用场合，但在方法上没有太大的发展。这是由于过程工业种类繁多，其物化反应、生化反应等过程非常复杂，要想根据机理来建立准确的数学模型是非常困难的。

（2）黑箱建模

黑箱建模又称实验建模，根据被控过程的输入、输出数据建立数学模型，而不关心该过程的内部机理如何。黑箱建模的方法有最小二乘法系统辨识、人工神经网络模型、支持向量机模型、模糊模型和专家系统模型等。上述智能模型的交叉应用是此类模型的一种趋势。

（3）集成模型建模

集成模型建模是将机理建模方法与各种黑箱模型系统辨识方法取长补短有机地结合，产生出能够较准确地描述复杂过程的模型，是过程建模的又一研究方向。它有多种实现形式，如通过机理分析初步建立一个简化模型，再用输入输出数据通过智能算法优化该模型。又如通过机理分析指导智能模型，如神经网络结构的构造，再通过黑箱建模的机制训练该模型。

1.3.2　控制策略和方法

（1）PID 控制算法

大量的事实证明，传统的 PID 控制算法对于绝大多数工业被控过程可取得较好的控制效果。采用改进的 PID 算法或者将其与一些优化算法相结合组成所谓的自适应 PID 算法往往可以进一步提高控制质量，降低使用难度。

（2）预测控制

预测控制是直接从工业过程控制中产生的一类基于模型的新型控制算法。它高度结合了工业实际的要求，综合控制质量比较高，因而很快引起工业控制界以及学术界的广泛兴趣与重视，现已有许多商品化的预测控制软件包以及许多成功应用的报道。预测控制有三个要素，即预测模型、滚动优化和反馈校正。其机理表明它是一种开放式的控制策略，体现了人们在处理带有不确定性问题时的一种通用的思想方法。

（3）自适应控制

在过程工业中，不少的过程是时变的，如采用参数与结构固定不变的控制器，则控制系统的性能会不断恶化，这时就需要采用自适应控制系统来适应时变的过程。它是辨识与控制的结合。目前，比较成熟的自适应控制包括自整定调节器及其他简单自适应控制器、模型参考自适应控制和自校正调节与控制。

（4）智能控制

随着科学技术的发展，工业过程不仅要求控制的精确性，更加注重控制的鲁棒性、实时性、容错性以及对控制参数的自适应和自学习能力。另外，被控工业过程日趋复杂，过程的非线性和不确定性，使许多系统无法用数学模型精确描述。没有堪用的数学模型作前提，传统控制系统的性能将大打折扣。而智能控制器的设计不依赖过程的数学模型，因而对于复杂的工业过程往往可以取得很好的控制效果。常见的智能控制方法包括模糊控制、分级递阶控制、专家系统控制、神经网络控制、支持向量机控制等。

1.3.3 软测量技术

在许多工业过程中，存在着很多变量，它们受技术和经济原因所限，目前尚难以或暂时无法通过传感器直接检测，但又与产品质量密切相关，是必须加以严格控制的重要过程工艺变量，如精馏塔的产品组分浓度，化学反应器的反应物浓度和产品分布，发酵罐中的生物量参数和制浆工业中的卡伯值等。

开发新的传感器由于成本高，且功能单一、市场需求小，往往不现实。软测量技术，又称软测量仪表，是基于一些容易测量的二次工艺变量，通过一定的方法和模型推算出难测的工艺变量的数值。软测量技术本质上也需要对过程建模，即软测量建模。

1.3.4 过程优化

过程优化包含两个层次，一是稳态优化，二是最优控制。

目前稳态优化技术(或称之为离线操作优化或调优)主要有三种方法，即统计调优法、模式识别法与操作模拟分析法。这些方法的共同点是利用生产数据以及建模、优化方法在约束条件下求解最优的工艺参数，从而提供操作指导。当然，操作条件优化也可以用计算机在线自动完成。动态最优控制则是保证稳态操作点的“最优性”。过程优化获得的经济效益显著，在过程工业中大有作为，当前的趋势是以生产过程控制系统为基础，通过对企业生产管理、过程控制等信息的处理、分析、优化、整合、存储、发布，运用现代化企业生产管理模式建立覆盖企业生产管理与基础自动化的综合系统，即管控一体化。

1.4 过程装备控制的意义

(1) 安全性

在整个生产过程中，确保人身和设备的安全是最重要也是最基本的要求，通常采用越限报警、事故报警和连锁保护等措施加以保证。随着控制技术和计算机技术的不断发展，在线状态监测和故障诊断、容错控制等技术可以进一步提高系统的安全性。

(2) 经济性

随着市场竞争加剧和资源的匮乏，谁生产同样质量和数量产品所消耗的能量和原材料最少，也就是说生产成本低而效率高，谁就能不被淘汰。现阶段，已经从简单的现场控制层发展到流程综合自动化，实现管控一体，如大多数现代企业都已经或正在部署制造执行系统(MES)等。

(3) 稳定性

系统应具有抵抗外部干扰、保持生产过程长期稳定运行的能力。在生产过程中，原材料性质变化、燃料供应波动、换热器表面结垢等都会或多或少地影响生产过程稳定性。过程控制的目的之一就是使生产过程稳定在期望的条件下，从而获得合格的产品。

1.5 控制系统的概念

1.5.1 过程装备的控制

工业生产过程都是在一定的温度、压力、浓度、物位等工艺条件下进行的。为此，必须对这些工艺变量进行控制，使其稳定在能保证生产正常运行的范围之内。

以图 1-1 水箱液位控制为例，人工手动控制时，工人通过眼睛观察水位高度 h，与期望值 H 比较，转动阀门调节出水流量 Q_2，让 h 逐渐与 H 趋于一致。采用过程测量仪表（浮子液位计）代替人眼的观察得到水位数据，通过信号转换及传输装置（位移变送器）将该数据送到过程控制仪表（液位调节器）。控制仪表（也称调节仪表）相当于人的大脑，将变送器送来的信号与预先设定的水位信号进行比较得到两者的偏差，然后根据一定的控制算法（即调节器的调节规律）对该偏差加以计算得到相应的控制信号，将该信号传送给执行器（一般为自动调节阀），执行器根据控制信号的大小调节出水阀门，改变排水量的大小。如此反复调节，直至水位回复到规定的高度上，完成水位的自动控制。

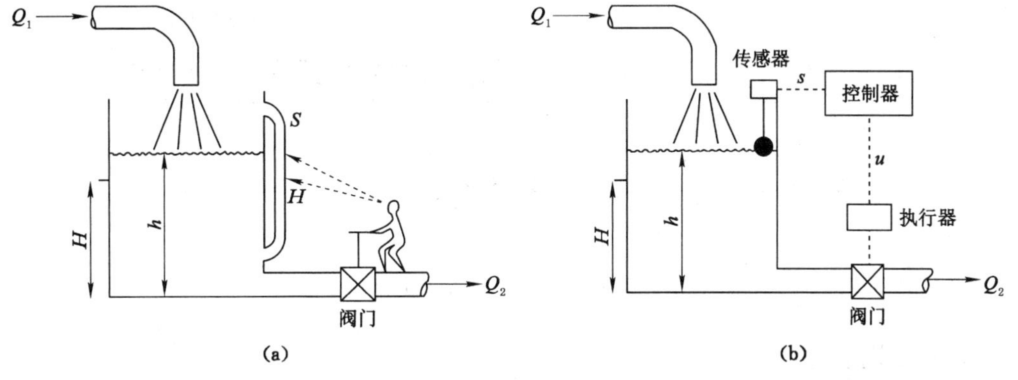

图 1-1 水箱液位控制系统

(a) 手动控制；(b) 自动控制

1.5.2 控制系统的组成

(1) 被控对象

在自动控制系统中，需要控制工艺变量的生产设备或机器称为被控对象，简称对象。在化工生产中，各种塔器、反应器、泵、压缩机以及各种容器、贮罐、贮槽，甚至一段输送流体的管道或者复杂塔器（如精馏塔）的某一部分都可以是被控对象。图 1-1 中的水箱即水箱液位控制系统中的被控对象。

(2) 检测元件和变送器

检测元件和变送器又称测量变送器，是测量需要控制的工艺参数并将其转化为一种特定信号（电流信号或气压信号）的仪器，在自动控制系统中起着“眼睛”的作用，因此要求准确、及时、灵敏。

(3) 控制器

控制器又称调节器，它将检测元件或变送器送来的信号与其内部的工艺参数给定值信号进行比较，得到偏差信号。根据这个偏差的大小按一定的运算规律计算出控制信号，并将控制信号传送给执行器。

(4) 执行器

接受调节器送来的信号，自动地改变阀门的开度，从而改变输送给被控对象的能量或物料量。最常用的执行器是气动薄膜调节阀。当采用电动调节器时，调节阀上还需增加一个电气转换器。

1.6 控制系统的方框图

在研究自动控制系统时，为了便于对系统分析研究，一般都用方框图来表示控制系统的组成。

图 1-2 为液位自动控制系统的方框图。每个环节表示组成系统的一个部分，称为“环节”。两个方框之间用一条带有箭头的线条表示其信号的相互关系，箭头指向方框表示为这个环节的输入，箭头离开方框表示为这个环节的输出。线旁的字母表示相互间的作用信号。

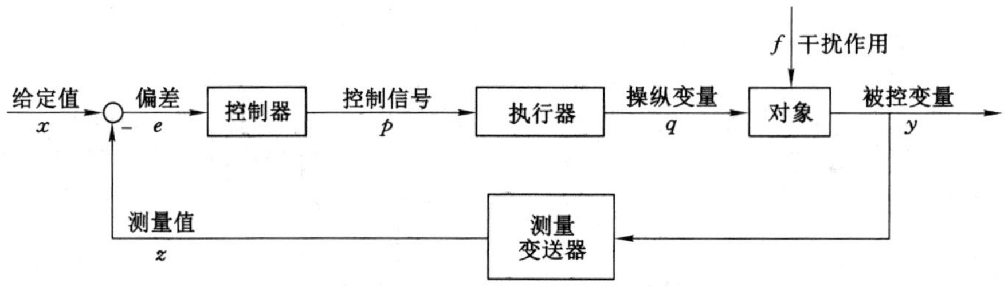

图 1-2 液位自动控制系统方框图

(1) 被控变量 y

被控变量指需要控制的工艺参数，如水箱的水位、反应器的温度、燃料流量等。它是被控对象的输出信号。在控制系统方框图中，它也是自动控制系统的输出信号。但它是理论上的真实值，由测量变送器输出的信号是被控变量的测量值 z。

(2) 给定值(或设定值) x

给定值对应于生产过程中被控变量的期望值。当其值由工业调节器内部给出时称为内给定值。最常见的内给定值是一个常数，它对应于被控变量所需保持的工艺参数值。当其值产生于外界某一装置，并输入调节器时称为外给定值。

(3) 测量值 z

测量值是由检测元件得到的被控变量的实际值。

(4) 操纵变量(或控制变量) q

受控于执行阀，用以克服干扰影响，具体实现控制作用的变量称为操纵变量，它是执行阀的输出信号。在图 1-1 中，操纵变量就是水箱的出水流量。化工、炼油等工厂中流过调节阀的各种物料或能量，或者由触发器控制的电压或电流都可以作为操纵变量。

(5) 干扰(或外界扰动) f

干扰是引起被控变量偏离给定值的，除操纵变量以外的各种因素。最常见的干扰因素是负荷改变，电压、电流的波动，气候变化等。水箱液位控制中，进水流量的波动、下雨等都是干扰。

（6）偏差信号 e

偏差信号在理论上应该是被控变量的实际值与给定值之差，而能够直接获取的信息是被控变量的测量值，因此，通常把给定值与测量值的差作为偏差，即 $e=x-z$。在反馈控制系统中，调节器根据偏差信号的大小去控制操纵变量。

（7）控制信号 p

控制信号是调节器将偏差按一定规律计算得到的量。

1.7　控制系统的分类

过程控制系统的分类方法很多，若按被控参数的名称来分，有温度、压力、流量、液位、成分、pH 值等控制系统；按控制系统完成的功能来分，有比值、分程和选择等控制系统；按调节器的控制规律来分，有比例、比例积分、比例微分、比例积分微分、智能控制系统等；按被控变量的多少来分，有单变量和多变量控制系统；按采用仪表的形式来分，有常规仪表控制系统、DCS（集散控制系统）、FCS（现场总线控制系统）等；按给定值信号的特点分为定值控制系统、随动控制系统、程序控制系统；按输出对操纵变量影响分为闭环控制系统、开环控制系统；按复杂程度分为简单控制系统、复杂控制系统。部分分类见图 1-3。按克服干扰的方式分类和按给定值信号的特点来分类是两种最基本的分类方法。

- 按给定值信号的特点
  - 定值控制系统
  - 随动控制系统
  - 程序控制系统
- 按输出对操纵变量影响
  - 闭环控制系统
  - 开环控制系统
- 按复杂程度
  - 简单控制系统
  - 复杂控制系统
- 按克服干扰的方法
  - 反馈控制系统
  - 前馈控制系统
  - 前馈-反馈控制系统
- ⋮

图 1-3　过程控制系统的分类

1.7.1　按克服干扰的方式分类

（1）反馈控制系统

反馈控制系统是过程控制系统中的一种最基本的控制结构形式。反馈控制系统是根据系统被控变量的偏差进行工作的，达到消除或减小偏差的目的。偏差值是控制的依据。

（2）前馈控制系统

前馈控制系统在原理上完全不同于反馈控制系统。前馈控制是以不变性原理为理论基础的。前馈控制系统直接根据扰动量的大小进行工作，扰动是控制的依据。由于没有被控变量的反馈，前馈控制系统也称为开环控制系统。

（3）前馈-反馈控制系统

在工业生产过程中，引起被控变量变化的扰动是多种多样的。开环前馈控制的最主要的优点是能针对主要扰动及时迅速地克服其对被控变量的影响。对其余次要扰动，则利用反馈控制予以克服，使控制系统在稳态时能准确地使被控变量控制在给定值上。在实际生产过程中，将两者结合起来使用，可充分利用前馈与反馈控制两者的优点。在反馈控制系统中引入前馈，从而构成前馈-反馈控制系统，它可以大大提高控制质量。

1.7.2 按给定值信号的特点分类

(1) 定值控制系统

所谓定值控制系统，就是系统被控变量的给定值保持在某一定值不变，或保持在一定范围。定值控制系统是过程控制中应用最多的一种控制系统，这是因为在工业生产过程中大多要求系统被控变量的给定值保持在某一定值，或保持在很小的偏差范围内。例如，过热蒸汽温度控制系统、转炉供氧量控制系统均为一个定值控制系统。对于定值控制系统来说，由于引起被控变量变化的是扰动信号，所以定值控制系统的输入信号是扰动信号。

(2) 程序控制系统

它是被控变量的给定值按预定的时间程序变化的控制系统。控制的目的是使系统的被控变量按工艺要求规定的程序自动变化。例如，同期作业的加热设备(机械、冶金工业中的热处理炉)，一般工艺要求加热升温、保温和逐次降温等程序，给定值就按此程序自动地变化，控制系统按此给定程序自动工作，达到程序控制的目的。

(3) 随动控制系统

与运动控制系统中的位置等随动控制不同，它是一种被控变量的给定值随时间任意变化的控制系统。其主要作用是克服一切扰动，使被控变量快速跟随给定值而变化。例如，在加热炉燃烧过程的自动控制中，生产工艺要求空气量跟随燃料量的变化而成比例地变化，而燃料量是随生产负荷而变化的，其变化规律是任意的。随动控制系统使空气量跟随燃料量的变化自动控制空气量的大小，达到加热炉的最佳燃烧。

1.8 控制系统的过渡过程及性能指标

处于平衡状态下的自动控制系统受到干扰作用后，被控变量会发生变化而偏离给定值，系统进入过渡过程。自动控制系统的作用就是检测变化、计算偏差并消除偏差。在这一过程中，被控变量的变化情况，偏离给定值的最大程度，以及系统消除偏差的速度、精度等都是衡量自动控制系统质量的依据。

1.8.1 控制系统的过渡过程

从被控对象受到干扰作用偏离给定值时起，调节器开始发挥作用，使被控变量回复到给定值附近范围内。然而这一回复并不是瞬间完成的，而要经历一个过程，这个过程就是控制系统的过渡过程。它是控制系统在闭环情况下，在干扰和自动控制的共同作用下形成的。阶跃干扰影响下控制系统的过渡过程有如图 1-4 所示的几种基本形式。

过渡过程(a)和(b)都是衰减的，称为稳定过程。对于(a)，被控变量经过一段时间，才逐渐趋向平衡状态，但在控制过程中被控变量长时间地偏离给定值，一般不采用；对于(b)，由于能够较快地达到平衡状态，因此在大多数情况下希望得到这样的过渡过程。

过渡过程(c)介于稳定过程和不稳定过程之间，一般被认为是不稳定的过程。对于一些控制质量要求不高的场合，被控变量允许在一定范围内波动，那么是可以采用的，如位式控制。

过渡过程(d)称为不稳定的过渡过程，其被控变量在控制过程中，非但不能达到平衡状

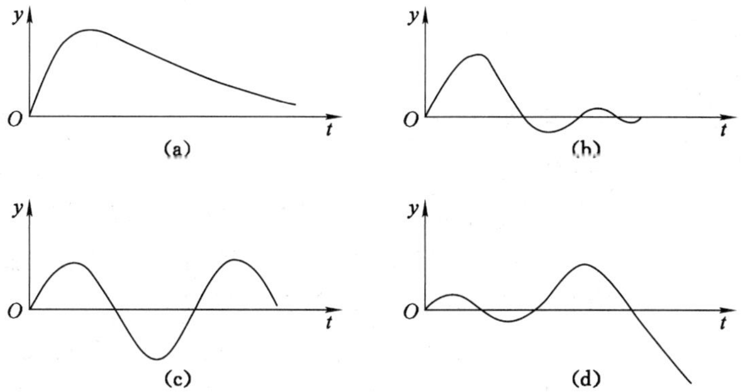

图 1-4　过渡过程的四种形式

(a) 非周期衰减；(b) 衰减振荡；(c) 等幅振荡；(d) 发散振荡

态，而且逐渐远离给定值，它将导致被控变量超限，甚至引发事故，应避免。

1.8.2　控制系统的性能指标

每一个衰减振荡过程的控制质量并不完全相同。要评价和讨论一个控制系统性能的优劣，就必须建立某些统一的衡量标准。最常见的是以阶跃响应曲线形式表示的质量指标，如图 1-5 所示。

(1) 最大偏差(或超调量)

对一个定值控制系统来说，最大偏差是指过渡过程中被控变量第一个波的峰值与给定值的差，如图 1-5 中的 A；在随动控制系统中，通常采用另一个指标——超调量 σ。

$$\sigma=\frac{(A-C)}{C}\times 100\%$$

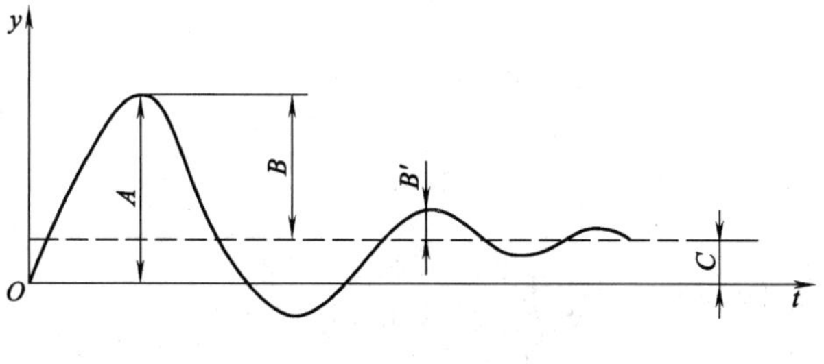

图 1-5　过渡过程品质指标示意图

(2) 衰减比

衰减比是过渡过程曲线上同方向的相邻两个幅值之比，即 $B:B'$，一般用 $n:1$ 表示($n=4\sim10$ 为宜)。

(3) 回复时间

回复时间也称过渡时间。实际的过渡时间是从扰动开始作用之时起，直至被控变量进入新稳态值的 $\pm5\%$ 的范围内所经历的时间。

(4) 余差

余差是指过渡过程终了时，被控变量新的稳态值与给定值之差，如图 1-5 中的 C。它不是过渡过程的动态指标，反映了系统的控制精度。

(5) 振荡周期

过渡过程的第一个波峰与相邻的第二个同向波峰之间的时间间隔称为振荡周期(或称工作周期)，其倒数称为振荡频率。

确定性能指标时应主要看其能否满足工艺的要求。如对于定值控制系统，一般要求被控变量最大偏差小、尽可能快地回复到给定值；对于随动控制系统，要求被控变量以一定精度快速跟上给定值的变化，因此希望超调量小，调节时间尽可能短。

例 1-1 某换热器的温度控制系统在单位阶跃干扰作用下的过渡过程曲线如图 1-6 所示，给定值为 200 ℃。试分别求出最大偏差、余差、衰减比、振荡周期和过渡时间。

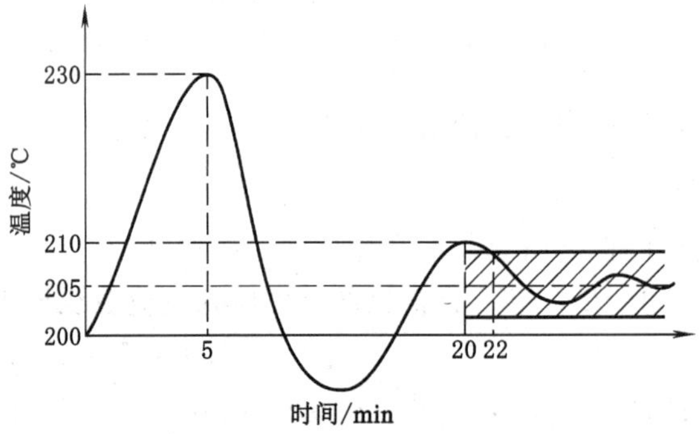

图 1-6 温度控制系统过渡过程曲线

解 最大偏差 $A=(230-200)$ ℃ $=30$ ℃ 余差 $C=(205-200)$ ℃ $=5$ ℃

由图 1-6 可以看出，第一个幅值 $B=(230-205)$ ℃ $=25$ ℃，

第二个幅值 $B'=(210-205)$ ℃ $=5$ ℃，

故衰减比应为 $B:B'=25:5=5:1$。

振荡周期为同向两波峰之间的时间间隔，故周期

$$T=(20-5)\ \text{min}=15\ \text{min}$$

1.9 工艺管道及仪表流程图

工艺管道及仪表流程图(piping and instrument diagram，工艺 PI 图或 P&ID)是工艺系统专业人员最重要的设计成品，是工厂和装置安装设计的依据。工艺管道及仪表流程图应能清楚地表示出设备、管道、阀门、管件及仪表等方面的内容。图 1-7 为某立式热虹吸式再沸器的管道及仪表流程图的局部，为了便于阐述，也作了适当调整。蒸馏塔的塔底液进入再沸器中，通常在再沸器中有 25%～30%的液相被汽化，被汽化的两相流被送回到蒸馏塔中，返回塔中的气相组分向上通过塔盘，而液相组分落回到塔底。图中 SV 表示安全阀，PG 表示工艺气体，T 表示蒸汽疏水阀。

1.9.1 图形符号

(1) 测量点(包括检测元件、取样点)

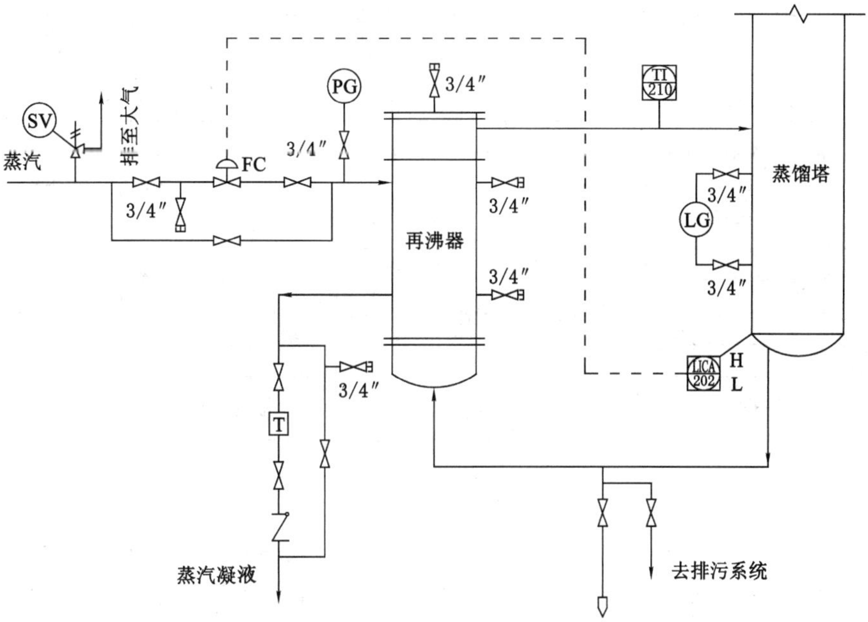

图 1-7　某立式热虹吸式再沸器的管道及仪表流程图

测量点是由工艺设备轮廓线或工艺管线引到仪表圆圈的连接线的起点，一般无特定的图形符号，如图 1-8 所示。必要时，检测元件也可以用象形或图形符号表示。

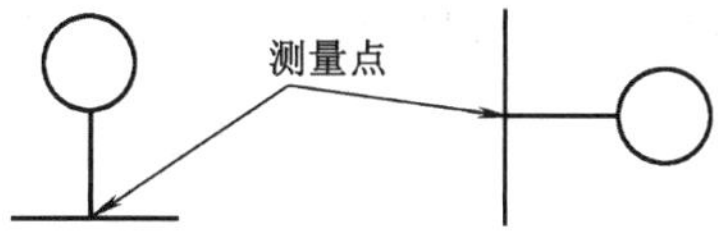

图 1-8　测量点的一般表示

（2）连接线

通用的仪表信号线均可以细实线表示。连接线表示交叉及相接时，采用图 1-9 的形式。必要时也可用加箭头的方式表示信号的方向。在需要时，信号线也可按气压信号、电信号、导压毛细管等采用不同的表示方式以示区别，如表 1-1 所示。

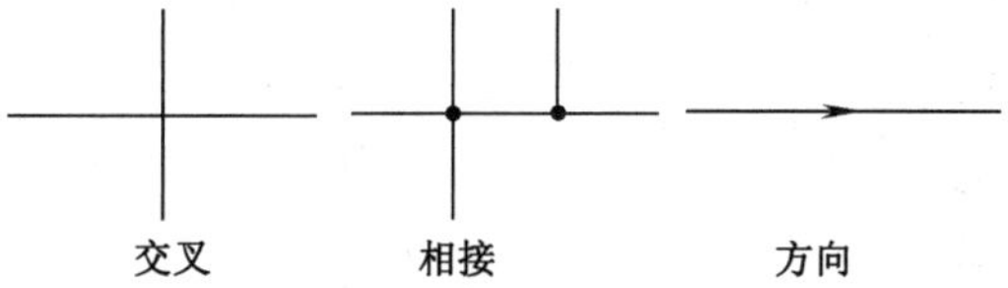

图 1-9　连接线的一般表示

表 1-1　仪表信号线符号

符　号	说　明
	电信号线
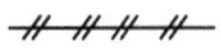	气压信号线
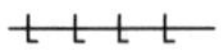	液压信号线
	导压毛细管
	电磁或声信号线
	软件或数据信号线

(3) 仪表(包括检测、显示、控制)的图形符号

仪表的图形符号是一个细实线圆圈,直径约 10 mm,仪表在不同安装位置的图形符号如表 1-2 所示。就地安装仪表是根据工艺操作需要而设置的仪表,供操作人员巡回检查时及时了解工艺过程参数,所以它是根据需要而随处安装的,如泵的出口就地压力表。就地仪表盘面安装仪表是就地集中显示的仪表,如压缩机组操作的现场仪表盘,利于了解和掌握压缩机操作的总体运行情况并可及时指导调整机组的操作。盘面、台面安装仪表是指仪表安装在正常使用时操作人员可接近的盘面上,如室内的 DCS 操作台等,即我们常说的远传类仪表。盘后、台内安装仪表是指仪表安装在正常使用时操作人员不能接近(只有仪表等专业人员可以接近进行操作、维护)的仪表盘区域之内的仪表,一般没有指示功能,如变送器、电源等。

表 1-2　仪表在不同安装位置的图形符号表示

序号	安装位置	图形符号	备注	序号	安装位置	图形符号	备注
1	就地安装仪表	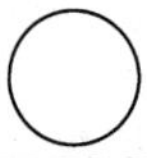		4	集中仪表盘后安装仪表	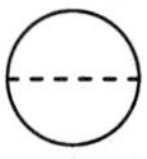	
		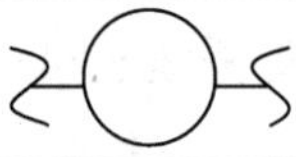	嵌在管道中	5	就地仪表盘后安装仪表	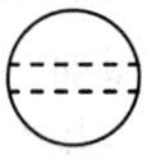	
2	集中仪表盘面安装仪表	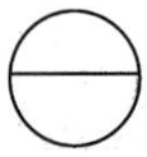		6	DCS 控制系统中的仪表	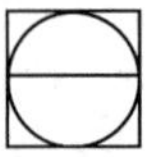	
3	就地仪表盘面安装仪表	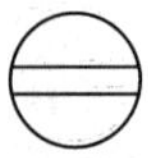		7	PLC 控制系统中的仪表	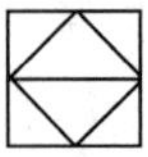	

对于处理两个或两个以上被测变量,具有相同或不同功能的复式仪表,可用两个相切的圆或分别用细实线圆与细虚线圆相切表示(测量点在图纸上距离较远或不在同一图纸上),如图 1-10 所示。

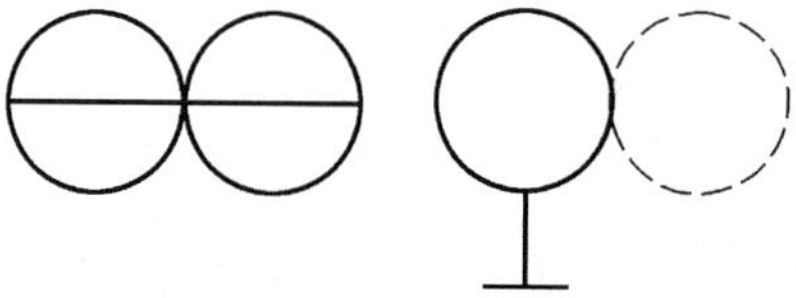

图 1-10　复式仪表的表示法

(4) 执行器

执行器(包括执行机构和控制阀体)的图形符号如表 1-3 所示。

表 1-3　执行器的图形符号表示

图形符号	说明	图形符号	说明
	截止阀	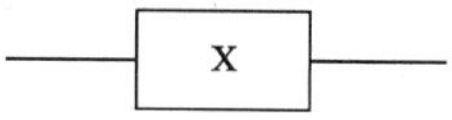	其他形式的阀(注明 X 的具体形式)
	止回阀	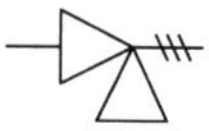	安全阀
	带弹簧的薄膜执行机构	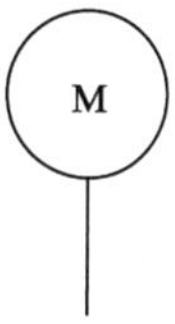	电动执行机构
	带气动阀门定位器的气动薄膜执行机构		带电气阀门定位器的气动薄膜执行机构

1.9.2　字母代号

在控制流程图中,用来表示仪表的小圆圈的上半圆内,一般写有两位(或两位以上)字母,第一位字母表示被测变量,后继字母表示仪表的功能,常用字母代号如表 1-4 所示。

表 1-4　被测变量和仪表功能的字母代号

字母	第一位字母		后继字母
	被测变量	修饰词	功能
A	分析		报警
C	电导率		控制(调节)
D	密度	差	
E	电压		检测元件
F	流量	比(分数)	

表 1-4(续)

字母	第一位字母		后继字母
	被测变量	修饰词	功能
G	毒性或可燃气体		视镜、观察
I	电流		指示
K	时间或时间程序		自动-手动操作器
L	物位		
M	水分或湿度		
P	压力或真空		
Q	数量或件数	积分、累积	积分、累积
R	放射性		记录或打印
S	速度或频率	安全	开关、连锁
T	温度		传送
V	黏度		阀、挡板、百叶窗
W	力		套管
Y	供选用		继动器(继电器)或计算器
Z	位置		驱动、执行或未分类的终端执行机构

如,PSV 表示压力安全阀,P 表示被测变量是压力,S 表示具有安全功能,V 表示控制阀;TT 表示温度变送器,第一个字母 T 表示被测变量是温度,第二个字母 T 表示变送器;TS 表示温度开关,T 表示温度,S 表示开关;ST 表示转速变送器,S 表示被测变量是转速,T 表示变送器。

后续字母 Y 表示该仪表具有继电器、计算器或转换器的功能。例如,可以是一个放大器或气动继电器等,也可以是一个乘法器,或加法器,或实现前馈控制规律的函数关系等,也可以是电信号转换成气压信号的电气转换器,或频率-电流转换器或其他的转换器。

在 P&ID 中,一个控制回路可以用组合字母表示。例如,一个温度控制回路可表示为 TIC,或简化为 T。它表示该控制回路由 TT 温度变送器、TE 温度检测元件、TC 温度控制器、TI 温度指示仪表、TY 电气阀门定位器和 TV 气动薄膜控制阀组成。

塔底的液位控制系统中的 LICA-202 代表一台从属于 DCS 控制系统的具有指示、报警功能的液位控制器,它是通过改变立式热虹吸式再沸器的蒸汽量来调节再沸器中液体的汽化量,进而影响从塔底流入再沸器的液体量来维持蒸馏塔液位稳定的。

1.9.3 仪表位号

仪表位号是由字母代号组合和阿拉伯数字编号两部分组成的。阿拉伯数字编号写在圆圈的下半部,其第一位数字表示工段号,后续数字(第二位或第三位数字)表示仪表序号。

立式热虹吸式再沸器的管道及仪表流程图中的 TI-210 代表一台温度指示仪表,该仪表属于 DCS 控制系统,工段号为 2,仪表序号为 10。

例 1-2 图 1-11 是一个工艺管道及仪表流程图。从脱甲烷塔出来的釜液进入脱乙烷塔脱除乙烷。从脱乙烷塔塔顶出来的 C_2 馏分经塔顶冷凝器冷凝后,部分作为回流,其余则去乙炔加氢反应器进行加氢反应。从脱乙烷塔底出来的釜液部分经再沸器后返回塔底，其余则去脱丙烷塔脱除丙烷。请读懂该图并说明其中字母的含义。

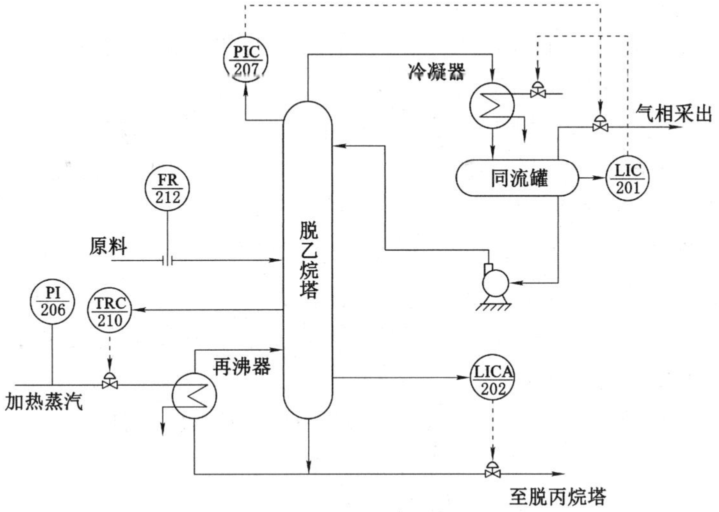

图 1-11　某脱乙烷塔的工艺管道及仪表流程图

解　塔顶的压力控制系统中的 PIC-207，其中第一位字母 P 表示被测变量为压力，第二位字母 I 表示具有指示功能，第三位字母 C 表示具有控制功能，因此，PIC 的组合就表示一台具有指示功能的压力控制器，该控制系统是通过改变气相采出量来维持塔压稳定的。同样，回流罐液位控制系统中的 LIC-201 是一台具有指示功能的液位控制器，它是通过改变进入冷凝器的冷剂量来维持回流罐中液位稳定的。

在塔的下部的温度控制系统中的 TRC-210 表示一台具有记录功能的温度控制器，它是通过改变进入再沸器的加热蒸汽量来维持塔底温度恒定的。当一台仪表同时具有指示、记录功能时，只需标注字母代号“R”，不标“I”，所以 TRC-210 可以同时具有指示、记录功能。同样，在进料管线上的 FR-212 可以表示同时具有指示、记录功能的流量仪表。

在塔底的液位控制系统中的 LICA-202 代表一台具有指示、报警功能的液位控制器，它是通过改变塔底采出量来维持塔釜液位稳定的。仪表圆圈外标有“H”“L”字母，表示该仪表同时具有高、低限报警功能，在塔釜液位过高或过低时，会发出声、光报警信号。

与其他集中仪表不同，PI-206 是具有压力显示功能的就地安装仪表。

1.9.4　其他

我国行业标准《管道仪表流程图设计规定》(HG 20559—93)对 P&ID 中的设备图形符号、管道和管件图形符号，管道编号及标注，物料代号和缩写词，隔热、保温、防火和隔声代号，设备位号等作了全面的规范，在绘制时应该以此为准。少数特殊的在 P&ID 中应有图例说明以便阅读。

本章习题

1. 什么是生产过程自动化？生产过程自动化主要包含了哪些内容？

2. 机理建模的依据是什么？

3. 组成控制系统的环节主要有哪几个？控制系统常用的术语都有什么？

4. 什么是控制系统的方框图？它与工艺流程图有什么区别？

5. 试分别解释干扰、被控变量、给定值、操纵变量的概念。

6. 请概述负反馈的概念，并说明其在自动控制系统中有什么重要意义。

7. 自动控制系统按给定值形式不同可分为哪几类？

8. 自动控制系统的过渡过程是什么？其在阶跃干扰作用下有哪几种基本形式？其中能满足自动控制要求的有哪些？为什么？

9. 试分别画出衰减比为 $n<1$，$n=1$，$n>1$，$n\to\infty$ 时的过渡过程曲线。

10. 哪些控制性能指标可以表示衰减振荡过程？

11. 请解释工艺管道及仪表流程图的概念。

12. 如图 1-12 所示，试分别说明图中 PI-307、TRC-303、FRC-305 所代表的意义。

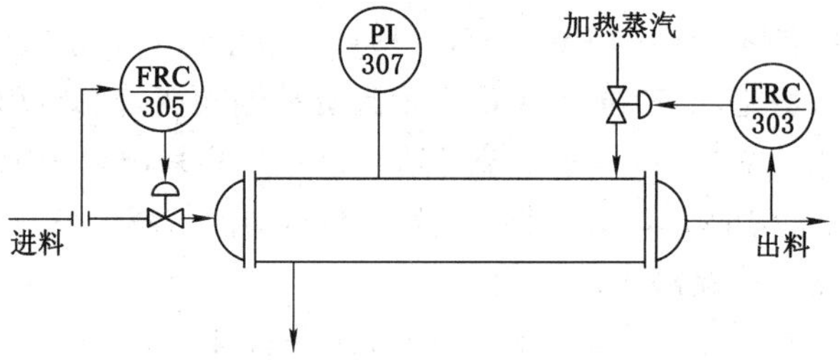

图 1-12 某列管式蒸汽加热器控制流程图

13. 图 1-13 所示为一反应器温度控制系统示意图。A 、B 两种物料进入反应器进行反应，通过改变进入夹套的冷却水流量来控制反应器内的温度不变。试画出此温度控制系统的方框图，并说明该系统中的被控对象、被控变量、操纵变量及干扰是什么。

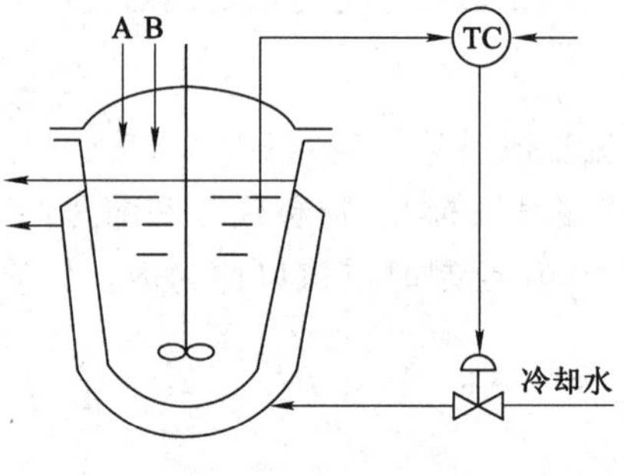

图 1-13 某反应器温度控制系统流程图

14. 如图 1-14 所示，图(a)是蒸汽加热器的温度控制原理图。试画出该系统的方框图，并说明被控对象、被控变量、操纵变量和干扰是什么。现因实际需要，出口物料温度需从 80 ℃提高到 81 ℃，当仪表给定值阶跃变化后，被控变量的变化曲线如图(b)所示。试求该系统的过渡过程品质指标：最大偏差、衰减比和余差。

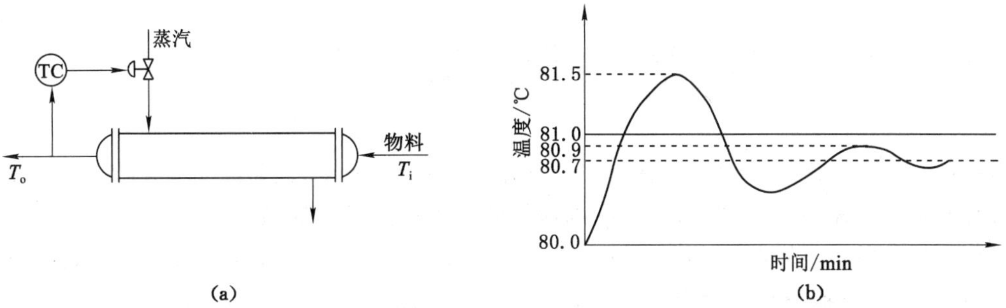

图 1-14　蒸汽加热器

(a) 控制流程图；(b) 阶跃响应曲线

第2章 检测技术及传感器

在现代流程工业生产中，为了指导生产操作、保障生产安全、提高产品质量、增加企业效益，过程自动化必不可少。如何及时、准确地检测出生产过程中的各个工艺参数，如压力、流量、物位及温度等，是首先必须面对的问题。用来检测这些参数的技术工具称为检测仪表。用来将这些参数转换为与之对应的便于传送的信号（如电压、电流、电阻、频率、位移和力等）的仪表称为传感器。当传感器的输出为单元组合仪表所规定的标准模拟量信号或满足特定规范的数字量信号时，称之为变送器。

2.1 概述

参数检测，又叫参数测量，就是用检测仪表，通过能量的变换、实验和计算找到被测量的工艺参数值的过程。测量过程有三要素：测量单位、测量方法和检测仪表。尽管需要检测的参数多种多样，检测方法及仪表的结构原理也各不相同，但测量方法的实质是将被测参数与其相应的测量单位进行比较并取得比值所采用的方法，而检测仪表就是实现这种比较的工具。

2.1.1 测量单位

数值为1的某量，称为该量的测量单位或计量单位。由于测量单位是人为定义的，它带有任意性、地区性和习惯性等，比较混乱。如质量单位就有市斤、公斤、克、千克、磅、盎司、克拉等。为了统一测量单位，提高测量单位的准确性和科学性，方便使用，国际计量大会采纳和推荐国际单位制。

国际单位制(SI)规定的7个基本单位是：长度（米）、质量（千克）、时间（秒）、电流（安培）、热力学温度（开尔文）、物质的量（摩尔）和发光强度（坎德拉）。

2.1.2 测量方法

测量方法主要有以下几种分类方法。

(1) 直接测量与间接测量

直接测量是指直接从检测仪表的读数获取被测量值的方法。直接测量的特点是不需要对被测量与其他实测的量进行函数关系的辅助运算，因此直接测量过程迅速，是工程测量中广泛应用的测量方法。直接测量包括直接比较测量法、微差测量法和零位测量法。

直接比较测量法是最常见的测量方法，仪表刻度预先用标准具进行分度和校准，测量时，指示标记的位移在标尺上相应的刻度值就表示了被测量的值。比如用一根量尺测量长度、用电压表读取电压等。

将被测量与同它的量值只有微小差别的已知量相比较，并测出这两个量值间的差值以确定被测量的测量方法，称为微差测量法。其最大优点是当满足复现已知量的精确度很高，且其值又很接近被测量值的条件时，用精度较低的测量仪表也能得到较高精度的测量结果。

如图 2-1 所示，如果尺寸 a 的测量误差不超过 $\pm\Delta$，则

$$L=l+(a\pm\Delta)=(l+a)(1\pm\frac{\Delta}{l+a}) \tag{2.1}$$

因为 $l\gg a$，所以

$$\frac{\Delta}{l+a}\ll\frac{\Delta}{a} \tag{2.2}$$

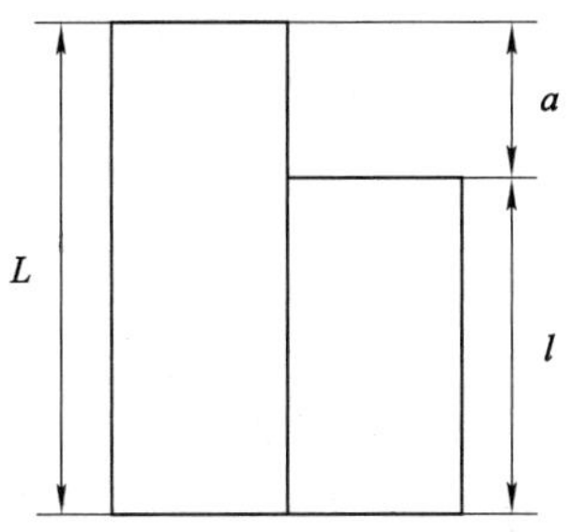

图 2-1　微差测量实例

零位测量法（又称补偿测量法或平衡测量法）是通过调整一个或几个与被测量有已知平衡关系（或已知其值）的量，用平衡法确定被测量的测量方法，如天平称重、零位式活塞压力计测压力、电位差计测电压等。

间接测量是指将一个难以直接检测的被测量转化为若干个可直接测量的量来测量，而后再依据由定义或规律导出的关系式进行计算或作图，从而间接获得测量结果的测量方法，又称软测量。比如测一个实心球体的密度，可以通过测量它的半径 r 和重量 m，通过如下关系式间接得到

$$\rho=\frac{3m}{4\pi r^3} \tag{2.3}$$

（2）等精度测量和不等精度测量

在测量过程中，使影响测量误差的各因素（如环境条件、仪器仪表、测量人员、测量方法等）保持不变，对同一被测量进行次数相同的重复测量，这种测量方法称为等精度测量法。等精度测量所获得的测量结果，其可靠程度是相同的。

在测量过程中，测量环境条件有部分不相同或全部不相同，如测量仪器精度、重复测量次数、测量环境、测量人员熟练程度等有了变化，所得测量结果的可靠程度显然不同，这种方法称为不等精度测量法。

（3）接触测量与非接触测量

接触测量是指通过仪表的感受元件与被测对象直接接触获得测量信息的测量方法。

非接触测量是指在不接触被测物体表面的情况下，得到物体表面参数信息的测量方法。

（4）静态测量与动态测量

在测量过程中，如被测参数恒定不变，则此种测量称为静态测量。被测参数随时间变化而变，此种测量方法称为动态测量。

2.1.3　检测仪表

传感器又称为检测元件或敏感元件，它直接响应被测参数，并经能量转换转化成一个与被测变量成对应关系的便于传送的输出信号，如电压（mV）、电流（mA）、电阻（Ω）、频率（Hz）、位移、力等。

传感器的输出信号由于种类很多，而且信号往往很微弱，一般都需要经过变送环节的进

一步处理，把传感器的输出信号转换成如 4～20 mA、0.02～0.1 MPa 的标准统一的模拟量信号或满足特定标准的数字量信号，这种检测仪表称为变送器。检测仪表结构如图 2-2 所示。

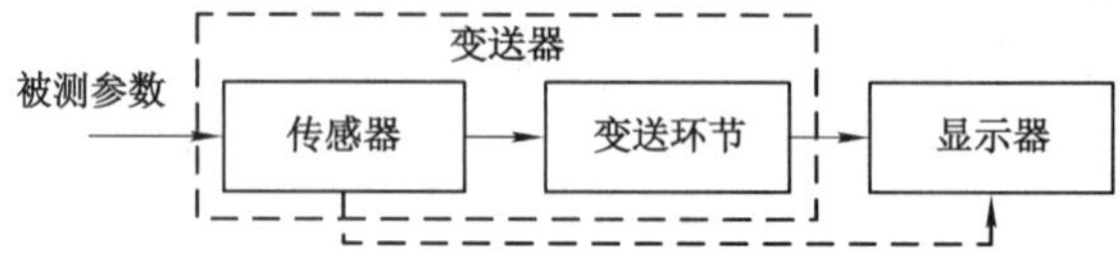

图 2-2 检测仪表结构示意图

显示器的作用是向观察者显示被测量数值，它可以是瞬时量的显示、累积量的显示、越限报警等，也可以是相应的记录显示。显示仪表常被称为二次仪表。

有些时候，传感器可以不经过变送环节，直接通过显示器把被测参数显示出来。

2.2 测量误差

2.2.1 概念

由于在测量过程中所用的仪器仪表准确度的限制，环境条件的变化，测量方法的不够完善，以及测量人员生理、心理上的影响，测量结果不可避免地存在与被测量真值之间的差异，这种差异称为测量误差。因此，只有在得到测量结果的同时，指出测量误差的范围，所得的测量结果才是有意义的。测量误差分析的目的是，根据测量误差的规律性，找出减少或消除误差的方法，科学地表达测量结果，合理地设计测量系统。

(1) 测量误差的分类

系统误差是指在相同条件下，多次测量同一被测量的过程中出现的一种误差，它的绝对值和符号或者保持不变，或者在条件变化时按某一规律变化。

随机误差又称偶然误差，它是在相同条件下多次测量同一被测量的过程中所出现的绝对值和符号以不可预计的方式变化的误差。

明显地歪曲测量结果的误差称为粗大误差。含有粗大误差的测量值称为异常值或坏值。

(2) 测量的精密度、准确度和精确度

对同一被测量进行多次测量，测量的重复性程度称为精密度。测量的精密度取决于随机误差，因为随机误差反映在相同条件下对同一被测量进行多次测量时，所得测量结果的离散程度。随机误差越小，测量值分布越密集，测量结果的重复性越好，测量的精密度越高，反之亦然。

对同一被测量进行多次测量，测量值偏离被测量真值的程度称为准确度。测量的准确度取决于系统误差的大小。系统误差愈小，则测量的准确度愈高。

精密度与准确度的综合称为精确度。只有系统误差和随机误差都较小时，其才具有较高的精确度。因此，为了提高测量的精确度，必须设法消除系统误差，并采取多次重复测量来估计随机误差的影响，以求出测量结果的最可信赖值。

图 2-3 为打靶的弹孔分布图，其中(a)只能说精密度高，(b)只能说准确度高，而(c)才是精确度高。可见，系统误差影响准确度，随机误差影响精密度。

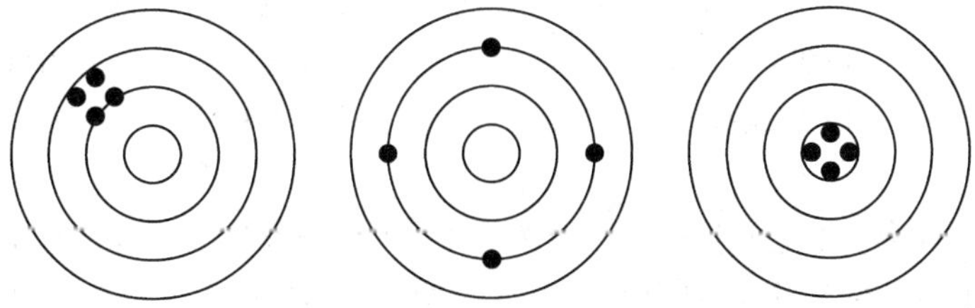

图 2-3　精密度、准确度和精确度示例

(a) 精密度；(b) 准确度；(c) 精确度

(3) 不确定度

测量的不确定度是表示用测量值代表被测量真值的不肯定程度。它是对被测量的真值以多大的可能性处于以测量值为中心的某个量值范围之内的一个估计。不确定度是测量精确度的定量表示。不确定度愈小的测量结果，其精确度愈高。

2.2.2　误差分析处理

2.2.2.1　随机误差

即便仪表的灵敏度足够高，在相同的测量条件下，对同一过程参数进行多次等精度测量时，仍会有各种偶然的、无法预测的不确定因素干扰而产生的测量误差，其绝对值和符号均不可预知。随机误差的因素十分复杂，如电磁场的微变，零件的摩擦、间隙，热起伏，空气扰动，气压及湿度的变化，测量人员的感觉器官的生理变化等，以及它们的综合影响都可能导致随机误差的产生。虽然单次测量的随机误差难以预料，但多次测量的总体却服从统计规律，包括正态分布、t 分布、三角分布和均匀分布等，其中正态分布占绝大多数。通过对测量数据的统计处理，能在理论上估计其对测量结果的影响。

所有测量，无论采取何种方法，其目的都是求得被测物理量的真值，但是，由于多种原因，绝大多数真值无法求得，只有通过多次反复地测量，并对测量数据进行处理，求取其真值的最佳估计值。当测量次数有限时，用多次测量的算术平均值代替真值。换句话说，可以通过增加平行测定的次数取平均值的办法减小随机误差。

从仪表角度，摩擦、间隙和噪声等是造成随机误差的几个明确因素。为了减小摩擦引起的随机误差，最根本的办法就是从结构、原理上尽量避免采用存在摩擦的可动部分。为了减小噪声对测量带来的误差，可在仪表和测量系统中采取屏蔽、接地、对称平衡、滤波、选频和去耦等办法。由于数字电路受噪声的影响比模拟电路小，采用数字仪表可以提高抗干扰能力，减小误差。

2.2.2.2　系统误差

系统误差可分为恒定系统误差和变值系统误差。

恒定系统误差指误差大小和符号在测量过程中不变的误差。例如，仪器仪表的固有(基本)误差；工业仪表校验时，标准表的误差引起的被校验表的恒定误差；仪表零点的偏高或偏低，观察者读数时(对模拟仪表而言)的偏差等。

变值系统误差是一种按照一定规律变化的系统误差，根据变化特点又可分为累积性系统误差和周期性系统误差。

在整个测量过程中，随着时间的延长，误差逐渐增大或减少的系统误差称为累积性系统误差。其原因往往是元件的老化、磨损，以及工作电池的电压或电流随使用时间的加长而缓慢降低等。例如电位差计中，误差来源有滑线电阻的磨损，工作电池电压随时间的加长而逐渐降低等。

在整个测量过程中，误差大小和符号均按一定周期变化的系统误差称为周期性系统误差。例如秒表由于指针回转中心和刻度盘中心的偏离，会产生周期性系统误差。

为了进行正确的测量，取得可靠的数据，在测量前或测量过程中，应该尽量减少或消除系统误差的来源：第一，应当检查仪器仪表本身的性能是否符合要求，如是否取得合格证，工作是否正常；第二，测量前应仔细检查仪器仪表是否处于正常工作条件，如环境条件及安装位置等是否符合技术要求，零位是否正确；第三，还应检查测量系统和测量方法本身是否正确等。

可以通过以下方法来减小系统误差：

(1) 校准法

预先将仪器仪表的系统误差检定出来，制出误差表格或曲线，然后取与误差值大小相等符号相反的值作为修正值，与原值相加，可以基本消除系统误差，这是一种常用方法。由于修正值本身存在一定误差，因此这种方法只适用于工程测量。

(2) 替代法

对被测对象测量一次后，在不改变测量条件的情况下，用一个已知量代替被测对象再测一次，改变已知量使两次测量中测量器具处于相同状态，则被测量就等于已知量。用这种方法可以消除由某个因素引起的系统误差。

(3) 交换法

在测量中将引起系统误差的某些条件互相交换，如交换被测物的位置等，其他条件不变，使产生系统误差的因素对测量结果起相反的作用并取两次测量的平均值作为测量结果，用以消除系统误差。例如，用等臂天平称量物体时，被称物与砝码相互交换，称量两次且取平均值，可消除由两臂不等引起的固定系统误差。

(4) 对称法

通过霍尔效应测量磁场时，为了消除霍尔副效应的影响，采用电流和磁场换向的对称测量法。具体的做法是分别改变霍尔片的电流方向(交换空间位置)及螺旋管电流的方向但大小保持不变，重复实验，取 4 次实验结果的平均值。

(5) 组合测量法

当系统误差难以分析时，可以采用组合测量法，使系统误差以尽可能多的方式出现在间接被测变量的测得值中，从而将系统误差变为随机误差处理。

此外，前面介绍的微差法也能降低系统误差的影响。在条件允许的情况下，采用多种不同结构原理的检测仪表重复测量取平均值，也能减小系统误差。

2.2.2.3 粗大误差

检测人员在测量过程中有可能发生读错、记错等过失造成粗大误差，或因测试条件发生突然的较大变更等，这些偶然原因导致个别的异常数据，其一旦混入正常的测量数列之中，将给可能得到的真实测量结果带来很大歪曲，所以这种坏值必须舍弃。相反，在同一组测量数据中，各测量值本来具有正常的分散性，不很集中，如果错把某些属于正常波动范围之内的测量数据也当作坏值加以删除，也同样会对测量结果造成歪曲。只有经过正确的分析和判断，将被确认属于坏值的数据予以剔除才更合理。

在测量过程中，一般情况下不能及时确定哪个测量值是坏值而加以舍弃，必须在整理数据时加以判别。其基本方法是规定一个置信概率和相应的置信系数，即确定一个置信区间，将误差超过此区间的测量值，都认为是属于包含随机误差的坏值，而应予以剔除。

（1）拉依达准则

对于大量的重复测量值，如果其中某一测量值的剩余误差的绝对值大于或等于该测量值的标准误差 σ 的 3 倍，那么认为该测量值存在粗大误差，该方法称为拉依达准则，也称为 3σ 准则。该准则是建立在无限次测量的基础上的，当进行有限次测量时，该方法并不可靠。但由于简单，因此工程上常用作粗大误差的近似判断。

（2）格拉布斯准则

在一组等精度测量数据 $x_1,x_2,\cdots,x_n$ 中，某一测量值 $x_k(1<k<n)$ 的剩余误差 V_k 的绝对值大于格拉布斯鉴别值的误差属于粗大误差，相应的测量值为坏值，应予以剔除，即

$$|V_k|=|x_k-\bar{x}|>[g(n,a)]\sigma \tag{2.4}$$

其中，$[g(n,a)]$ 为格拉布斯准则判别系数，见表 2-1。

表 2-1　格拉布斯准则判别系数

n	a		n	a	
	0.01	0.05		0.01	0.05
3	1.15	1.15	17	2.78	2.48
4	1.49	1.46	18	2.82	2.50
5	1.75	1.67	19	2.85	2.53
6	1.94	1.82	20	2.88	2.56
7	2.10	1.94	21	2.91	2.58
8	2.22	2.03	22	2.94	2.60
9	2.32	2.11	23	2.96	2.62
10	2.41	2.18	24	2.99	2.64
11	2.48	2.23	25	3.01	2.66
12	2.55	2.28	30	3.10	2.74
13	2.61	2.33	35	3.18	2.81
14	2.66	2.37	40	3.24	2.87
15	2.70	2.41	50	3.34	2.96
16	2.75	2.44	100	3.59	3.17

格拉布斯准则基于正态分布理论，考虑了测量次数 n 和粗大误差误判概率 a，理论推导严密，使用比较方便。

2.3 仪表的性能指标

仪表的性能指标很多，主要有技术、经济及使用三方面的指标。

仪表技术方面的指标有误差、精度等级、灵敏度、变差、量程、响应时间、漂移等。

仪表经济方面的指标有使用寿命、功耗、价格等。当然，性能好的仪表，总是希望它的使用寿命长、功耗低、价格便宜。

仪表使用方面的指标有操作维修是否方便、运行是否可靠安全，以及抗干扰与防护能力的强弱、重量体积的大小、自动化程度的高低等。

仪表的特性有静态特性和动态特性之分，它们所描述的是仪表的输出变量与输入变量之间的对应关系。当输入变量处于稳定状态时，仪表的输出与输入之间的关系称为静态特性。静态特性是在静态标准条件[没有加速度、振动和冲击，环境温度一般为室温(20±5) ℃，相对湿度不大于 85%，大气压力为(760±60)×133.322 Pa 的情况]下进行标定的。而动态特性是指传感器对于随时间变化的输入量的响应特性。

2.3.1 量程

仪表在保证规定精确度的前提下所能测量的被测量的区域称为仪表的测量范围。在上述相同条件下，仪表所能测量的被测量的最高、最低值分别称为仪表测量范围的上限和下限。仪表的量程 S_p 是指测量范围上限与下限的代数差。更合理的量程概念应规定为：在仪表工作量程内的相对误差不超过某个设定值。

2.3.2 精确度

任何测量都存在一定的误差，使用检测仪表时必须知道其精确程度，以便估计测量值与真实值的差距，即误差。

仪表的测量误差可以用绝对误差 Δ 表示。但是，仪表的绝对误差在量程内各点是不一样的。因此，常说的绝对误差是指绝对误差中的最大值 Δ_{max}。

然而，仪表的精确度不仅与绝对误差有关，还与仪表的测量范围有关。在绝对误差相等的情况下，测量范围越大的仪表精确度越高。因此，工业上常常将绝对误差折合成仪表测量范围的百分数表示，称之为相对百分误差或引用误差 δ，即

$$\delta=\frac{\Delta_{max}}{S_p}\times 100\% \tag{2.5}$$

引用误差是一种简化的、使用方便的相对误差，常常在多挡仪表和连续分度的仪表中应用。仪表的最大引用误差可以描述仪表的测量精度，可以据此来区分仪表质量，确定仪表精度等级，以利生产检验和选择使用。仪表在出厂检验时，其示值的最大引用误差不能超过规定的允许值，此值称为允许引用误差，即

$$\delta_{允}=\pm\frac{\Delta_{允}}{S_p}\times 100\% \tag{2.6}$$

式中，$\Delta_{允}$ 为仪表允许的最大绝对误差值。

可根据仪表的基本误差限来判断其精确度。根据国家颁布的有关标准规定：由绝对误差表示基本误差限的仪表，直接用基本误差限的数值来表示其精度，不划分精度等级。工业自动化仪表通常根据引用误差来评定其精度等级，即以允许引用误差值的大小来划分精度

等级，并规定用允许引用误差去掉±和%后的数字来表示精度等级。例如，精度等级为 1.0 级的仪表其允许引用误差为±1.0%，在正常使用这一精度的仪表时，其最大引用误差不得超过±1.0%。又如，若某压力表的基本误差限用引用误差表示为±1.5%，则该压力表的精度等级即 1.5 级。根据规定，仪表的精度等级已经系列化，只能从下列数据中选取最接近的合适数值作为精度等级，即 0.005、0.02、0.05、0.1、0.2、0.4、0.5、1.0、1.5、2.5、4.0 等。特别精密的仪表，可采用 0.005、0.02、0.05 的精度等级。在工业生产过程中常用 1.0～4.0 级仪表。新国标压力表的精度等级采用了 R5 数系，不再允许把压力表定级为 1.5 级，采用 1.6级代替。

例 2-1 某台测温仪表的测温范围为 200～700 ℃，校验该表时得到的最大绝对误差为 +4 ℃，试确定该仪表的精度等级。

解 该仪表的相对百分误差为：

$$\delta=\frac{+4}{700-200}\times 100\%=+0.8\%$$

如果将该仪表的 δ 去掉“+”号与“%”号，其数值为 0.8。由于国家规定的精度等级中没有 0.8 级仪表，同时，该仪表的误差超过了 0.5 级仪表所允许的最大误差，所以，这台测温仪表的精度等级为 1.0 级。

但是，如果题目变成：某工艺要求的测温范围为 200～700 ℃，允许的最大绝对误差为 ±4 ℃，试确定所选仪表的精度等级。这时，就应该选择 0.5 级的表了。

2.3.3 静态性能指标

(1) 灵敏度、灵敏限与分辨力

灵敏度 S_e 是指仪表或装置在到达稳态后，输入量变化与引起的输出量变化的比值。或者说输出增量 Δy 与输入增量 Δx 之比，即

$$S_e=\frac{\Delta y}{\Delta x} \tag{2.7}$$

对于带有指针和刻度盘的仪表，灵敏度亦可直观地理解为单位输入变量所引起的指针偏转角度或位移量。

仪表的灵敏限是指能引起仪表指针发生动作的被测参数的最小变化量。通常仪表灵敏限的数值应不大于仪表允许绝对误差的一半。

对于数字式仪表，一般用分辨力来表示仪表的灵敏程度。它是指数字显示器的最末位数字间隔所代表的被测参数变化量。以数字电压表为例，不同量程的分辨力是不同的，相应于最低量程的分辨力称为该表的最高分辨力，也叫灵敏度。

(2) 线性度

一般说来，总是希望仪表具有线性特性，亦即其输出与输入特性曲线最好为直线，这样模拟式仪表的刻度就可以做成均匀刻度。在测试技术中，采用线性度来描述线性刻度仪表的输出量与输入量的实际标定曲线与理论直线之间的吻合程度。用实际标定曲线与理论直线之间最大偏差 ΔL_{max} 与量程 S_p 之比值的百分比来表征线性度，如图 2-4 所示。

$$\delta_l=\frac{\Delta L_{max}}{S_p}\times 100\% \tag{2.8}$$

应当注意，量程越小，线性化带来的误差越小，因此，在要求线性化误差小的场合可以采取分段线性化。

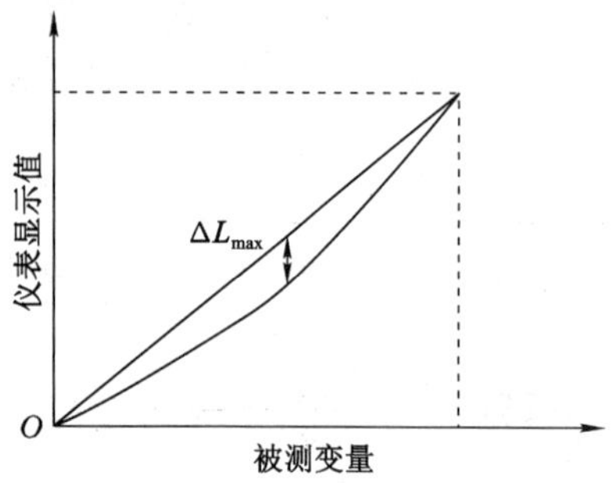

图 2-4 线性度示意图

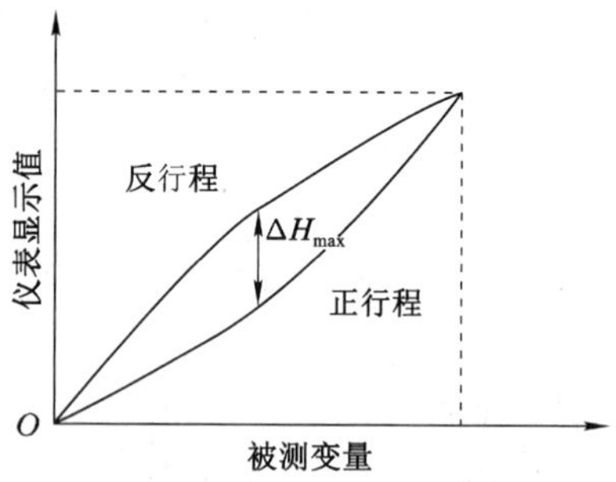

图 2-5 迟滞误差示意图

(3) 迟滞误差(变差)

在输入量增加和减少的过程中，对于同一输入量会得出大小不同的输出量，在全部测量范围内，这个差别的最大值与仪表的量程之比值称为迟滞误差。一般情况下，把仪表的输入量从起始值增至最大值的过程称为正行程，把输入量从最大值减至起始值的过程称为反行程，正行程与反行程之差称为迟滞差值，用 ΔH 表示。全量程中最大的迟滞差值 ΔH_{max} 与量程之比值的百分比，称为迟滞误差，如图 2-5 所示。

$$\delta_h = \frac{\Delta H_{max}}{S_p} \times 100\% \tag{2.9}$$

迟滞误差是仪表内有吸收能量的元件(如弹性元件、磁化元件等)、机械结构中有间隙以及运动系统的摩擦等造成的。

(4) 漂移

漂移是指输入量不变时，经过一定的时间后输出量产生的变化。由于温度变化而产生的漂移称温漂。当输入量固定在零点不变时，输出量的变化值引起的漂移称为零漂。一般情况下，用变化值与满量程的比值来表示漂移。它们是衡量仪表稳定值的重要指标。

这种变化通常是仪表弹性元件的失效、电子元件的老化等造成的。

(5) 重复性

仪表的重复性用量程内的各输入值所测得的最大重复性误差来确定。在同一工作条件下，对同一输入值按同一方向连续多次测量时，所得输出值之间的相互一致程度称为重复性。在量程中寻求最大的重复性差值，并称其与量程之比值的百分比为重复性误差。

重复性还可以用来表示仪表在一个相当长的时间内，维持其输出特性不变的性能。

2.3.4 动态性能指标

(1) 反应时间

当用仪表对被测参数检测时，被测量突然变化后，仪表指示值总是要经过一段时间后才能准确地显示出来。反应时间就是用来衡量仪表能否尽快反映出参数变化的品质指标，反应时间的长短，实际上反映了仪表动态特性的好坏。

仪表的指示值由开始变化到新稳态值的 63.2%、90%或 95%所用的时间都可用来表示反应时间。

如果考虑振荡影响，反应时间可定义为：当输入产生阶跃信号时，输出从它的初始值进入最终值的规定范围内所需要的时间。

(2) 频率响应范围

传感器的频率响应范围是指传感器在规定的频率响应幅值误差内(±5%，±10%，±3 dB)所能测量的频率范围。频率范围的高、低限分别称为高、低频截止频率。当被测信号频率超出传感器的频率响应范围时，测量精度会受到影响。如 HK9101 型通用加速度传感器的可用频率范围为 0.2～10 kHz。

2.3.5 仪表的标定

用试验的方法确定传感器的性能参数的过程称为标定。性能参数一般包括灵敏度、线性度、重复性和频率响应等。

标定实际上就是利用某种规定的标准或标准器具对传感器进行刻度。一般来说，传感器的性能指标通常随时间与环境的变化而改变，因此，标定工作不仅在仪表出厂时或安装时要进行，在使用过程中还需定期进行。

传感器的互换性是与传感器标定相关联的技术之一。传感器在使用一段时间之后，由于性能变坏或完全损坏，需用新的传感器进行替换。能进行替换的前提不仅是安装外形尺寸一致，而且要求性能一致，否则必须重新进行标定。

2.4 压力检测

工程上所谓的压力一般就是指压强。在工业生产中，压力是重要的工艺参数之一，如高压聚乙烯要在 150 MPa 或更高压力下聚合，炼油厂减压蒸馏要在比大气压低很多的真空下进行，选煤厂加压过滤机的工作压力需要维持在 0.25 MPa 等。如果压力不符合要求，不仅会影响生产效率，降低产品质量，还有可能引起安全事故，造成人身和经济损失。

压力有表压、绝对压力、负压或真空度之分，如图 2-6 所示。

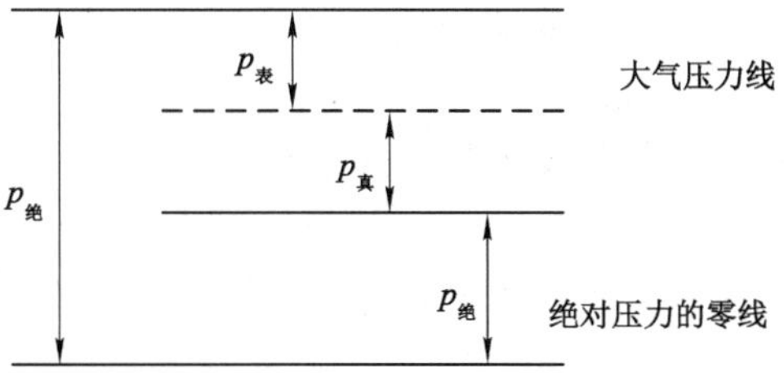

图 2-6　三种压力的关系

工程上所用的压力指示值除特别注明为绝对压力计指示值外，大多为表压。表压是指绝对压力与大气压之差。当被测压力低于大气压力时，一般用负压或真空度表示，为大气压与绝对压力之差。

根据国际单位制，压力的单位为帕斯卡(简称帕，符号为 Pa)，工程上一些常用的压力单位及换算关系见表 2-2。

表 2-2　压力单位换算表

压力单位	帕	兆帕	工程大气压	标准大气压	毫米汞柱	米水柱	磅/英寸^2	巴
	Pa	MPa	at	atm	mmHg	mH_2O	Lb/in^2	bar
Pa	1	10^{-6}	1.0197×10^{-5}	9.869×10^{-6}	7.501×10^{-3}	1.0197×10^{4}	1.45×10^{-4}	10^{-5}
MPa	10^6	1	10.197	9.869	7.501×10^{3}	1.0197×10^{2}	1.45×10^{2}	10
at	9.807×10^{4}	9.807×10^{-2}	1	0.9678	735.6	10	14.22	0.9807
atm	1.0133×10^{5}	0.10133	1.0332	1	760	10.33	14.7	1.0133
mmHg	1.3332×10^{2}	1.3332×10^{-4}	1.3595×10^{-3}	1.3158×10^{-3}	1	0.0136	1.934×10^{-2}	1.3332×10^{-3}
mH_2O	9.806×10^{3}	9.806×10^{-3}	0.1	0.09678	73.55	1	1.422	0.09806
Lb/in^2	6.895×10^{3}	6.895×10^{-3}	0.07031	0.06805	51.71	0.7031	1	0.06895
bar	10^5	0.1	1.0197	0.9869	750.1	10.197	14.5	1

测量压力或真空度的仪表很多，按其转换原理不同，大致可分为四大类。

(1) 液柱式压力计

它是根据流体静力学原理，将被测压力转换成液柱高度进行测量的。按照结构形式不同，液柱式压力计有U型管压力计、单管压力计和斜管压力计等。这类压力计结构简单、使用方便，但精度受工作液的毛细管作用、密度及视差等因素的影响，测量范围较窄，一般用来测量较低压力、真空度或压力差，在实验室环境较为常见。

(2) 弹性式压力计

它是将被测压力转换成弹性元件变形的位移进行测量的。

(3) 电气式压力计

它是通过机械和电气元件将被测压力转换成电压、电流、频率等电量来进行测量的。

(4) 活塞式压力计

它是根据水压机液体传送压力的原理，将被测压力转换成活塞上所加平衡砝码的质量来进行测量的。一般作为标准表来检验其他类型压力计，允许误差可达到0.05%～0.02%，但结构复杂、价格较贵。

2.4.1 弹性式压力计

使用各种形式的弹性元件作为感受件，其原理是以弹性元件受压后产生的反作用力与被测压力平衡。此时，弹性元件的变形为被测压力的函数，这样用测量变形的方法就可以测得压力的大小。

这种压力计结构简单，使用方便，便于携带，工作安全可靠，无须反复保养，价格也比较便宜。但这种压力计以弹性元件为敏感元件，难免要受到弹性元件一些不完全弹性特性的影响，精度不太高，且需定期校验。

弹性式压力计使用的弹性元件主要有弹簧管、膜片、膜盒、膜盒组和波纹管等，如图 2-7 所示。

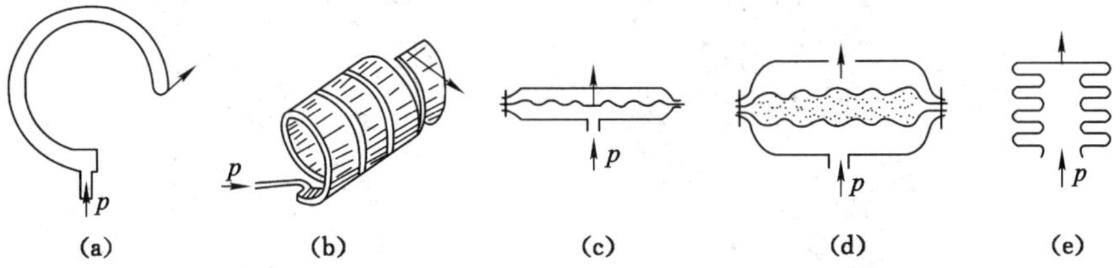

图 2-7　弹性元件示意图

(a) 单圈弹簧管；(b) 多圈弹簧管；(c) 膜片；(d) 膜盒组；(e) 波纹管

由于弹簧管同波纹管、膜片、膜盒等相比，有着精度高、测量范围宽等优点，因此弹簧管式压力计是应用最为广泛的一种压力计，如图 2-8 所示。

弹簧管式压力计的工作原理是：在被测压力的作用下，扁圆或椭圆形截面的弹簧管有变圆的趋势，并迫使弹簧管的自由端发生相应的弹性变形，这个变形借助于拉杆，经齿轮传动机构予以放大，最终由固定于小齿轮上的指针将被测值在刻度盘上指示出来。在弹性范围内，弹簧管自由端的位移与被测压力之间近似呈线性关系，因此通过测量自由端的位移可直接测得相应的被测压力的大小。

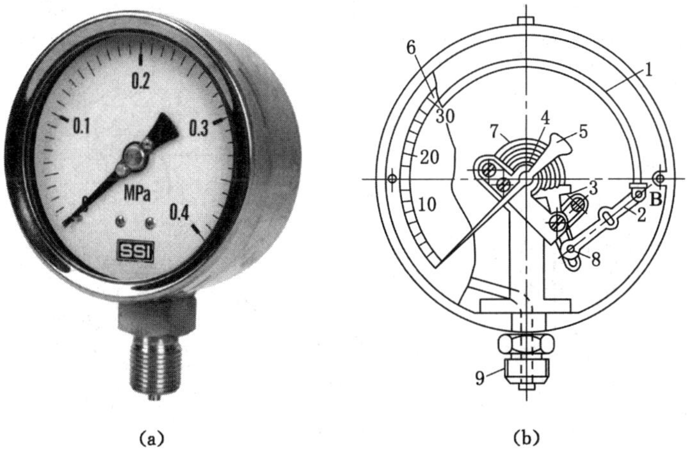

1—弹簧管；2—拉杆；3—扇形齿轮；4—中心齿轮；5—指针；6—面板；7—游丝；8—调整螺钉；9—接头。

图 2-8　弹簧管压力计

游丝用来克服因扇形齿轮和中小齿轮间的传动间隙而产生的仪表变差。移动调整螺钉的位置即可改变机械传动的放大系数，实现压力计量程的调整。

在工业生产中，常常需要对压力限定正常范围，这时就需要采用带有报警或控制触点的压力表，如图 2-9 所示。

压力表指针上装有动触点，面板上另有两根可拨动的指针，上面装有静触点，分别指向

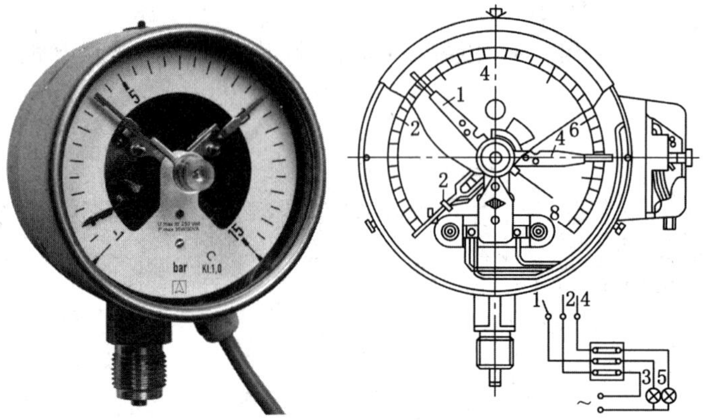

1,4—静触点;2—动触点;3—信号灯 a;5—信号灯 b。

图 2-9 带触点的弹簧管压力计

压力的下限和上限。当压力高出正常范围时,动触点和静触点 4 接触,信号灯 b 的电路接通,亮灯报警。当压力低于正常范围时,动触点和静触点 1 接触,信号灯 a 的电路接通,亮灯报警。压力范围可通过拨动指针灵活调节。

2.4.2 电气式压力计

(1) 应变片式压力计

应变片式压力计利用金属应变片或半导体的电阻应变原理工作。被测压力使应变片产生应变,当其被压缩时,阻值减小,反之被拉伸时,阻值增大。应变片阻值的变化再通过桥式电路输出,如图 2-10 所示。

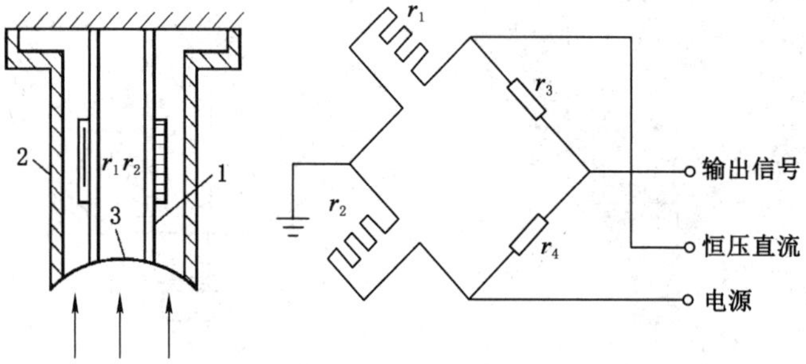

1—应变筒;2—外壳;3—密封膜片。

图 2-10 应变片式压力计示意图

r_1沿应变筒轴向贴放,作为测量片;r_2沿径向贴放,作为温度补偿片。应变片与筒体之间不发生相对滑动,并且保持电气绝缘。当被测压力 P 作用于膜片而使应变筒作轴向受压变形时,沿轴向贴放的应变片 r_1 也将产生轴向压缩应变 ε_1,于是 r_1 的阻值变小;而沿径向贴放的应变片 r_2,由于本身受到横向压缩将引起纵向拉伸应变 ε_2,于是 r_2 阻值变大。若对电桥加上恒流源 U_i,输出端便有对应于所加压力的电压信号输出 U_o,其关系见式(2.10)。测得电压 U_o的大小,即可知道待测压力的大小。

$$U_o = AU_i(r_2r_3 - r_1r_4) \tag{2.10}$$

式中，A 为常系数；r_1、r_2 为应变片电阻；r_3、r_4 为固定电阻。

(2) 压阻式压力计

压阻式压力计是根据半导体的压阻效应来工作的。这种压力计通常是以单晶硅为基体，按特定的晶面，根据不同的受力形式加工成弹性应变元件，并在弹性应变元件的适当位置，用集成电路技术扩散出四个等值的应变电阻，组成惠斯登电桥，电路原理与应变片式压力计类似。不受压力作用时电桥处于平衡状态，当受到压力作用时，一对桥臂的电阻变大，另一对变小，电桥失去平衡。单晶硅材料的弹性性能很好，其转换的滞后与蠕变很小，所以转换精度较高。

(3) 电容式压力计

电容式压力计先将压力变化转换为电容量的变化，然后进行测量，如图 2-11 所示。

当被测压力 P_1、P_2 分别加于左右两侧的隔离膜片时，通过硅油将差压传递到测量膜片上，使其向压力小的一侧弯曲变形，引起中央动极板与两边固定电极间的距离发生变化，因而两电极的电容量不再相等，而是一个增大，另一个减小，电容的变化量通过引线传至测量电路，通过测量电路的检测和放大，输出一个 4～20 mA 的直流电信号。

电容式压力计结构的优点是可以有效地保护测量膜片，不易损坏，过载后的恢复特性很好，抗过载能力强。由于没有机械传动机构，电容式压力计尺寸小，密封和抗振性好，可靠性和测量精度都比较高。

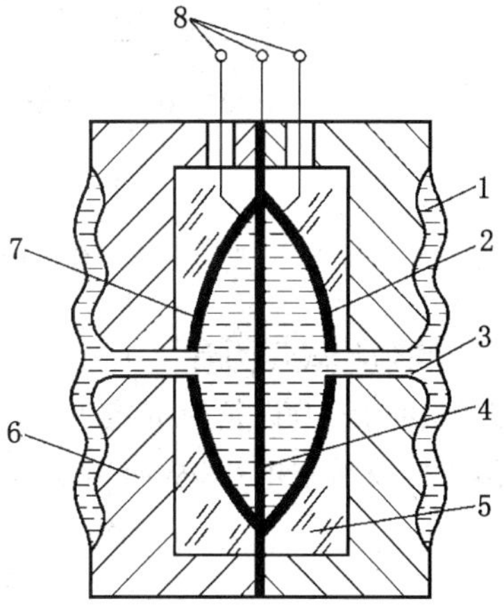

1—隔离膜片；2,7—固定电极；3—硅油；
4—测量膜片；5—玻璃层；6—底座；8—引线。

图 2-11　电容式压力计示意图

(4) 压电式压力计

压电式压力计是利用某些晶体的压电效应来测量压力的。压电效应是指晶体在承受压力(或拉力)时，表面产生电荷的特性，如图 2-12 所示。石英、酒石酸钾钠、钛酸钡及锆酸、钛酸等多晶体烧结而成的陶瓷都具有压电效应。目前常使用石英作为压电式压力计的压电元件。

图 2-12 所示的石英晶体，沿 x 轴方向切片，然后将两块电极板放在垂直于 x 轴的两面上，施以 F_x 和 F_y 的力时，电极板就会产生大小相等、方向相反的电荷 q。该电荷的大小与受到的压力成正比，而与石英晶体的尺寸无关，关系式为

$$q = dSP \tag{2.11}$$

式中　d——压电系数；

P——作用在表面上的压力；

S——作用面的面积。

可见，测出了电荷量的大小就可以得到压力的大小。

压电式压力计尺寸小、质量轻、精度高、工作可靠、测量范围宽，可测 100 MPa 以下的压力。它的不足之处是对于振动和电磁场很敏感，且由于压电元件存在电荷泄露，不适宜测量缓慢变化的压力和静态压力。

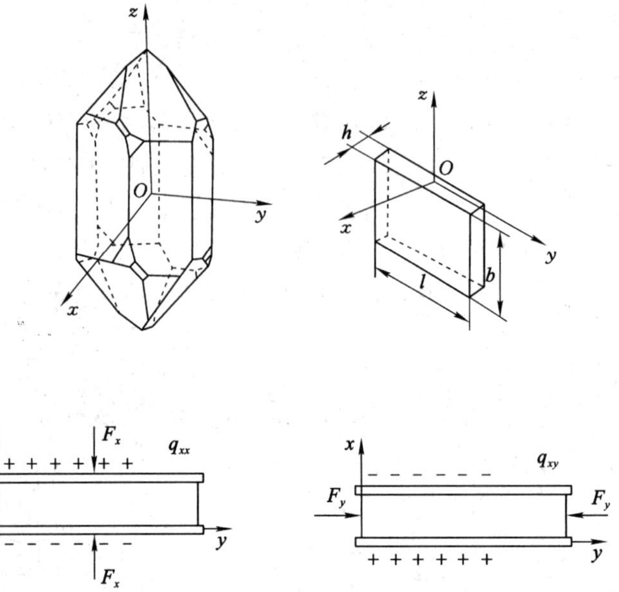

图 2-12 石英晶体压电效应原理图

(5) 霍尔片式压力计

霍尔片式压力计是根据霍尔效应制成的，即利用霍尔元件将由压力所引起的弹性元件的位移转换成霍尔电势，从而实现压力的检测。霍尔效应示意图如图 2-13 所示。

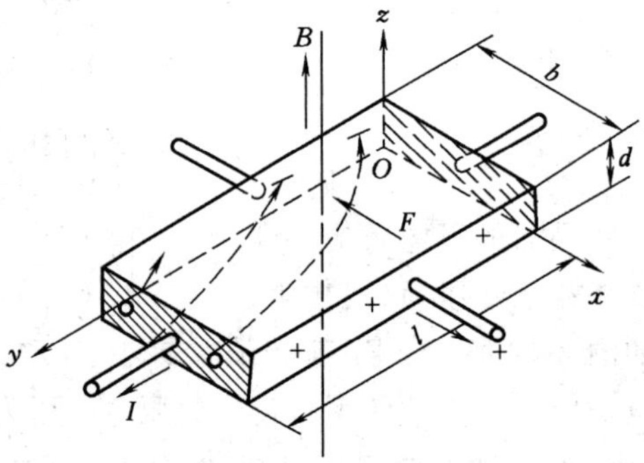

图 2-13 霍尔效应示意图

霍尔电势可用下式表示

$$U_H = R_H BI \qquad (2.12)$$

式中 U_H——霍尔电势；

R_H——霍尔常数，与霍尔片材料、几何形状有关；

B——磁感应强度；

I——控制电流。

将霍尔元件与弹簧管组合就构成了霍尔片式弹簧管压力计，如图 2-14 所示。

当被测压力引入后，在被测压力作用下，弹簧管自由端产生位移，因而改变了霍尔片在

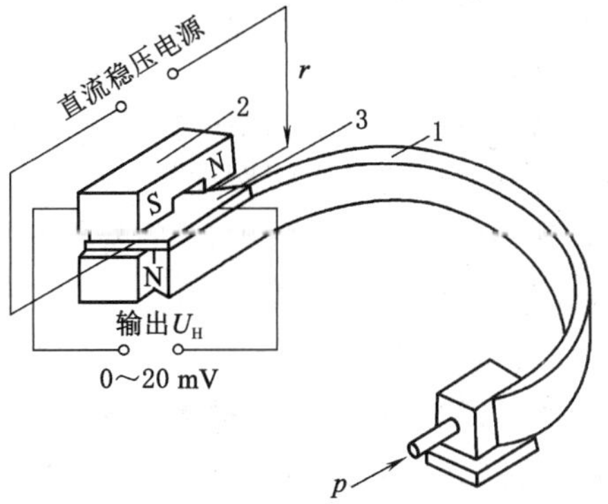

1—弹簧管;2—磁钢;3—霍尔片。

图 2-14 霍尔片式弹簧管压力计示意图

非均匀磁场中的位置,如图 2-15 所示。图 2-15(a)假定是初始时刻,此时通过霍尔片的磁场合计为零,而通入待测压力后,霍尔片位置发生变化[图 2-15(b)],累加磁场不再为零,压力越大,累加后有效磁场强度越大,使所产生的霍尔电势与被测压力成比例。

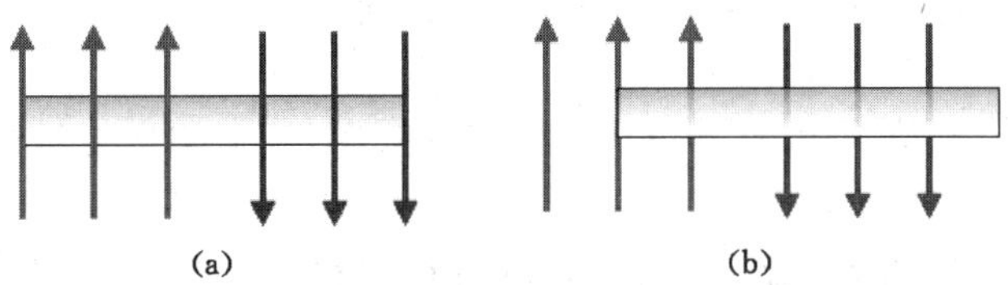

图 2-15 霍尔片在磁场位置改变示意图

2.4.3 压力计的选用

2.4.3.1 压力计的选型

仪表的选型一般要考虑量程、精度、介质、检测原理、抗(振动、电磁等)干扰性能、接口方式与接口尺寸等方面的因素。

(1) 按照使用环境和测量介质的性质

在大气腐蚀性较强、粉尘较多和易受液体喷淋等环境恶劣的场合,应根据环境条件,选择合适的外壳材料及防护等级。

压力表常见防护等级有:IP54,IP55,IP65,IP66。IP 防护等级是由两个数字所组成,第一个数字表示防尘、防止外物侵入的等级;第二个数字表示防湿气、防水侵入的密闭程度。数字越大,表示其防护等级越高。两个标示数字所表示的防护等级如下:

第一个字母 5 代表防尘,第一个字母 6 代表尘封,防尘密封;

第二位字母 4 代表防止飞溅的水侵入,第二位字母 5 代表防止喷射的水侵入,第二位字母 6 代表防止大浪的入侵。

以上几种表都具有防尘、防水的特点。IP65 的耐震表上含有防爆塞,用于防止管道压力过大,导致介质从压力表正面喷出伤人。

对一般介质的测量,压力在－40～40 kPa 时,宜选用膜盒压力表;压力在 40 kPa 以上时，一般选用弹簧管压力表或波纹管压力计；压力在－100～2 400 kPa时，应选用压力真空表；压力在－100～0 kPa时，宜选用弹簧管真空表。

对稀硝酸、醋酸及其他一般腐蚀性介质，应选用不锈钢压力表或不锈钢膜片压力表。

对稀盐酸、盐酸气、重油类及其类似的具有强腐蚀性、含固体颗粒、黏稠液等介质，应选用膜片压力表或隔膜压力表。其膜片及隔膜的材质，必须根据测量介质的特性选择。

对结晶、结疤及高黏度等介质，应选用法兰式隔膜压力表。

在机械振动较强的场合，应选用耐震压力表。

在易燃、易爆的场合，如需电接点讯号时，应选用防爆压力控制器或防爆电接点压力表。

对于测量高、中压力或腐蚀性较强的介质的压力表，宜选择壳体具有超压释放设施的压力表。

某些测量介质应选用专用压力表，如气氨、液氨选用氨压力表、真空表、压力真空表；氧气选用氧气压力表；氢气选用氢气压力表；氯气选用耐氯压力表、压力真空表；乙炔选用乙炔压力表；硫化氢选用耐硫压力表；二氧化碳选用二氧化碳压力表。以氧气表为例，氧气表是禁油表，也就是在装配压力表的最后校验时是通过气体或者水来校验仪表压力的，而普通压力表是通过油来校验的。因为氧气虽然不能自燃，但它可以助燃，所有要禁油。

测量差压时，应选用差压压力表。

(2) 按照精度等级

应根据生产工艺、经济实用、检测方法等提出的要求，按被测压力最小值所要求的允许误差来确定精度等级。

例 2-2 某台压力计的测量范围为0～1 000 kPa。根据工艺要求，压力指示值的误差不允许超过±7.5 kPa，试问应如何选择压力计的精度等级才能满足以上要求？

解
$$\delta_{允}=\pm\frac{7.5}{1\ 000}\times 100\%=\pm 0.75\%$$

如果将仪表的允许误差去掉“±”号与“%”号，其数值介于0.5～1.0之间，如果选择精度等级为1.0级的仪表，其允许的误差为±1.0%，超过了工艺上允许的数值，故应选择0.5级仪表。

(3) 按照外形尺寸

在管道和设备上安装的压力表，表盘直径为100 mm或150 mm。

在仪表气动管路及其辅助设备上安装的压力表，表盘直径为小于60 mm。

安装在照度较低、位置较高或示值不易观测场合的压力表，表盘直径为150 mm或200 mm。

(4) 按照测量范围

测量稳定的压力时，正常操作压力值应在仪表测量范围上限值的1/3～2/3。

测量脉动压力(如泵、压缩机和风机等出口处压力)时，正常操作压力值应在仪表测量范围上限值的1/3～1/2。

测量高、中压力(大于4 MPa)时，正常操作压力值不应超过仪表测量范围上限值的1/2。

例 2-3 某台往复式压缩机的出口压力范围为25～28 MPa，测量误差不得大于1 MPa。工艺上要求就地观察，并能远传，试正确选用一台压力表，指出型号、精度与测量范围。

解 由于往复式压缩机的出口压力脉动较大，所以选择仪表的上限值为

$$P_{\mathrm{up}}=(28\times 2)\ \mathrm{MPa}=56\ \mathrm{MPa}$$

根据就地观察及能远传的要求，可查得选用 YTT-150 型远传压力表，测量范围为 0～60 MPa。

又

$$\frac{25}{60}>\frac{1}{3}$$

被测压力的最小值不低于满量程的 1/3，这是允许的。另外，根据测量误差的要求，可算得允许误差为

$$\delta_{允}=\pm\frac{1}{60}\times 100\%=\pm 1.67\%$$

而 YTT-150 型远传压力表精度等级为 1.6 级，完全可以满足误差要求。至此，可以确定，选择的压力表为 YTT-150 型远传压力表，测量范围为 0～60 MPa，精度等级为 1.6 级，输出信号为 DC 4～20 mA。

总之，对于压力计类型的选择主要是根据被测对象的性质、状态以及压力计的现场工作环境来确定的。介质是否具有腐蚀性、温度的高低、现场的振动、电磁场等环境因素，都会影响压力计的使用。选择压力计一定要充分考虑这些因素，以适应介质的要求。同时还应注意测量的其他要求，如要求远传、自动记录或要求报警等。压力计量程的选择要根据被测压力的范围，再加上一定的富裕度。压力计的精度选择根据实际需要而定，通常是在满足生产要求的前提下，选用尽可能廉价的压力计。同时，应注意到由于测压系统和测压条件所带来干扰而产生的附加误差的影响。例如：弹性式压力计对于环境温度的适应范围较小，如果测量现场的温度不符合要求，就会使压力计的测量产生附加误差。压力变送器的接口信号目前多为标准的 4～20 mA 电流信号或 1～5 V 电压信号，也有 0～20 mA、0～5 V 等其他类型，如果是气动仪表，则为 20～100 kPa。

2.4.3.2　压力计的安装

(1) 测压点的选择

测压点的选择应能反映被测压力的真实大小。

要选在被测介质直线流动的管段部分，不要选在管路拐弯、分叉、死角或其他易形成漩涡的地方。

测量流动介质的压力时，应使取压点与流动方向垂直，取压管内端面与生产设备连接处的内壁应保持平齐，不应有凸出物或毛刺。

测量液(气)体压力时，取压点应在管道下(上)部，使导压管内不积存气(液)体。

(2) 导压管铺设

导压管粗细要合适，一般内径为 6～10 mm，长度应尽可能短，最长不得超过 50 m，以减少压力指示的迟缓。如超过 50 m，应选用能远距离传送的压力计。

导压管水平安装时应保证有 1∶10～1∶20 的倾斜度，以利于积存于其中之液体(或气体)的排出。

当被测介质易冷凝或冻结时，必须加设保温伴热管线。

取压口到压力计之间应装有切断阀，以备检修压力计时使用。切断阀应装设在靠近取压口的地方。

(3) 压力计的安装

压力计应安装在易观察和检修的地方。安装地点应力求避免振动和高温影响。

测量蒸汽压力时，应加装凝液管，以防止高温蒸汽直接与测压元件接触[图 2-16(a)]；对于有腐蚀性介质的压力测量，应加装有中性介质的隔离罐，图 2-16(b)表示了被测介质密度 ρ_2 大于和小于隔离液密度 ρ_1 的两种情况。

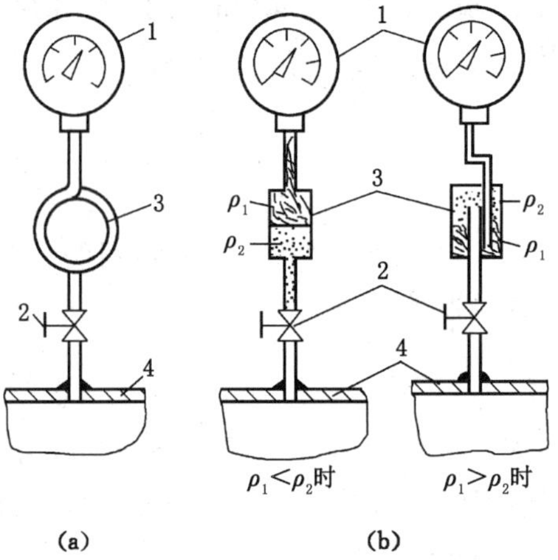

1—压力计；2—切断阀门；3—凝液管；4—取压容器。

图 2-16 压力计安装示意图

压力计的连接处，应根据被测压力的高低和介质性质，选择适当的材料作为密封垫片，以防泄漏。

当被测压力较小，而压力计与取压口又不在同一高度时，对由此高度而引起的测量误差应按 $\Delta p=\pm H\rho g$ 进行修正。式中 H 为高度差，ρ 为导压管中介质的密度，g 为重力加速度。

为安全起见，测量高压的压力计除选用有通气孔的外，安装时表壳应面向墙壁或无人通过之处，以防发生意外。

2.5 流量检测

流量是指单位时间内流过某一截面的流体数量的多少。流量可以用体积来表示，称为体积流量，用符号 Q_v 来表示；也可以用质量来表示，称为质量流量，用符号 q_m 来表示。在工业生产中，经常需要测量管道或明沟中的液体、气体或蒸汽等的流量，为操作控制提供依据，或者获得一段时间内流过的介质总量，以便进行经济核算。

2.5.1 压差式流量计

压差式流量计是基于节流原理来进行流量测量的。其原理是：当充满管道的流体流经节流装置时，流束收缩，流速提高，上游侧静压力增加，下游侧静压力下降，在节流装置的前后就产生了一定的压差。这个压差的大小与流量有关，根据流量与压差之间的关系即可得到流量的大小。

压差式流量计的核心部件是节流装置，它包括节流元件、取压装置及其前后管段。常用的节流装置有孔板、喷嘴和文丘里管等，它们的特点见表 2-3，一般多采用孔板。节流装置的取压方式通常有角接取压和法兰取压，其中角接取压又可分为钻孔取压和环室取压，如图 2-17 所示。一般说来角接取压既可用于孔板装置又可用于喷嘴装置，而法兰取压一般只用于孔板装置。

表 2-3 节流装置特点

	优 点	缺 点
标准孔板	应用广泛，结构简单，安装方便，适用于大流量的测量	流体经过孔板后压力损失大，当工艺管道上不允许有较大的压力损失时，便不宜采用
标准喷嘴和标准文丘里管	压力损失较孔板小	结构比较复杂，不易加工

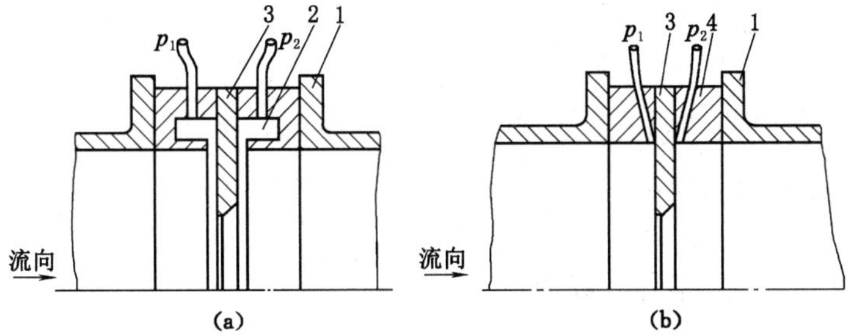

1—管道法兰；2—环室；3—孔板；4—夹紧环。

图 2-17 取压结构

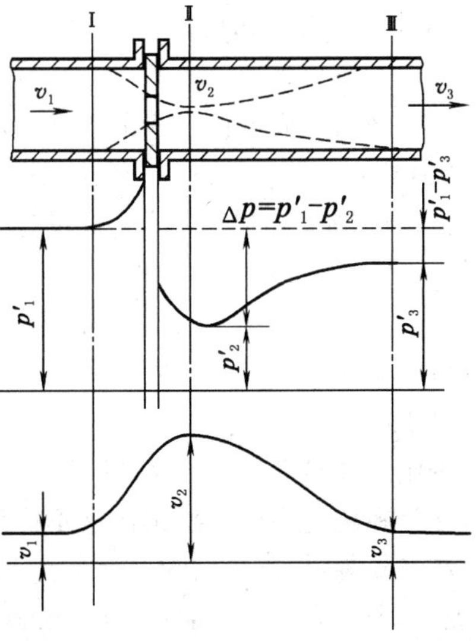

图 2-18 孔板节流示意及压力、流量关系图

环室取压法能得到较好的测量精度，但是加工制造和安装要求严格，如果由于加工和现场安装条件的限制，达不到预定的要求时，其测量精度仍难保证。所以，在现场使用时，为了加工和安装方便，有时不用环室而用单独钻孔取压，特别是对大口径管道。

孔板节流测量流量的原理如图 2-18 所示。

根据图 2-18，对于不可压缩流体，根据伯努利方程，有

$$\frac{v_1^2}{2}+\frac{p'_1}{\rho_1}=\frac{v_2^2}{2}+\frac{p'_2}{\rho_2}$$

由流体连续方程，得

$$\rho v_1 F_1 = \rho v_2 F_2 = q_m$$

令

$$\mu = \frac{F_2}{F_0},\quad m = \frac{F_0}{F_1},\quad \beta = \frac{d}{D}$$

则

$$v_2 = \frac{1}{\sqrt{1-\mu^2 m^2}}\sqrt{\frac{2}{\rho}(p'_1 - p'_2)}$$

由于要准确测量 $p_1{}'$ 和 $p_2{}'$ 比较困难，定义压力修正系数为

$$\xi = \sqrt{\frac{p'_1 - p'_2}{p_1 - p_2}}$$

则

$$q_m = \frac{\mu\xi}{\sqrt{1-\mu^2 m^2}} F_0 \sqrt{2\rho(p_1 - p_2)}$$

可定义流量系数为

$$\alpha = \frac{\mu\xi}{\sqrt{1-\mu^2 m^2}}$$

则质量流量为

$$q_m = \alpha F_0 \sqrt{2\rho(p_1 - p_2)}$$

体积流量为

$$q_v = \alpha F_0 \sqrt{\frac{2(p_1 - p_2)}{\rho}}$$

式中 D——截面Ⅰ处流束直径；

p_1'，p_2'——截面Ⅰ处、截面Ⅱ处流体压力；

v_1，v_2——截面Ⅰ处、截面Ⅱ处平均流速；

ρ_1，ρ_2——截面Ⅰ处、截面Ⅱ处流体密度，可认为其值相等，均为 ρ；

F_1，F_2——截面Ⅰ处、截面Ⅱ处流体面积；

p_1，p_2——取压点的压力；

F_0——孔板开孔截面积；

d——孔板开孔直径；

μ——流束的收缩系数。

其中，截面Ⅰ处流体未受节流元件的影响，流体充满管道，截面Ⅱ处是流束在节流后收缩到最小时的截面。

为了方便使用，对于差压式流量计的节流装置，其结构、尺寸、加工要求、取压方法、使用条件等，目前已经标准化，使用时可以查阅有关手册。

一般情况下，此类流量计使用范围为：管径 50～1 000 mm，流体雷诺数在 10^4～10^5 以上，流体应当清洁，充满全部管道，不发生相变。其测量范围为 1.5～10^5 m^3/h，精度为±(1%～2%)。其对安装使用要求较高，否则误差显著增加。安装时一定要注意节流装置方向正确，并且在使用中还应特别注意不能使节流装置出现沉淀、结焦、堵塞等现象，以免引起过大的测量误差。孔板的进口边缘应尖锐，严格直角，不可有毛刺、划痕。如果孔板的边缘变钝，就会造成 Δp 变小，从而引起测量误差。对管道、取压装置、导压管、压差变送器等的安装、使用都有一定的要求。在进行流量测量时，一定要遵守相关规定。

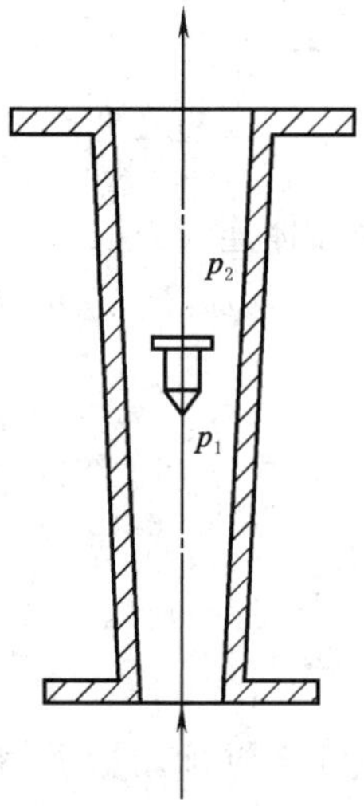

图 2-19 转子式流量计原理图

2.5.2 转子式流量计

转子式流量计适宜于小管径、低雷诺数的流体流量测量，流量可小到每小时几升。它由一个锥形管和一个可在锥形管中上下自由运动的转子两个基本部分组成，如图 2-19 所示。当被测流体通过锥形管时，流体从转子与锥形管的环隙中流过，转子受到一个向上的力而浮起。当转子在流体中受到的向上作用力与转子在流体中的重量相等时，转子就静止在某一高度上。这样通过转子的重力、浮力求得转子两边的压差后，可以根据压差求得流体通过环隙的速度，进而求得所测的流量。与压差式流量计不同，转子式流量计采用的是恒压降、变节流面积的测量方法。

由力平衡方程得

$$G_1\frac{\rho_1-\rho}{\rho_1}=(p_1-p_2)F$$

流体流过环隙的流速为

$$c=K\sqrt{\frac{2(p_1-p_2)}{\rho}}$$

则质量流量为

$$q_m=KF_1\sqrt{2G_1\frac{\rho}{F}(\frac{\rho_1-\rho}{\rho_1})}$$

其中

$$F_1=\frac{\pi}{4}[(d_0+nl)^2-d^2]$$

式中　G_1——转子所受的重力；

ρ_1——转子材料的密度；

ρ——所测流体的密度；

F——转子的最大表面积；

p_2，p_1——转子上、下表面所受的总压力；

d_0——在刻度尺零点处的锥形管内径；

n——锥形管内径的变化率；

l——转子由零点上升的高度；

d——转子的最大直径。

对一定的仪表，与转子形状及介质黏性有关的系数 K 是一个常数。因此，流量只与环隙面积有关，也即与转子的位置有关。

在出厂时通常是在 20 ℃、0.101 33 MPa 下将水或空气作为被测介质标定的。如果被测介质不是空气，其密度与空气密度不同，则应重新进行标定。

转子式流量计的优点主要有：可测小流量、结构简单、维修方便、压力损失小、价格低廉等。但是也有许多的缺点限制了它在工业中的应用。首先转子式流量计采用机械传递信号，仪表性能和准确度都难以提高。此外，转子本身也有很多问题，如流量大小发生突变时，或是仪表有垂直度偏差时，转子容易卡死。有时即便没有卡死，但它与内壁产生摩擦，影响其上下运动，也会造成很大的测量误差。

通过差动变送器将转子的位移信号转变为电信号，从而实现远距离传送，称为远传式转子流量计。

一般情况下，此类流量计的管径范围是 4～150 mm，测量范围是 0.001～3 000 m^3/h，精度为±(1%～2.5%)。

2.5.3　电磁式流量计

电磁式流量计由变送器和转换器两部分组成。变送器包括磁路部分、电极、外壳和引线等。转换器的作用是将变送器输出的电压信号转换为标准电流信号。

电磁式流量计的结构示意图如图 2-20 所示。管道置于向下磁场的部分在最大直径处对称开两个孔，绝缘后加上电极。当有导电的流体通过磁极之间的管道时，流体相当于是一个长度为管道内径的导体在切割磁力线，这时就会产生电动势 E_x。根据法拉第电磁感应定律(右手定则)有

$$E_x = kBDv$$

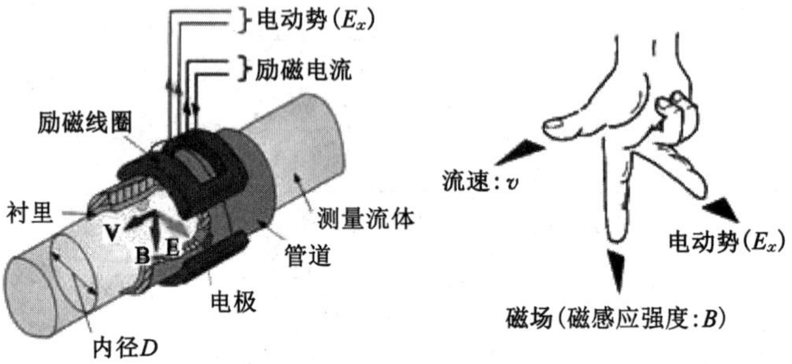

图 2-20 电磁式流量计结构示意图

体积流量 Q_v 与流速 v 关系为

$$Q_v = \frac{1}{4}\pi D^2 v$$

则

$$E_x = \frac{4KB}{\pi D}Q_v$$

式中 K——比例系数；

B——磁感应强度；

D——管道内径。

在磁感应强度 B、管道内径 D 确定不变后，感应电势的大小与体积流量之间具有线性关系，因而仪表具有均匀刻度。

电磁式流量计可以测量导电液体的流量，它不受流体压力、温度、黏性、密度、电导率等的影响，测量范围比较宽，可测量两个不同方向的流量，可测含杂质液体，同时还可用于强酸、强碱及盐类等腐蚀性液体。此外电磁式流量计受流动状态的影响小，测量中没有压降，不会对流动造成损失。

电磁式流量计也存在一些缺点：① 电磁式流量计在测量中没有考虑到密度的变化(目前随着智能化仪表的应用，这个问题已经得以解决)；② 安装和调试要求很严格，用起来比较复杂；③ 测量有污垢的黏性流体时，黏性物或沉淀物容易附着在电极上，从而带来测量误差，甚至会导致测量无法进行，因此必须在使用时注意清洗；④ 测量时干扰信号比较多，且不易排除。

电磁式流量计在工业中有着广泛的应用，一般情况下，此类流量计的管径在 6～900 mm 之间，测量范围为 0.1～20 000 m^3/h，精度为±1%。

2.5.4 超声波流量计

超声波流量计可用于大多数工业环境中的浆体、污水、重油等的测量，可适用于大多数

硬质材料制造的闭合管道，也可用于河流、明渠等。

该仪表按安装方式分为夹装式、插入式和管段式，如图 2-21 所示，按结构分为一体式、分体式和便携式。

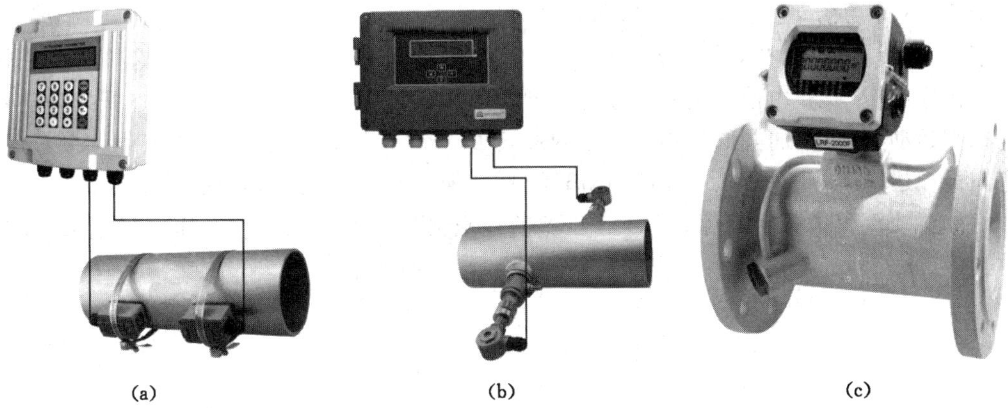

图 2-21　夹装式、插入式和管段式超声波流量计

(a) 夹装式；(b) 插入式；(c) 管段式

超声波流量计原理如图 2-22 所示。超声波流量计固定在管道上的发射器发射频率为 f_0 的声波。当随流体以速度 v 运动的颗粒（或气泡、悬浮物等）流向声波发射器时，颗粒接收到的声波频率 f_1 为

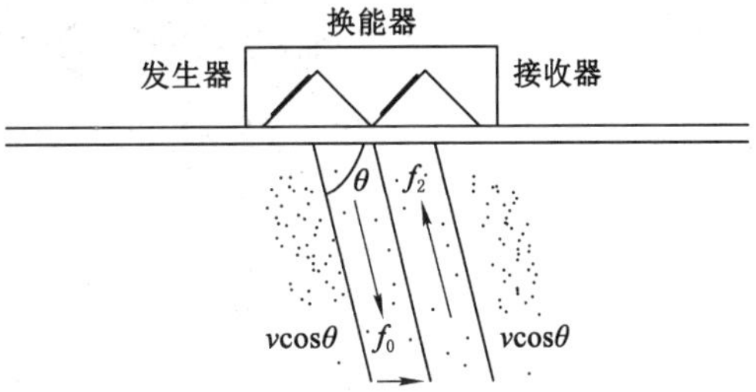

图 2-22　超声波流量计原理

$$f_1 = f_0 \frac{c + v\cos\theta}{c}$$

当该颗粒将频率 f_1 的声波反射回去，接收器收到的声波频率 f_2 为

$$f_2 = f_1 \frac{c}{c - v\cos\theta} = f_0 \frac{c + v\cos\theta}{c - v\cos\theta}$$

声波接收器和发生器间的多普勒频移 Δf 为

$$\Delta f = f_2 - f_0 = 2f_0 \frac{v\cos\theta}{c - v\cos\theta} \approx 2f_0 \frac{v}{c}\cos\theta$$

流体体积流量为

$$Q_v = \frac{Ac}{2f_0\cos\theta}\Delta f$$

式中　c——声波速度；

θ——声波发射方向与管道夹角；

A——管道截面积。

值得注意的是，当一些管道内装有耐磨层时，超声波的传播可能会受到阻碍，从而影响超声波流量计的测量效果。

2.5.5 计量泵

计量泵是一种可以满足各种严格的工艺流程需要、流量可以在 0～100%范围内无级调节、用来输送液体特别是腐蚀性液体的一种特殊容积泵。计量泵也称定量泵或比例泵，计量泵属于往复式容积泵，用于精确计量，通常要求计量泵的稳定性精度不超过±1%。

液压隔膜计量泵结构如图 2-23 所示。电机经联轴器带动蜗杆并通过蜗轮减速使主轴和偏心轮作回转运动，由偏心轮带动连杆在导筒内作往复运动。周期开始时，连杆拉动柱塞向电机端运动，通过单向阀的作用使泵腔内逐渐形成真空，吸入阀打开，吸入液体。接着，当柱塞向泵端运动时，此时吸入阀关闭，排出阀打开，液体在膜片的推动下排出。可以通过改变柱塞的移动行程来决定流量的大小。柱塞的往复循环工作形成连续有压力、定量的液体排放。

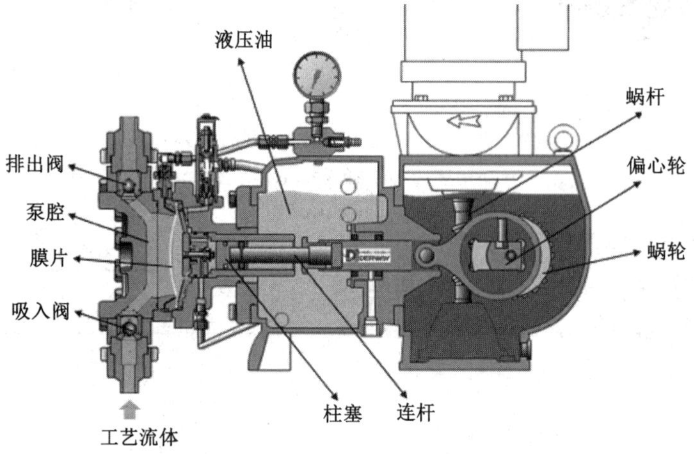

图 2-23 液压隔膜计量泵结构图

计量泵除了应用范围最广的液压隔膜计量泵外，还有柱塞、活塞式和机械隔膜式，能输送高黏度介质、磨蚀性浆料和危险性化学品，流量可达每小时几十立方，压力最大可达 350 MPa。出口压力变化时，流量几乎不变。在选煤厂中计量泵常用于药剂的添加和精确计量。

2.5.6 椭圆齿轮流量计

椭圆齿轮流量计属于容积式流量计，它对被测流体的黏度变化不敏感，特别适合测量高黏度的流体，如重油、树脂、聚乙烯醇等，甚至糊状物。如图 2-24 所示，A、B 为两个互相啮合的椭圆形齿轮，其与壳体之间形成测量室。

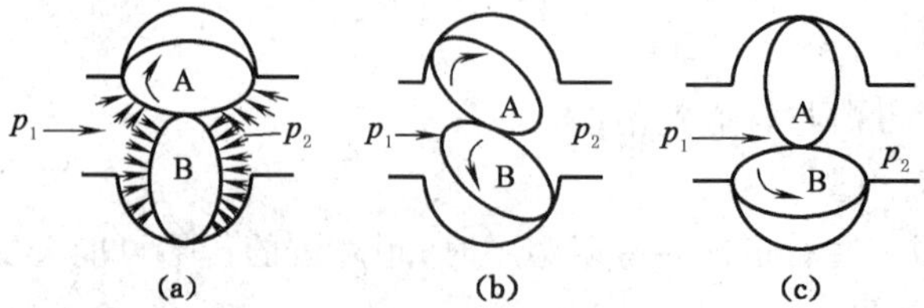

图 2-24 椭圆齿轮流量计结构示意图

当流体流过时，由于要克服阻力，进口侧压力 p_1 大于出口侧压力 p_2，压差产生力矩使椭圆齿轮连续转动，A 轮和 B 轮相互交替地由一个带着另外一个转动，并把被测介质以月牙形容积为单位一次次地从进口吸入，往出口排出。图 2-24 仅仅描述了椭圆齿轮转动四分之一周的过程，期间搬运的被测介质刚好为一个月牙形容积。所以，椭圆齿轮每转一周所通过的被测介质为月牙形容积的 4 倍，则体积流量 Q_v 与椭圆齿轮旋转速度 n 之间的关系为

$$Q_v = 4nV_0$$

式中，V_0 为月牙形测量室容积。

椭圆齿轮流量计适用于高黏度介质的流量测量，测量精度较高，压力损失较小，安装使用也较方便。椭圆齿轮流量计的入口端必须加装过滤器，以免固体颗粒造成齿轮磨损。使用温度有一定范围，温度过高，齿轮容易卡死。

椭圆齿轮流量计的结构复杂，加工成本较高。

2.5.7　涡轮流量计

在流体流动的管道内，安装一个可以自由旋转的叶轮，流体的动能使叶轮转动，在规定的流量范围和流体黏度下，转速与流速呈线性关系。涡轮流量计的结构如图 2-25 所示。

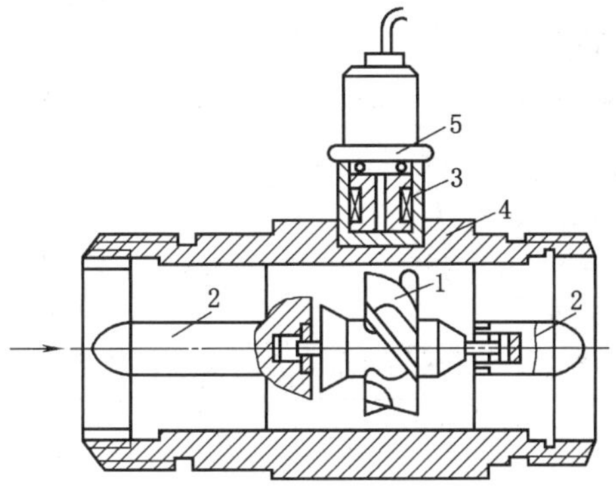

1—涡轮；2—导流器；3—磁电感应转换器；4—外壳；5—前置放大器。

图 2-25　涡轮流量计结构示意图

当流体流过涡轮叶片与管道之间的间隙时，由叶片前后压差产生的力推动叶片，使涡轮旋转，高导磁性的涡轮周期性地扫过磁钢，使磁路的磁阻周期性地改变，线圈中的磁通量也随之周期性地变化，线圈便感应出交流电。该交变电信号的频率与涡轮的转速成正比，即与流体流量成正比。

涡轮流量计安装方便，磁电感应转换器与叶片间无须密封和机械传动机构，测量精度高，可用于静压 50 MPa 的高压流体。得益于磁电感应，涡轮流量计反应迅速，可测脉动流量。输出信号为电频率信号，便于远传，受干扰影响小。

涡轮流量计的涡轮容易磨损，被测介质应避免含有机械杂质，一般要加装过滤器。安装时必须保证前后有一定的直管段，使得流向相对稳定。一般入口直管段的长度至少达到管道内径的 10 倍，出口为 5 倍。

2.5.8　流量计的选用

在选用流量计时首先要考虑流体的性质和状态，如腐蚀性、黏稠度、磨损性、电导率、温

度等，根据原理选择合适的流量计种类，如电磁流量计可测量各种酸、碱、盐等腐蚀液体，各种易燃、易爆介质，各种工业污水、纸浆、泥浆等，但不能用于测量气体、蒸气以及含有大量气体的液体，不能用来测量电导率很低的液体介质，不能测量高温高压流体；转子流量计可以用来测量液体、气体以及蒸汽的流量，特别适宜测量低流速、小流量的介质流量；超声波流量计一般用于测量 200 ℃以下的流体，包括强腐蚀性、非导电性、放射性及易燃易爆介质。

其次要考虑工艺允许的压力损失，最大最小工作压力和额定流量，还有测量精度的要求。同时应注意使用场合的特点，如安装地点、工艺管道尺寸、接口方式等。最后还要考虑仪表的显示方式、通信方式等。

2.6 温度检测

大多数工业生产过程都是在一定的温度下进行的，如 H_2 和 N_2 合成 NH_3，在触媒存在条件下，反应温度为 500 ℃，否则产品不合格。火力发电厂的超高压锅炉出口蒸汽温度要保持在 540 ℃，温度过高会使过热器管壁金属强度下降，以致烧坏过热器的高温段，严重影响安全。温度偏低，则会降低电厂的热经济性，并会使汽轮机尾部蒸汽温度升高，甚至使之带水，严重影响汽轮机的安全运行。

温度不能直接测量，只能借助于冷热不同物体之间的热交换，以及物体的某些物理性质随冷热程度不同而变化的特性来加以间接测量。常用测温仪表的种类及优缺点见表 2-4。通常把测量 600 ℃以上的测温仪表称为高温计，600 ℃以下的称为温度计，但现场一般不加以严格区分，统称为温度计。

表 2-4 常用测温仪表的种类及优缺点

测温方式	温度计种类		测温范围/℃	优 点	缺 点
接触式测温仪表	膨胀式	玻璃液体	−50～600	结构简单，使用方便，测量准确，价格低廉	测量上限和精度受玻璃质量的限制，易碎，不能记录远传
		双金属	−80～600	结构紧凑，牢固可靠	精度低，量程和使用范围有限
	压力式	液体 气体 蒸汽	−30～600 −20～350 0～250	结构简单，耐震，防爆，能记录、报警，价格低廉	精度低，测温距离短，滞后大
	热电偶	铂铑-铂 镍铬-镍硅 镍铬-考铜	0～1 600 −50～1 000 −50～600	测温范围广，精度高，便于远距离、多点、集中测量和自动控制	需冷端温度补偿，在低温段测量精度较低
	热电阻	铂 铜 镍	−200～600 −50～150 −60～200	测量精度高，便于远距离、多点、集中测量和自动控制	不能测高温，需注意环境温度的影响

表 2-4(续)

测温方式	温度计种类		测温范围/℃	优点	缺点
非接触式测温仪表	辐射式	辐射式 光学式 比色式	400～2 000 700～3 200 900～1 700	测温时，不破坏被测温度场	低温段测量不准，环境条件会影响测温准确度
	红外线	光电探测 热电探测	0～3 500 200～2 000	测温范围大，适于测温度分布，不破坏被测温度场，响应快	易受外界干扰，标定困难

接触式测温仪表利用测量体与被测物体直接接触，两者进行热交换并最终达到热平衡，这时测量体的温度就反映了被测物体的温度。

非接触式测温仪表由于检测元件与被测物质不接触，因而测量范围原则上不受限制，测温速度较快，还可以在运动中测量。但是它受到被测物质的发射率、被测物质与测量仪表之间的距离以及其他中间介质的影响，测温误差较大。

2.6.1 热膨胀式温度计

(1) 液体膨胀式温度计

在实际测量中，温度计中的工作液体的选择主要取决于测温范围。如果在玻璃管中充入低凝固点液体，最低可将量程扩展到－200 ℃。使用时应注意玻璃管插入深度，工业温度计的插入深度一般是固定的，而实验室或标准温度计则是全浸式。

(2) 固体膨胀式温度计

固体膨胀式温度计中应用最多的是双金属温度计，它是由两种线膨胀系数不同的金属片叠焊在一起制成的。双金属片如图 2-26 所示。金属片一端固定，一端可以自由移动。如果下面的金属线膨胀系数大，则当温度升高时，双金属片会向上弯曲。为了使双金属片长而结构紧凑，常将其制成螺旋形，一端固定，一端与指针连接。温度变化后，双金属片自由端产生偏转，利用指针指示偏转角度，可以测出温度。

双金属温度计测量范围一般在－80～600 ℃之间，精度最高可达 0.5 级。双金属温度计结构简单，抗振性能好，工业上已逐步用于替代水银温度计。

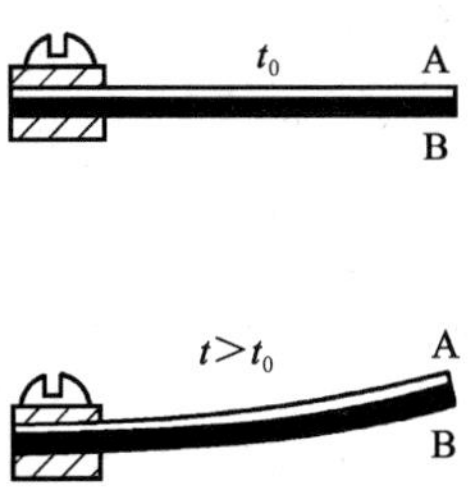

图 2-26 双金属片

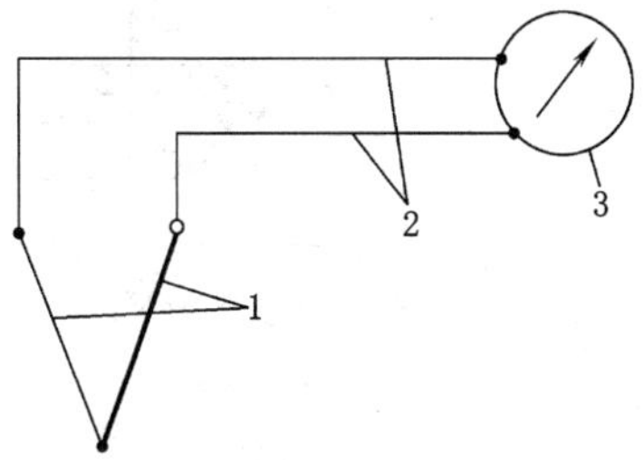

1—热电偶；2—导线；3—测量仪表。

图 2-27 热电偶温度计示意图

2.6.2 热电偶温度计

热电偶温度计是基于热电效应原理制成的测温仪器，如图 2-27 所示。其优点是测温精度较高、性能稳定、结构简单、易于制造、产品互换性好。将温度信号转换成电信号，便于信号远传和实现多点切换测量。热电偶温度计测温范围广，可达－200～2 000 ℃，形式多样，适用于各种测温条件。

2.6.2.1 工作原理

热电效应工作原理如图 2-28 所示。两种不同材料的导体 A、B 组成一个闭合回路，当回路两端接点 t_0、t 的温度不相同时（假设 $t>t_0$），回路中就会产生一定大小的电势，形成电流，这个电流的大小与导体材料性质和接点温度有关，这种现象称为热电效应。把两种不同材料的组合体称为热电偶，它感受被测温度信号，输出与温度相对应的直流电势信号。构成热电偶的两种导体称为热电极，把插入被测介质中感受被测温度的一端称为测量端（或工作端、热端），把处于周围环境中的一端称为参考端（或自由端、冷端）。

热电势是接触电势和温差电势共同作用的结果。接触电势是由于两种不同导体的电子密度不同，从而在接触点处发生电子扩散而形成的电动势。两种不同的金属，它们的自由电子密度是不同的。按古典电子理论，金属 A 的电子密度大，其压强也大。正因为这样，当两种金属相接触时，在两种金属的交界处，电子从 A 扩散到 B 多于从 B 扩散到 A。而原来自由电子处于金属 A 这个统一体时是不带电的，当自由电子越过接触面迁移后，金属 A 就因失去电子而带正电，金属 B 则因得到电子而带负电，如图 2-29 所示。但这种扩散迁移是不会无限制地进行的。因为迁移的结果就在两金属的接触面两侧形成了一个偶电层，这一偶电层的电场方向由 A 指向 B，它的作用是阻止自由电子进一步扩散的。开始的时候，扩散运动强，反而使电子沿反方向运动。结果当扩散进行到一定程度时，压强差的作用与静电场的作用相互抵消，扩散与反扩散建立了暂时的平衡。这时的接触电势差，仅和两金属的材料及的温度有关。温度越高，金属中的自由电子就越活跃，由 A 迁移到 B 的自由电子就越多，致使接触面处所产生的电场强度也增加，因而接触电动势也增大。由于这个电势大小，在热电偶材料确定后只和温度有关，故称之为热电势，记作 $e_{AB}(t)$。

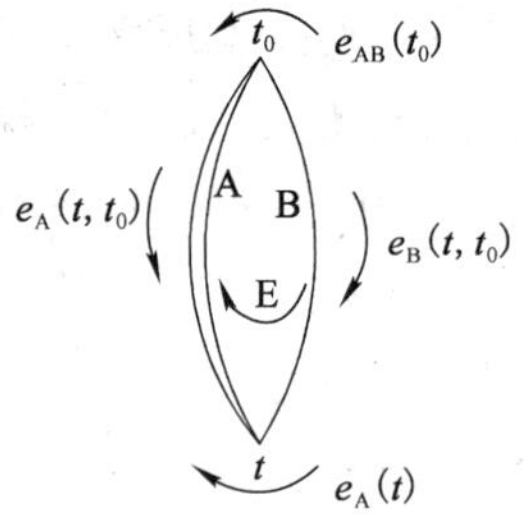

图 2-28 热电效应工作原理示意图

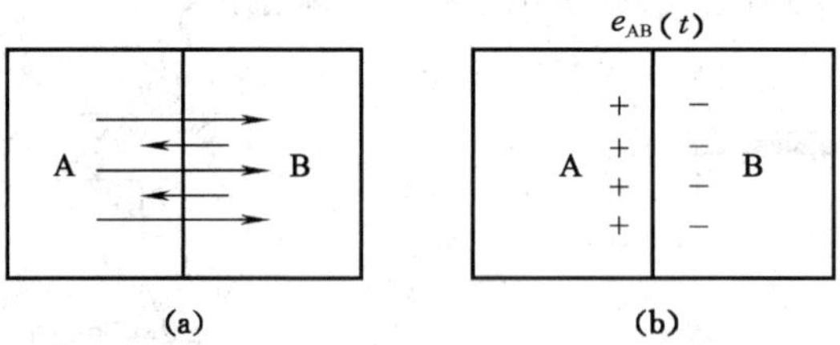

图 2-29 接触电势示意图

(a) 两金属接触面上的电子流；(b) 电子流达到动平衡时的金属带电情况

温差电势是由于同一根导体中电子从高温端向低温端迁移而引起的电动势。对于同一个导体，高温端电子的能量大于低温端电子的能量，因此，电子由高温端向低温端净迁移。高温端失去电子带正电，低温端得到电子带负电，从而形成一个由高温端指向低温端的静电场，它的存在阻碍了电子的进一步迁移，从而达到动态平衡，此时的电势差即为温差电势，它由低温端指向高温端。当导体材料确定后，温差电势只与两端温度有关，记作 $e_A(t,t_0)$。

温差电势远比接触电势小，可以忽略。这样闭合回路中的总热电势 $E_{AB}(t,t_0)$ 可近似为接触电势，即

$$E_{AB}(t,t_0) = e_{AB}(t) + e_B(t,t_0) - e_{AB}(t_0) - e_A(t,t_0)$$
$$\approx e_{AB}(t) - e_{AB}(t_0)$$

若其冷端温度恒定，$e_{AB}(t_0)$ 为常数，则热电势 $E_{AB}(t,t_0)$ 就成为温度 t 的单值函数了，而和热电偶的长短及直径无关。热电偶温度计就是依据这个原理，通过对热电势的测量检测出热端温度大小的。

热电偶产生的热电势除了与两接触点处的温度有关外，还与热电极的材料有关。也就是说不同热电极材料制成的热电偶在相同温度下产生的热电势是不同的。

2.6.2.2　基本定律

（1）匀质导体定律

匀质（成分、材质相同）导体的回路无论各处温度分布如何都不会产生热电势。所以，热电偶必须由两个不同的材料组成。根据同一导体回路是否存在热电势可以判断导体是否匀质。

（2）中间导体定律

由两种不同导体构成的热电偶回路中，接入第三种导体，只要保证接入点两端的温度相同，则对原热电偶所产生的热电势数值并无影响。

（3）中间温度定律

两种匀质的导体 A 与 B 构成的热电偶，两端温度为 t 和 t_0，如果存在一个中间温度 t_m，则热电势满足

$$E_{AB}(t,t_m) + E_{AB}(t_m,t_0) = E_{AB}(t,t_0)$$

（4）标准电极定律

A、B 导体的热电势等于它们对另一参考导体 C 的热电势之和，即

$$E_{AC}(t,t_0) + E_{CB}(t,t_0) = E_{AB}(t,t_0)$$

2.6.2.3　热电偶型号

（1）热电偶的种类

工业上对热电偶的选材有着一定的要求，并非任意两种材料都可以。这些要求包括：温度每增加 1 ℃时所能产生的热电势要大，而且热电势与温度应尽可能呈线性关系。物理稳定性要高，在测温范围内其热电性质不随时间而变化。化学稳定性要高，在高温下不被氧化和腐蚀。材料组织要均匀，要有韧性，便于加工成丝；复现性好，便于成批生产，而且在应用上也可保证良好的互换性。目前，常用的工业热电偶如表 2-5 所示。

铂铑$_{30}$-铂铑$_6$ 热电偶适合氧化性和中性介质，但热电势小、价格贵。

铂铑$_{10}$-铂热电偶适合氧化性和中性介质，耐高温，不易氧化且测量精度高，常用作精密温度检测和基准热电偶。

镍铬-镍硅热电偶除适合氧化性和中性介质外，还适合 500 ℃以下还原性介质，热电势大，线性好，测温范围宽，价格便宜，应用广泛。我国基本已用镍铬-镍硅热电偶取代了镍铬-镍铝热电偶。

表 2-5 常用工业热电偶

热电偶名称	代号	分度号		热电极材料		测温范围/℃	
		新	旧	正热电极	负热电极	长期使用	短期使用
铂铑$_{30}$-铂铑$_{6}$	WRR	B	LL-2	铂铑$_{30}$合金	铂铑$_{6}$ 合金	300～1 600	1 800
铂铑$_{10}$-铂	WRP	S	LB-3	铂铑$_{10}$合金	纯铂	－20～1 300	1 600
镍铬-镍硅	WRN	K	EU-2	镍铬合金	镍硅合金	－50～1 000	1 200
镍铬-铜镍	WRE	E	—	镍铬合金	铜镍合金	－40～800	900
铁-铜镍	WRF	J	—	铁	铜镍合金	－40～700	750
铜-铜镍	WRC	T	CK	铜	铜镍合金	－400～300	350

镍铬-铜镍适合还原性和中性介质，热电势较大，价格便宜。我国已用其取代了镍铬-考铜热电偶。

其他特殊用途的热电偶还很多，如用于 0～2 300 ℃高温的钨铼热电偶，用于超低温－273～7 ℃的镍铬-金铁热电偶等。

各种热电偶的热电势与其相对应的温度都可以从该热电偶的分度表中查询，而与某一分度表对应的热电偶，用它的分度号表示。

(2) 热电偶的结构

热电偶有普通型、铠装型、表面型和快速型四种结构形式。

普通型热电偶主要由热电极、绝缘子、保护套管和接线盒组成，如图 2-30 所示。热电极是组成热电偶的两根热偶丝。绝缘管防止两根热电极短路。保护套管套在热电极和绝缘子的外面，保护热电极不受化学腐蚀和机械损伤。接线盒用于连接热电极和补偿导线。

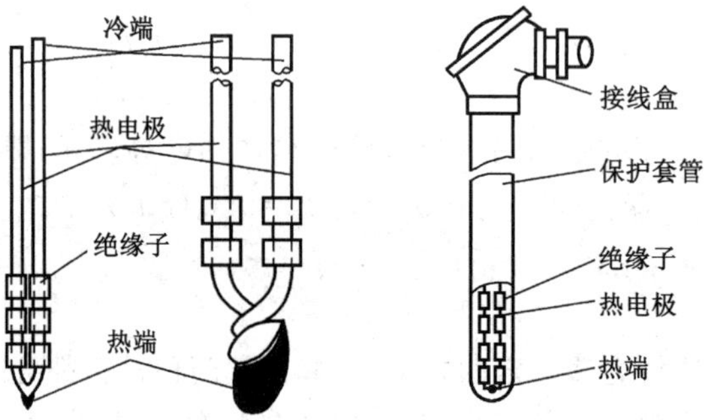

图 2-30 普通型热电偶结构

铠装型热电偶由金属套管、绝缘材料(氧化镁粉)、热电偶丝一起经过复合拉伸成型，然后将端部偶丝焊接成光滑球状结构。其优点是反应速度快、使用方便、可弯曲、气密性好、不怕振、耐高压等。

表面型热电偶是利用真空镀膜法将两电极材料蒸镀在绝缘基底上的薄膜热电偶，是专门用来测量物体表面温度的一种特殊热电偶。其反应速度极快、热惯性极小。

快速型热电偶是测量高温熔融物体的一种专用热电偶，热偶元件尺寸很小，称为消耗式热电偶。

热电偶的结构形式可根据它的用途和安装位置来确定。在热电偶选型时，要考虑热电极的材料，保护套管的结构、材料及耐压强度，保护套管的插入深度。

(3) 补偿导线

补偿导线是一种与热电偶配套使用的专用导线，补偿导线接线图如图 2-31 所示。将热电偶的冷端延伸出来，这既能保证热电偶冷端温度保持不变，又能把热电偶本身做得很长很经济。它也是由两种不同性质的金属材料制成的，在一定温度范围内（0～100 ℃）与所连接的热电偶具有相同的热电特性，其材料是廉价金属。

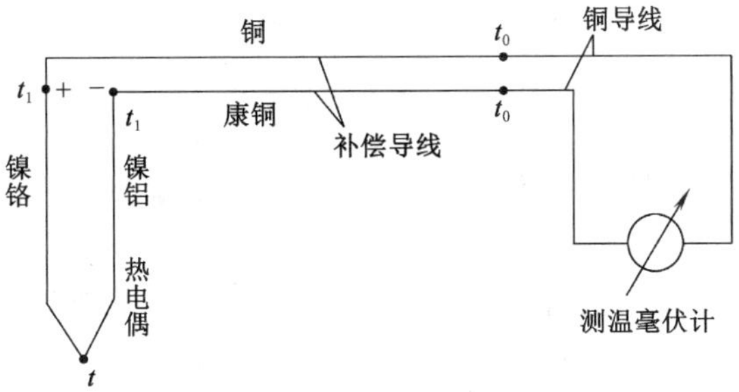

图 2-31　补偿导线接线图

在使用热电偶补偿导线时，要注意型号相配，极性不能接错，补偿导线的正、负极与热电偶的正、负极相接，连接端温度不超过 100 ℃。为了避免造成附加误差，连接时补偿导线与热电偶的两个接点温度必须相等。常用热电偶配套的补偿导线见表 2-6。

表 2-6　常用热电偶配套的补偿导线

热电偶名称	补偿导线				工作端为 100 ℃，冷端为 0 ℃时的标准热电势/mV
	正极		负极		
	材料	颜色	材料	颜色	
铂铑$_{10}$-铂	铜	红	铜镍	绿	0.645±0.037
镍铬-镍硅	铜	红	铜镍	蓝	4.095±0.105
镍铬-铜镍	镍铬	红	铜镍	棕	6.317±0.170
铜-铜镍	铜	红	铜镍	白	4.277±0.047

2.6.2.4　冷端温度补偿

在应用热电偶测温时，只有将冷端温度保持为 0 ℃，或者是进行一定的修正才能得出准确的测量结果，此过程称为热电偶的冷端温度补偿。

(1) 冰点法

多用在实验室中，把热电偶的两个冷端分别插入装有绝缘油的试管中，再将试管放入冰水混合物中，保持冷端温度为 0 ℃，如图 2-32 所示。

(2) 计算修正法

实际使用时，冷端温度往往不是 0 ℃，而是某一温度 t_1，这就引起测量误差。因此，必须对冷端温度进行修正。某一设备的实际温度为 t，其冷端温度为 t_1，这时测得的热电势为

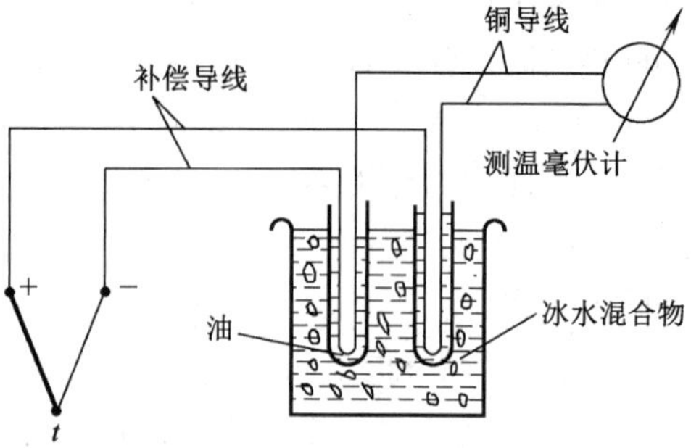

图 2-32　冰点法示意图

$E(t,t_1)$。而实际温度 t 是由 $E(t,0)$ 查得的，可利用下式计算

$$E(t,0)=E(t,t_1)+E(t_1,0)$$

冷端温度的计算修正方法是把测得的热电势 $E(t,t_1)$，加上热端为室温 t_1、冷端为 0 ℃时的热电偶的热电势 $E(t_1,0)$，才能得到实际温度下的热电势 $E(t,0)$。

该方法适用于实验室或临时测温。

(3) 示值修正法

若采用测温元件为热电偶时，要使测温时指示值不偏低，可预先将仪表零点调整到相当于室温的数值上。调整机械零位的方法只能在测温要求不太高的场合下应用。

例 2-3　用镍铬-铜镍热电偶测量某加热炉的温度。测得的热电势 $E(t,t_1)=59\ 830\ \mu V$，而自由端的温度 $t_1=20$ ℃，求被测的实际温度。镍铬-铜镍热电偶分度表见表 2-7。

表 2-7　镍铬-铜镍热电偶分度表

分度号 E　　　　单位：μV

℃	0	10	20	30	40	50	60	70	80	90
0	0	591	1 192	1 801	2 419	3 047	3 683	4 329	4 983	5 646
100	6 317	6 996	7 683	8 377	9 078	9 787	10 501	11 222	11 949	12 681
200	13 419	14 161	14 909	15 661	16 417	17 178	17 942	18 710	19 481	20 256
300	21 033	21 814	22 597	23 383	24 171	24 961	25 754	26 549	27 345	28 143
400	28 943	29 744	30 546	31 350	32 155	32 960	33 767	34 574	35 382	36 190
500	36 999	37 808	38 617	39 426	40 236	41 045	41 853	42 662	43 470	44 278
600	45 085	45 891	46 697	47 502	48 306	49 109	49 911	50 713	51 513	52 312
700	53 110	53 907	54 703	55 498	56 291	57 083	57 873	58 663	59 451	60 237
800	61 002	61 806	62 588	63 368	64 147	64 924	65 700	66 473	67 245	68 015
900	68 783	69 549	70 313	71 075	71 835	72 593	73 350	74 104	74 857	75 608
1 000	76 358									

查表 2-7 可知

$$E(20,0)=1\ 192\ \mu V$$

$$E(t,0)=E(t,20)+E(20,0)=(59\ 830+1\ 192)\ \mu V=61\ 022\ \mu V$$

查表可得 61 022 μV 对应的温度为 800 ℃。

由于热电偶所产生的热电势与温度之间的关系都是非线性的(当然各种热电偶的非线性程度不同),因此在自由端的温度不为零时,将所测得热电势对应的温度值加上自由端的温度,其值并不等于实际的被测温度,这也是示值修正法存在误差的原因。

在本例中,若将仪表零点预先调整为 20 ℃,查表可得 59 830 μV 对应的温度为 784.8 ℃,即示值修正法结果为 804.8 ℃,与实际温度存在一定的偏差。热电偶实际热电势与温度之间的非线性程度越严重,则误差就越大。

(4) 补偿电桥法

补偿电桥法利用不平衡电桥产生的电势来补偿热电偶因冷端温度变化而引起的热电势变化值。电路图如图 2-33 所示。

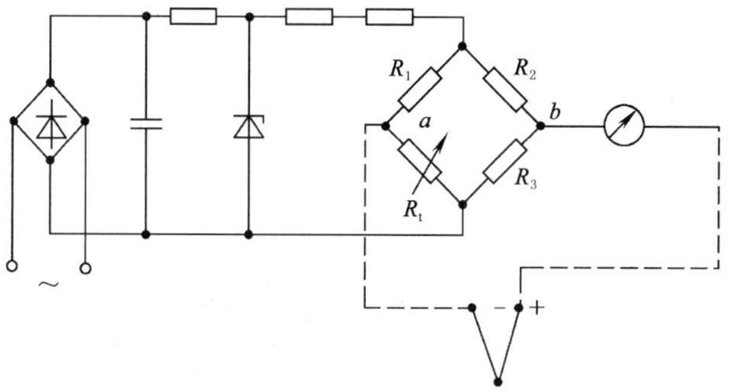

图 2-33　补偿电桥法热电偶电路图

电路的桥臂 $R_1=R_2=R_3$(均为锰铜丝电阻,它们的阻值几乎不随温度变化)$=R_t$(铜线制成的补偿电阻,阻值随温度变化),使电桥在 20 ℃达到平衡,此时 $U_{ab}=0$。当冷端温度升高时,R_t也随之增大,因而 U_{ab} 也增大,热电势 E_x 逐渐减小。如果 ΔU_{ab} 等于 ΔE_x,则 $U_{AB}=U_{ab}+E_x$,不会随冷端温度变化而变化。

由于电桥是在 20 ℃时平衡的,所以采用这种补偿电桥时须把仪表的机械零位预先调到 20 ℃处。如果补偿电桥是在 0 ℃时平衡设计的(DDZ-Ⅱ型温度变送器中的补偿电桥),则仪表零位应调在 0 ℃处。

2.6.2.5　多热电偶测温

有时可以利用多个热电偶和一套显示仪表灵活组合,来满足现场不同的需求,并能节省投资,如图 2-34 所示。

图 2-34(a)可以测两点的温度差,图 2-34(b)可以测多点温度之和,图 2-34(c)可以测量多点温度的平均温度。

2.6.3　热电阻温度计

通常金属导体或半导体电阻都具有阻值随温度变化而变化的性质。例如,当温度每升高 1 ℃,大多数金属电阻的阻值将升高 0.4%～0.6%,而一些半导体电阻的阻值却减小 2%～6%。热电阻就是利用测量阻值的变化而间接测出温度的。

热电阻测温仪表在中低温范围内测量精度高、灵敏度高、性能稳定,输出信号较强,同时还便于远距离测量,因此得到了广泛的应用。

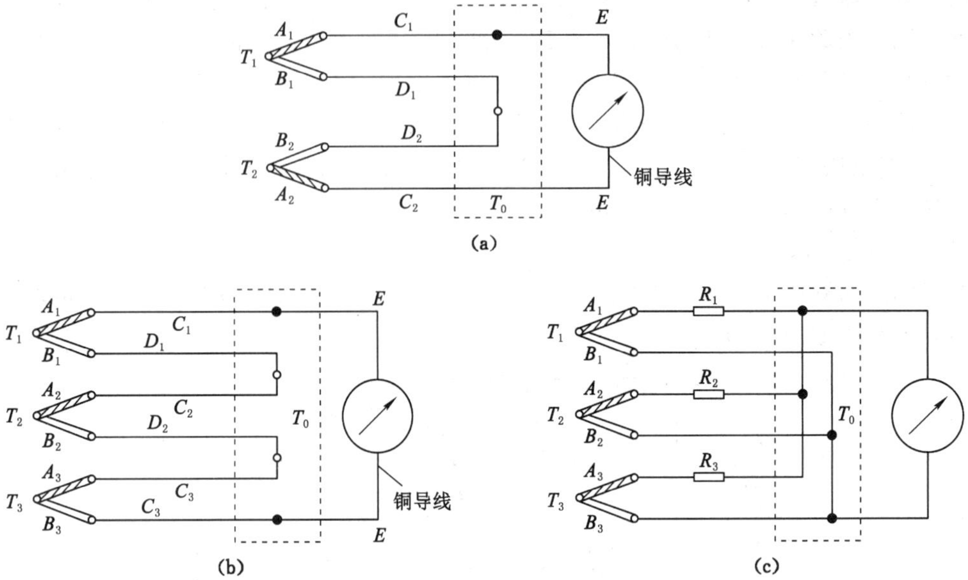

图 2-34　多个热电偶测温电路

(a) 反向串联;(b) 正向串联;(c) 并联

纯金属的电阻温度特性最好,测温灵敏度最高,因此测温热电阻一般尽可能采用纯金属制作。半导体热电阻又称为热敏电阻,与金属热电阻不同之处在于阻值随温度升高而减小。和金属热电阻相比,半导体热电阻优点是电阻温度系数高、测温灵敏、电阻率高、体积小。但是它的互换性差、复现性差,阻值与温度的关系不太稳定等,因此限制了它的使用。

2.6.3.1　热电阻型号

(1) 铂热电阻

铂热电阻性能可靠、精确度高,在氧化甚至高温条件下的物理化学性能非常稳定,因此一般被作为标准仪表,但是在还原性条件中,特别是在高温下容易变脆,从而影响电阻与温度间的关系,且价格较高。

电阻与温度之间的关系称为分度表,用分度号表示。工业上常用的铂热电阻有两种,一种是温度为 0 ℃时电阻值为 10 Ω,对应的分度号为 Pt10;另一种是温度为 0 ℃时电阻值为 100 Ω,对应的分度号为 Pt100。

(2) 铜热电阻

铜热电阻的优点是价格便宜,易加工,阻值与温度几乎呈线性关系,但它在 150 ℃以上易被氧化,线性度变差。另外铜的电阻率小,为了达到一定的阻值,铜电阻丝必须较细,并且较长,这造成铜电阻体自身体积变大,机械强度变低。铜热电阻测量精度不高,适用于测量准确度要求不高、温度较低的场合。

工业上常用的铜热电阻有两种,一种是温度为 0 ℃时电阻值为 50 Ω,对应的分度号为 Cu50;另一种是温度为 0 ℃时电阻值为 100 Ω,对应的分度号为 Cu100。

(3) 镍热电阻

镍热电阻最大的特点是温度系数较大、测温灵敏度高，但在温度系数高于 200 ℃时会产生特殊变化，因此测温范围低于 200 ℃。

工业上常用的镍热电阻有三种，分度号分别为 Ni100、Ni300、Ni500。

2.6.3.2　热电阻结构

工业用热电阻分为普通热电阻、铠装热电阻、薄膜热电阻等，这几种热电阻的外观和使用特点都与相应的热电偶相似。

(1) 普通热电阻

普通热电阻由电阻体、绝缘套管、保护套管和接线盒组成。采用双线无感绕法将电阻丝绕制在具有一定形状的绝缘骨架上，构成电阻体。骨架一般有三种构造形式，如图 2-35 所示。一般地，平板形作为铂电阻体的骨架，圆柱形作为铜电阻体的骨架，而螺旋形作为标准或实验室用铂电阻体的骨架。骨架的材质一般有云母、玻璃、陶瓷等。

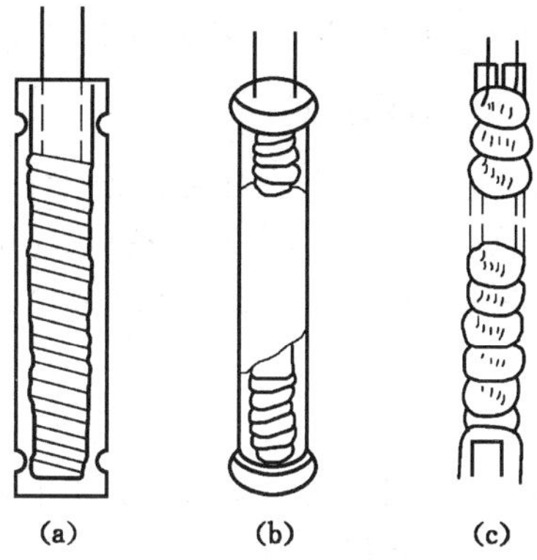

图 2-35　普通热电阻骨架形状

(a) 平板形；(b) 圆柱形；(c) 螺旋形

(2) 铠装热电阻

将电阻体预先拉制成型并与绝缘材料和保护套管连成一体构成铠装热电阻。其特点是体积小、抗振性强、可弯曲、热惯性小、寿命长。

(3) 薄膜热电阻

薄膜热电阻是将热电阻材料通过真空镀膜法，直接蒸镀到绝缘基底上的热电阻。其特点是体积很小、热惯性小、灵敏度高。

2.6.3.3　热敏电阻器

热敏电阻器是敏感元件的一类，按照温度系数不同分为正温度系数热敏电阻器和负温度系数热敏电阻器。热敏电阻器的典型特点是对温度敏感，不同的温度下表现出不同的电阻值。正温度系数热敏电阻器在温度越高时电阻值越大，负温度系数热敏电阻器在温度越高时电阻值越低，它们同属于半导体器件。

热敏电阻器的特点包括：灵敏度较高，其电阻温度系数要比金属大 10～100 倍以上，工作温度范围宽，常温器件适用于－55～315 ℃，高温器件适用温度高于 315 ℃(目前最高可达到 2 000 ℃)，低温器件适用于－273～－55 ℃；体积小，能够测量其他温度计无法测量的空隙、腔体及生物体内血管的温度；使用方便，电阻值可在 0.1～100 kΩ 间任意选择；易加工成复杂的形状，可大批量生产；稳定性好、过载能力强。

2.6.4　温度变送器

温度变送器与各种类型的热电偶、热电阻配套使用，输出标准电信号，和显示单元、控制单元一起，实现对温度或温差的显示、控制。其原理如图 2-36 所示。

与热电偶配套的变送器，输入电桥主要用于冷端温度补偿和调整零点。

与热电阻配套的变送器，输入电桥实质是一个不平衡电桥，热电阻被接入其中一个桥臂，当温度变化引起热电阻阻值变化后，电桥就输出一个不平衡电压信号。

为了使变送器输出信号与温度呈线性关系，在热电偶温度变送器的反馈回路加入线性

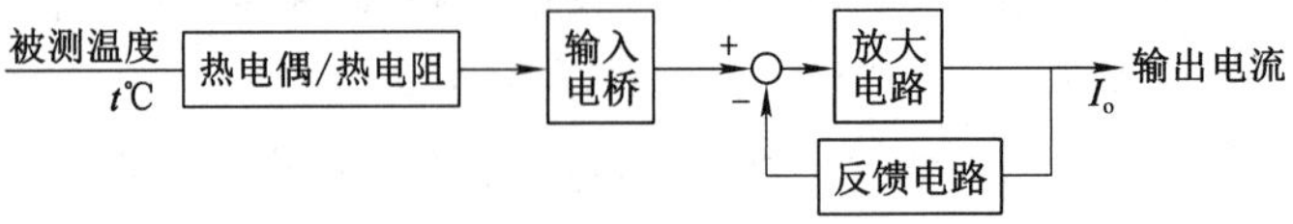

图 2-36 温度变送器原理示意图

化电路,对热电偶的非线性加以修正。

放大电路将输入电桥输出的几十或十几毫伏信号进行多级放大,变换为具有一定负载能力的标准电信号输出,并通过电流互感器实现输入回路和输出回路的隔离。

2.6.5 温度计的选用

根据生产所要求的测温范围、允许的误差,选择合适的测温仪表,使之有足够的量程和精度,但不能单纯追求仪表的精度,以免造成不合理的经济支出。

根据生产现场对仪表功能的要求,可以选用一般性仪表、自动记录仪表、可远传仪表以及自动控温系统等。

根据仪表的工作条件,选择合适的仪表及保护措施,防止过多的维护管理费用。

如何正确安装测温元件是实现正确测量的基础,也是减少维修费用的一个途径。实现正确安装应注意以下两方面:

(1) 测温元件的正确安装

在测量管道温度时,应保证测温元件与流体充分接触,以减少测量误差。安装时测温元件应迎着被测介质流向插入,至少须与被测介质正交,切勿与被测介质形成顺流。

测温元件的感温点应处于管道中流速最大处。

测温元件应有足够的插入深度,以减小测量误差。

若工艺管道过小(直径小于 80 mm),安装测温元件处应接装扩大管。

热电偶、热电阻的接线盒面盖应向上,以避免雨水或其他液体、脏物进入接线盒中影响测量。

为了防止热量散失,测温元件应插在有保温层的管道或设备处。

测温元件安装在负压管道中时,必须保证其密封性,以防外界冷空气进入,使读数降低。

(2) 布线要求

按照规定的型号配用热电偶的补偿导线,注意热电偶的正、负极与补偿导线的正、负极相连接,不要接错。

热电阻的线路电阻一定要符合所配二次仪表的要求。

为了保护连接导线与补偿导线不受外来的机械损伤,应把连接导线或补偿导线穿入钢管内或走槽板。

导线应尽量避免有接头,应有良好的绝缘。禁止与交流输电线合用一根穿线管,以免引起感应。

导线应尽量避开交流动力电线。

补偿导线不应有中间接头,否则应加装接线盒。另外,最好与其他导线分开敷设。

2.7　物位检测

在容器中液体介质的高低称为液位,固体或颗粒状物质的堆积高度称为料位。测量液位的仪表称为液位计,测量料位的仪表称为料位计,而测量两种密度不同液体介质的分界面的仪表称为界面计。以上统称为物位计。

物位检测对工业生产至关重要。合成氨生产中,对铜洗塔塔底液位需要检测和控制,液位过高,精炼气就会带液,导致合成塔触媒中毒,而液位过低,会失去液封作用,引起高压气冲入再生系统,造成严重事故。另外,各种原料、辅料、半成品或成品的储量也需要准确掌握。

2.7.1　浮子式液位计

浮子式液位计是利用漂浮在液面上的浮子来实现测量的,如图 2-37 所示。浮子因浮力作用漂浮在液面上,其位置代表了液面的位置。当液面变化时,浮子随液面一起运动,从而产生位移,然后通过传递、放大系统显示出液位的变化和液面高度。

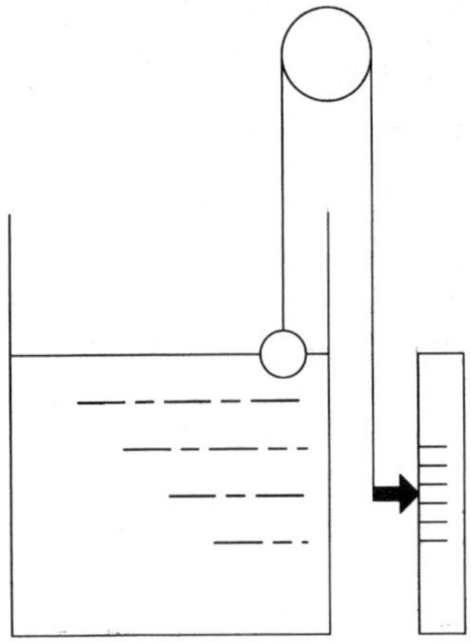

图 2-37　浮子式液位计示意图

2.7.2　静压式液位计

静压式液位计是通过测量某点的压力或该点与另一参考点的压差来间接测量液位的仪表,既可用于密闭容器也可用于敞口容器的测量,如图 2-38、图 2-39 所示。

通常,被测介质的密度是已知的,根据压强定义,差压计测得的差压与液位高度成正比,这样就把测量液位高度转换为测量差压的问题了。当被测容器是敞口的,只需将差压计的负压室连通大气即可,也可以直接在容器底部安装压力计。

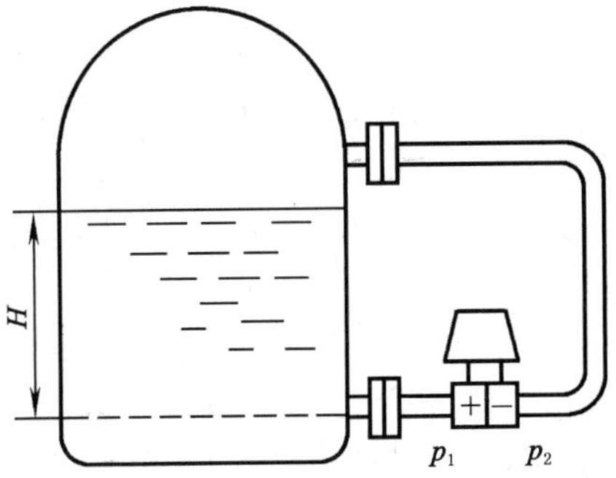

图 2-38　静压式液位计用于密闭容器示意图

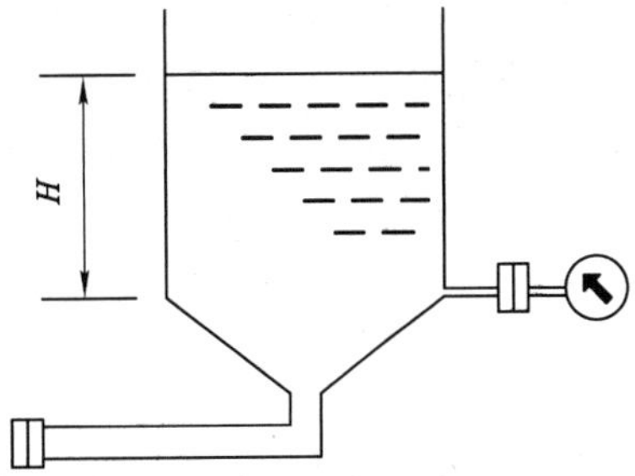

图 2-39　压力表式液位计用于敞口容器示意图

当被测液体具有腐蚀性、易结晶、黏度大或易凝固的特点时，引压管线会有腐蚀、堵塞的风险，应在导压管入口处加隔离膜盒的法兰式差压计，充以硅油作为传压介质，使得被测介质不与毛细管及仪表接触，如图 2-40 所示。

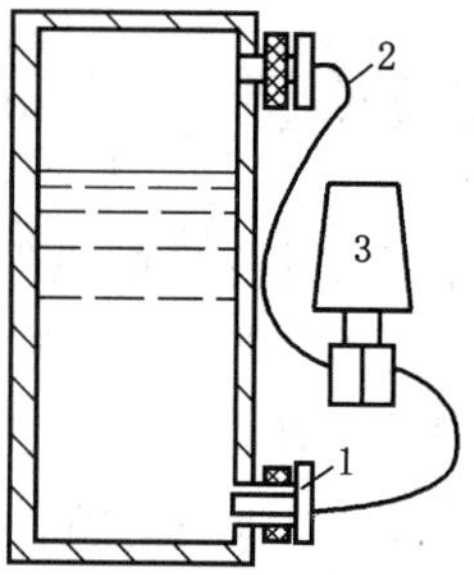

1—法兰式测量头；2—毛细管；3—差压计。

图 2-40 法兰式差压计测量液位示意图

差压变送器在液位实际测量中，经常会遇到零点迁移的问题，如图 2-41 所示。

$$\Delta p = H\rho_1 g - (h_2 - h_1)\rho_2 g$$

迁移同时改变了测量范围的上、下限，相当于测量范围的平移，它不改变量程的大小，如图 2-42 所示。某差压变送器的测量范围为 0～3 000 Pa，当压差由 0 变化到 3 000 Pa 时，变送器的输出将由 4 mA 变化到 20 mA，这是无迁移的情况，如图 2-42 中曲线 a 所示。负迁移如曲线 b 所示，正迁移如曲线 c 所示。

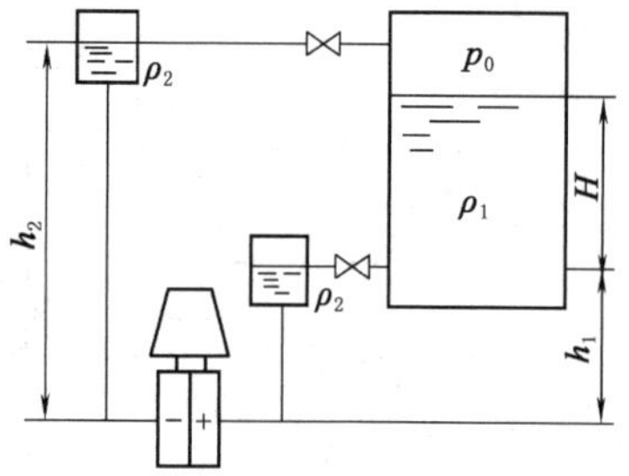

图 2-41 负迁移示意图

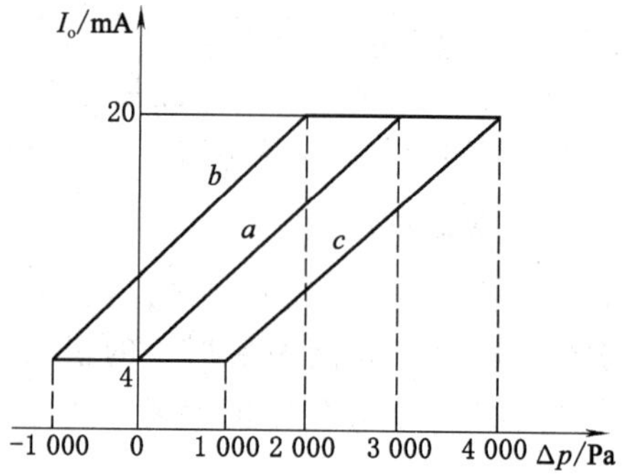

图 2-42 正负迁移仪表输入输出示意图

2.7.3 电容式物位计

在电容器的极板之间充以不同介质时，电容量的大小也不同，因此可通过测量电容量的变化来检测液位、料位或两种不同液体的分界面。

电容器由两个同轴的金属圆筒组成，如图 2-43 所示，两圆筒直径分别为 D、d，高为 L。当两筒之间充满介电常数为 ε_0 的介质（如空气）时，则两筒间电容量可由下面公式表述：

$$C_0 = \frac{2\pi\varepsilon_0 L}{\ln\dfrac{D}{d}}$$

当里面含有介电常数为 ε 的介质（如被测非导电液体）时，电容为

$$C = \frac{2\pi\varepsilon H}{\ln\dfrac{D}{d}} + \frac{2\pi\varepsilon_0 (L - H)}{\ln\dfrac{D}{d}}$$

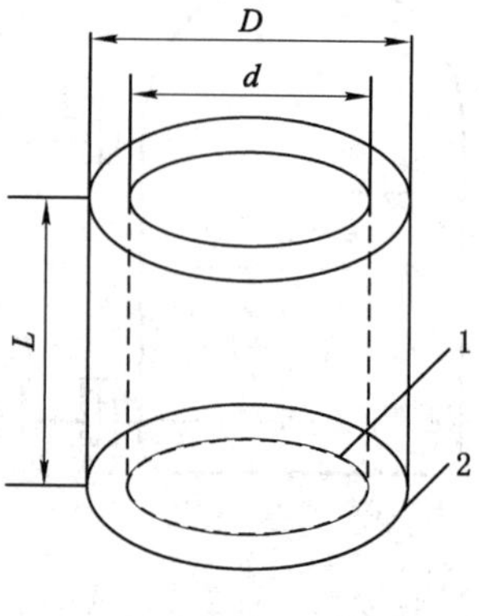

1—内电极；2—外电极。

图 2-43 电容器结构示意图

则

$$\Delta C = C - C_0 = \frac{2\pi(\varepsilon - \varepsilon_0)}{\ln \dfrac{D}{d}} H$$

电容式物位计测量液位的工作原理如图 2-44 所示，也可以测量固体物料的料位，其工作原理如图 2-45 所示。由于固体间摩擦较大，容易“滞留”，所以一般不采用双电极式电极，而是用电极棒及容器壁构成电容器的两极来测量非导电固体料位。

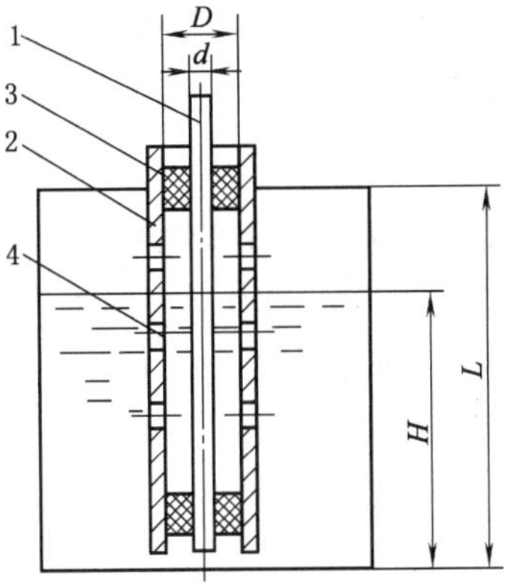

1—内电极；2—外电极；3—绝缘套；4—流通小孔。

图 2-44　液位测量示意图

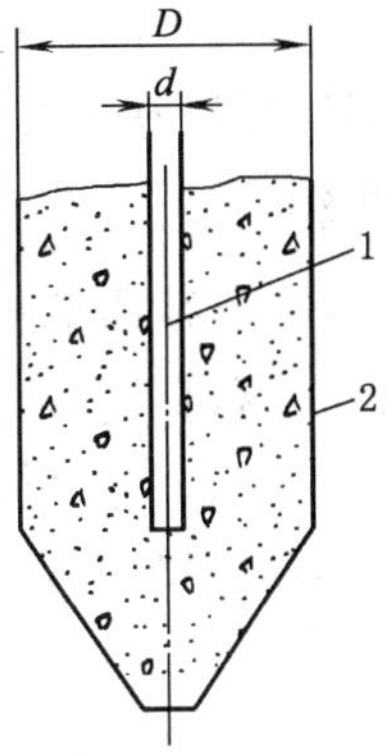

1—金属电极棒；2—容器壁。

图 2-45　料位测量示意图

电容式物位计需要借助较为复杂的电路才能精确测量微小的电容变化，还要注意介质浓度、温度变化对介电常数的影响，及时调整仪表。

2.7.4　超声波物位计

当超声波从一种介质向另一种介质传播时，在两种密度不同的介质分界面会产生传播方向的改变，一部分被反射，另一部分被折射到相邻介质中。当两种介质的密度相差比较大时，如超声波从气体向固体、液体传播，声波几乎全部被反射。通过测量超声波从发射到接收的时间差 t，可推导出物位高度 h，如图 2-46 所示。

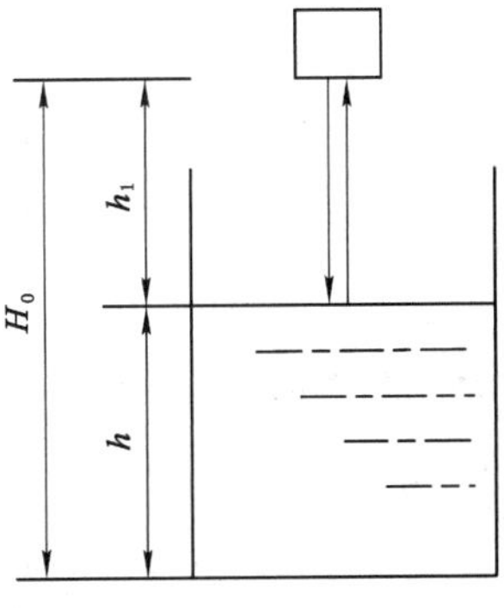

图 2-46　超声波物位计示意图

传感器从发射超声波到接收到反射回的超声波之间的时间差与高度 h_1 的关系为

$$t = \frac{2h_1}{v}$$

即

$$h_1 = \frac{1}{2}vt$$

则液位高度 h 为

$$h = H_0 - h_1 = H_0 - \frac{1}{2}vt$$

超声波物位计没有可动部件，属于非接触式传感器，对液体、固体的料位都可测量。但超声波在介质中的传播速度受温度和压力的影响，利用其测量会产生测量误差，需要采取补偿措施。还要特别注意当液面上浮有泡沫时，泡沫可能会对超声波有吸收作用，影响测量。

超声波物位计的机械接口有螺纹和法兰两种。电气接口多为标准的 4～20 mA 电流或 1～5 V 电压信号。

2.8 质量检测

工业生产中很多入厂的原料和出厂的最终产品都需要称量。对料仓这类静止的物料的称量称为静态称量，而对胶带输送机这类流动的物料的称量称为动态称量。

2.8.1 电子胶带秤

电子胶带秤能够连续测量胶带输送机所传送的固体散装物料的瞬时输送量，也可显示某段时间内通过的物料总质量，在选煤厂广泛用于测量原煤入选量和出厂精煤量。

电子胶带秤由秤架、测重传感器、测速传感器和二次仪表等部分构成，如图 2-47 所示。

在生产过程中，对测量仪表往往采用按换能次数来定性的称呼，能量转换一次的称一次仪表，转换两次的称二次仪表。一次仪表是主动检测设备的部件（元件）之一，带有敏感元件，用以感触被测介质参数的变化，如这里的测重传感器和测速传感器。而二次仪表用以指示、记录或积算来自一次仪表的测量结果，如显示仪等。

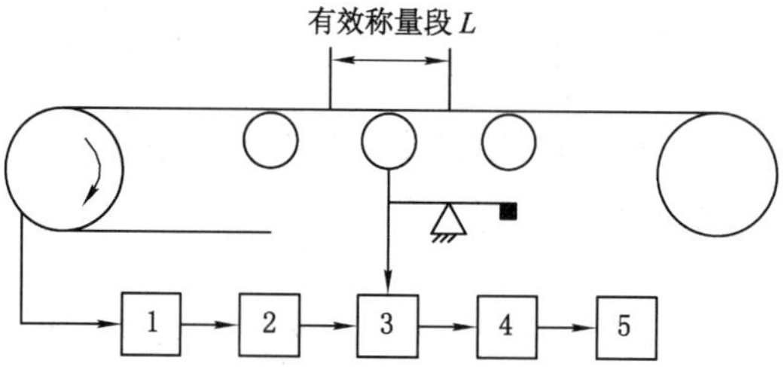

1—测速传感器；2—频率-电流转换器；3—测重传感器；4—放大器；5—二次仪表。

图 2-47 电子胶带秤工作原理图

秤架结构如图 2-48 所示，其中平衡重块的作用是抵消无负载时胶带、托辊与秤架自身的重量。

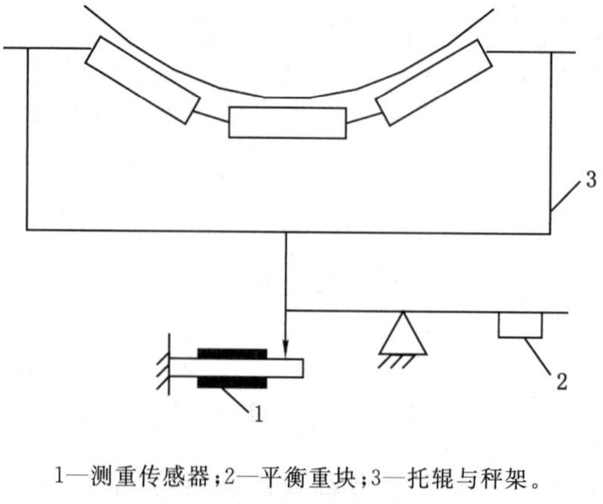

1—测重传感器；2—平衡重块；3—托辊与秤架。

图 2-48 秤架结构示意图

测重传感器利用的是电阻应变原理，如图 2-49 所示。胶带输送机有效称量段上的物料质量通过秤架作用在测重传感器应变梁的自由端使之发生弹性形变。在应变梁上下各贴有两片电阻应变片，阻值均为 R。用这 4 个电阻构成等臂电桥，电桥的电源由测速传感器经频率-电流转换器供给。当空载时，电桥平衡，输出电压为零。当自由端受压弯曲时，上部电阻应变片被拉伸，电阻值增大 ΔR，下部应变片受压缩，电阻减小 ΔR，电桥不再平衡，输出电压 ΔU。同时，电桥还起到了温度补偿的作用。

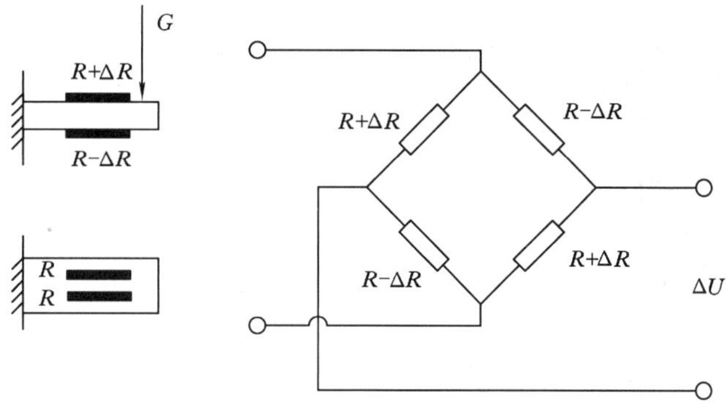

图 2-49　测重传感器与电桥电路

应变片 ΔR 值与应变梁的应变量成正比，即和应变梁受力 G 的大小成正比。

$$\Delta R = K_1 \cdot G$$

胶带速度 v 由测速传感器获得，是与转速成正比的频率信号，经过频率-电流转换器转换成对应的电流 I。

$$I = K_2 \cdot v$$

则电桥输出 ΔU 为

$$\Delta U = \Delta R \cdot I = K_1 K_2 \cdot G \cdot v = K \cdot G$$

其中，K、K_1 和 K_2 都是系数，一旦设备确定下来都是不变的。可见，当胶带运转速度恒定时，电桥输出电压 ΔU 与受力 G 成正比，即与电子胶带秤单位时间输送物料质量成正比。

电桥输出电压 ΔU 经过放大器放大，送给二次仪表即可显示出胶带输送机的瞬时输送量和一段时间内运送物料的累计质量。

2.8.2　电子轨道衡

电子轨道衡安装在铁路轨道上，主要包括机械秤体、显示仪表和微机管理系统等几部分，用来静态计量铁路运输车辆的自重和运载物料的质量，仍然采用电阻应变和桥式电路测量的原理。该类产品具有计量准确，能自动显示重量，自动记录称重结果，还可以将称重数据传至管理控制中心进行数据处理。其最大称量可达 150 t，分度值一般为 20 kg，主要用于铁路运输的原料和产品的称重。

2.8.3　核子胶带秤

核子胶带秤利用辐射穿透物质后强度减弱的原理测量传送胶带上的物料质量。它是一种非接触式测量仪器，不受胶带颠簸、超载、滚轮偏心、胶带张力变化和刚度变化等因素的影响，能在高温、粉尘等恶劣环境下工作。但对其的使用应注意辐射安全，须到公安机关申请办理使用许可证。

核子胶带秤工作原理如图 2-50 所示，辐射通过物质时，由于被物质吸收和散射，其辐射强度减弱。

$$I = I_0 e^{-\mu d\rho}$$

式中 I——穿过物质后的 γ 射线强度；

I_0——穿过物质前的 γ 射线强度；

μ——物质对 γ 射线的质量吸收系数，对确定的物质和一定能量的 γ 射线，其值为常数；

d——吸收物质的几何厚度；

ρ——吸收物质的密度。

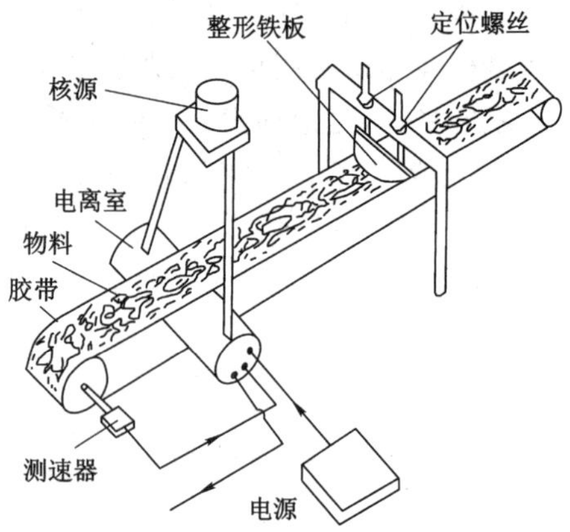

图 2-50 核子胶带秤工作原理示意图

$$d \cdot \rho = K_1 \ln \frac{I}{I_0}$$

若胶带速度为 v，胶带上物料宽度为 s，则单位时间通过的物料质量为

$$m = v \cdot s \cdot d \cdot \rho = K \cdot \ln \frac{I}{I_0} \cdot v$$

通过对瞬时物料量 m 累加可得到物料的总质量。由于安全问题，核子胶带秤正逐步被电子胶带秤取代。

2.9 水分检测

水分含量是产品的一项重要的质量指标。如煤中含水量是选煤厂重要的技术指标和计价质量指标，超过规定指标时不但要从煤中扣除多余水分的质量，而且产品单价也要降低。在我国北方冬天寒冷，煤炭运输要严格控制煤中水分含量，以免发生冻车。为了得到合格的产品，需要准确测量煤的水分。

2.9.1 中子测水仪

中子测水仪是检测固体散状物料含水量的仪表，利用了含氢物质对快中子的慢化作用。当较高能量的快中子通过含氢的物质（如水等）时，中子与质子（氢原子核）碰撞，中子将大部分能量传给质子，其本身的速度减慢。当被测物料中氢原子仅存在于水分子中时，一定数量的快中子穿过后，其中转变为慢中子的数量与含水量有关，通过检测透过物料的慢中子数，就可确定物料中的水分含量。

2.9.2 微波测水仪

微波是一种波长在 1 m 以下、频率在 30 MHz 以上的电磁波。微波在传输过程中遇到不同介质的材料时会产生反射、吸收和穿透现象。微波消耗的能量与微波的频率、电场强度、介质的介电常数、介质损耗系数和介质厚度等有关。对于已确定的微波源来说，其电场强度和频率是定值，如果介质厚度也确定时，则微波能量损耗只和介质材料的介电常数与损耗系数有关。

用微波测水就是把含有一定水分的被测对象作为微波传输通路上的电介质，当被测对象和水的介电常数、介质损耗系数不同，并且相差较大时，被测对象中水分含量的变化显著影响微波能量损耗值，含水越多，则能量损耗越大。

2.10　密度检测

密度是物质的特性之一，测定待测物质的密度，把测得的密度和密度表中各种物质的密度进行比较，可以用来鉴别物质。工业生产中，密度也是重要的工艺参数，如选煤厂重介质分选必须测量介质的密度，以便对生产过程进行调节，对产品质量进行控制。

2.10.1　γ 射线密度计

放射性同位素产生的 γ 射线在穿过物质时，一部分粒子因克服阻力和碰撞而消耗动能被吸收，另一部分则穿透介质，辐射强度衰减。对于确定的射源、几何位置、管道尺寸和被测物质，其衰减过程可用下式描述：

$$I = I_0 e^{-\mu d \rho}$$

式中 I——穿过物质后的 γ 射线强度；

I_0——穿过物质前的 γ 射线强度；

μ——物质对 γ 射线的质量吸收系数，对确定的物质和一定能量的 γ 射线，其值为常数；

d——吸收物质的几何厚度；

ρ——吸收物质的密度。

质量吸收系数、初始射线强度和管道尺寸都是不变的，因此上式可改写为

$$I = K \cdot e^{-\rho}$$

可见，穿透被测物质后的射线强度仅随被测物质的密度变化而变化，因此只要测出穿透物质的射线强度，就可求出介质密度。

利用 γ 射线测量液体密度时，一定要使被测液体充满整个管道，且使液体流动平稳，无湍流和气泡，否则会带来很大的测量误差。

2.10.2　压差式密度计

在线压差式密度计依据流体在管道中不同高度的位置产生压差的原理来测量密度。密度计的压力部分由两个压力传感器和差压变送器组成，当两个压力传感器安装在不同高度时，被测介质的高、低压力就会对测量传感器产生不同的压力，介质密度的大小与压力成正比，两个压力传感器将产生的压力传送到差压变送器，差压变送器输出与差压值呈线性的电压信号，信号经过放大转换后送给二次仪表显示。

可以选择管道式法兰安装于上料管，也可以选择介质桶侧壁双法兰安装。当被测介质上料管的流速快时，需要控制好流速才能稳定测量，否则会造成大的测量误差，甚至无法测量。可以考虑旁通安装，这样便于选择小管径的密度计，节约投资经费。

2.11 成分检测

现代工业生产中，大多是通过对温度、压力、流量等工艺参数的检测和控制，来间接保证产品的质量和产量。而成分分析仪表则可以随时监视原料、半成品、成品的成分及其含量，达到直接检测和控制的目的。

2.11.1 红外线气体分析仪

红外线气体分析仪是一种吸收式光学分析仪器，常用来检测 CO、CO_2、NH_3、CH_4、C_2H_2、C_2H_4 等气体浓度，在现代化工生产如合成氨工业中有广泛的应用。它也可用来检测锅炉烟气中 CO、CO_2 的含量，以及环境的大气污染。

红外线气体分析仪是利用物质对光辐射的选择性吸收原理来工作的。一定的物质只能吸收特定波长的光辐射。混合气能吸收红外线的波带与待测组分有关，能吸收红外辐射能的大小与待测组分的浓度有关。当红外线通过混合气体时，气体中的待测组分吸收红外线的辐射能，自身温度发生变化，引起动片薄膜两边所受的压力不同，从而产生一个电容检测器的电信号，据此可测出气体吸收的辐射能，进而得到气体的浓度。

红外线的波长范围为 0.76～300 μm，位于可见光和微波之间。在红外线气体分析仪中通常只利用 1～25 μm 范围内的光谱。一些结构对称、无极性的气体，如 O_2、H_2、Cl_2、N_2、He、Ne 和 Ar 的吸收光谱不在 1～25 μm 内，所以红外线气体分析仪不能检测此类气体。红外线通过介质被介质吸收的规律，符合朗伯-比尔定理。

$$I = I_0 e^{-KCL}$$

式中 I——红外线的出射光强；

I_0——红外线的入射光强；

K——待测组分的吸收系数；

C——待测组分的浓度；

L——样气的厚度。

当气体浓度不是很大时，可认为 K 与 C 无关。这样当 I_0、L 一定时，出射光强 I 是 C 的单值函数，通过检测 I，可求出 C 的大小。

2.11.2 氧化锆氧量分析仪

氧化锆气体分析仪多用于氧气含量的测量，比如各种工业锅炉及炉窑中烟道气的氧含量是衡量燃烧过程是否经济的主要指标，需要通过改变空燃比将氧含量控制在合适的范围内。

氧化锆气体分析仪的原理是以氧化锆作为固体电解质，在较高的温度下，电解质两侧的氧浓度不同而形成浓差电池。浓差电池的电动势与两侧的氧浓度有关，当一侧氧浓度固定时，可通过输出电势以及浓差-电势之间的关系求出另一侧氧气浓度。

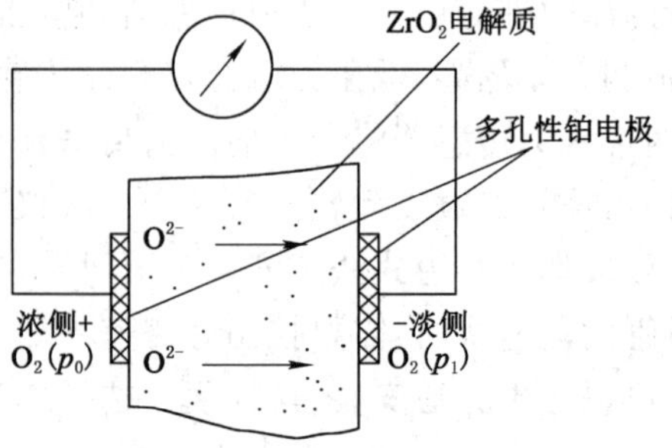

图 2-51 氧浓差电池示意图

氧浓差电池构造如图 2-51 所示。氧化锆晶体材料两侧分别为参比气体和待测气体,它们的氧气浓度不等。在晶体两侧贴有多孔的铂金属极板,在高温下,吸附在铂金属片周围的氧分子从铂电极上获得自由电子后变成氧离子,并通过氧化锆晶体中的氧离子空穴向低浓度一侧移动,在另一侧的铂电极上释放电子变成氧分子逸出,从而在铂电极上造成电荷积累,形成氧浓差电池。当接通外电路时,指针就会偏转。

电池两端的电势 E 可由能斯特公式描述:

$$E = \frac{RT}{NF}\ln\frac{p_0}{p_1}$$

式中　E——氧浓差电势;

R——气体常数;

F——法拉第常数;

T——热力学温度;

N——反应时输送的电子数,氧气时为 4;

p_0, p_1——两侧气体氧分压。

当两侧气体总压力相等时,有

$$E = \frac{RT}{NF}\ln\frac{\varphi_0}{\varphi_1}$$

φ_0, φ_1 为两侧气体的氧容积分数,若用空气作为参比气体,$\varphi_1 = 20.8\%$。

可见,当 T 一定时,E 只取决于待测气体的氧容积分数。

2.11.3　工业电导仪

工业电导仪是通过测量溶液的电导而间接地得到溶液的浓度,常用来分析酸、碱、盐等电解质的浓度。它也可用来分析气体的浓度,但首先需要用某种电解质溶液吸收气体,然后测量电解质溶液的电导改变量,再间接地得到气体的浓度。

电解质溶液和金属导体一样,也是电的良导体。它的导电特性可用电阻或电导来表示。

$$R = \rho\frac{L}{S} = \rho K$$

$$G = \gamma\frac{S}{L} = \frac{\gamma}{K}$$

式中　R——溶液的电阻;

ρ——溶液的电阻率;

L——极板间的距离;

S——极板的面积;

K——电极常数;

G——溶液的电导;

γ——溶液的电导率。

一般不用电阻 R 或电阻率 ρ 来表示溶液的导电能力,而用电导 G[单位西门子(S)]或电导率 γ[单位西门子/米(S/m)]来表示。γ 值越大,溶液的导电能力越强。γ 与溶液电解质的种类、性质、浓度及温度等因素有关。

一般情况下,强电解质溶液的电导率开始时随浓度的增加而升高,到达一定程度后,解离度下降，离子运动速度变慢，电导率反而降低，如 NaOH 和 HCl 溶液电导率与浓度的关系见图 2-52；中性盐由于受饱和溶解度的限制，浓度不能太高，基本呈线性，如 KCl 溶液电导率与浓度的关系见图 2-53；弱电解质溶液电导率随浓度变化不明显，这是因为浓度增加导致其电离度下降，离子数量变化不大，如醋酸。

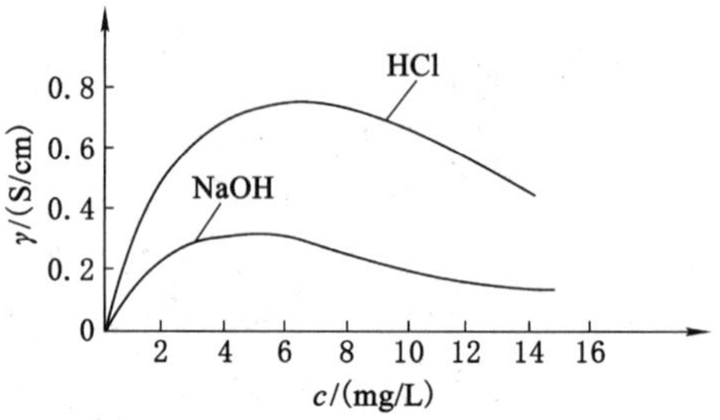

图 2-52　20 ℃时 HCl 和 NaOH 溶液电导率与浓度的关系

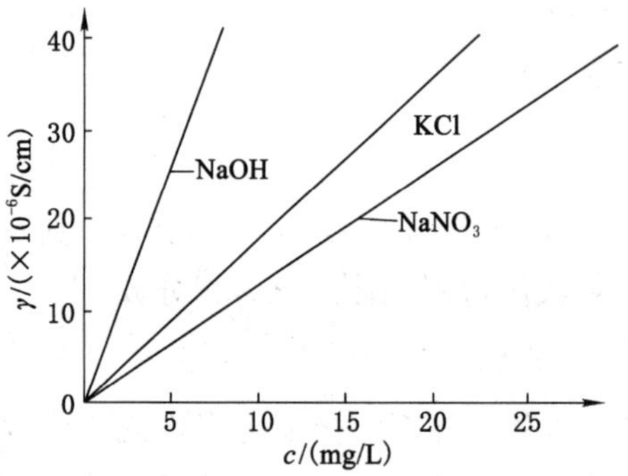

图 2-53　20 ℃时低浓度 NaOH、KCl 和 $NaNO_3$ 溶液电导率与浓度的关系

2.11.4　气相色谱仪

气相色谱仪是一种多组分分析仪器，它利用分离分析的方法，能对被测气样进行全分析，具有分离效率高、分析速度快、灵敏度高、所需试样量少等特点。

气相色谱仪的基本原理是色谱法。色谱法是一种物理分离方法，混合气体在载气如 He、N_2、H_2、CO_2 等气体的带动下进入色谱柱。柱中装有固体吸附剂或是在表面涂有一层很薄的高沸点有机化合物液膜（固定液）的惰性固体（担体、载体）作为固定相，载气作为流动相，混合气体在两相中进行多次分配，最后使各组分得到分离。凡流动相为气体的统称为气相色谱，流动相为液体的称为液相色谱。按固定相的不同又可分为两种，即以固体吸附剂作为固定相的气相色谱称为气固色谱，以固定液作为固定相的称为气液色谱。气液色谱应用最为广泛。

气液色谱工作原理如图 2-54 所示，混合样气 A 和 B 在载气的带动下在 t_1 时刻进入色谱柱，固定液对流动中的样气的各组分不断地进行溶解、析出、再溶解、再析出。固定液对各组分气体的溶解能力是不同的，溶解度大的组分气体不易挥发析出，在柱中停留的时间较长，而溶解度小的气体的停留时间较短。如果固定液对 A 组分的溶解能力比对 B 组分的弱，那么 A 组分就比 B 组分流动得快。随时间的增加，A、B 组分逐渐被分离。在 t_3 时刻，A 组分先流出色谱柱而进入检测器，随后记录仪记录其相应的色谱峰，在 t_4 时刻，B 组分气体才开始进入检测器，接着记录仪也记录其相应的色谱峰。这样，A、B 组分气体就得到分离。根据色谱峰的峰高或面积大小，还可定量求出 A、B 组分的百分含量。

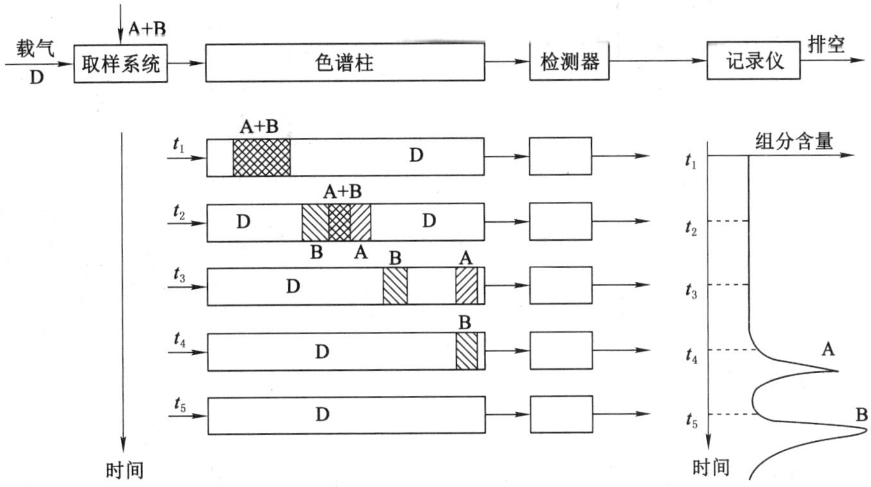

图 2-54　A、B 组分通过色谱柱分离过程示意图

2.12　传感器的线制

传感器线制的称谓是在两线制变送器诞生后才有的。这是电子放大器在仪表中广泛应用的结果，放大的本质就是一种能量转换过程，这就离不开供电。因此最先出现的是四线制的变送器，即两根线负责电源的供应，另外两根线负责输出被转换放大的信号(如电压、电流等)。DDZ-Ⅱ型电动单元组合仪表，供电为 220 V AC，输出信号为 0～10 mA DC 的四线制变送器得到了广泛的应用，目前在有些工厂还可见到它的身影。20 世纪 70 年代我国开始生产 DDZ-Ⅲ型电动单元组合仪表，并采用国际电工委员会(IEC)的过程控制系统用模拟信号标准，仪表传输信号采用 4～20 mA DC，联络信号采用 1～5 V DC，即采用电流传输、电压接收的信号系统。采用 4～20 mA DC 信号，现场仪表就可实现两线制。但限于条件，当时两线制仅在压力、差压变送器上采用，温度变送器等仍采用四线制。现在国内两线制变送器的产品范围也大大扩展了，应用领域也越来越多，同时从国外进口的变送器也是两线制的居多，两线制逐渐成为主流。

2.12.1　两线制传感器

所谓两线制即电源、负载串联在一起，有一公共点，而现场变送器与控制室仪表之间的信号联络及供电仅用两根电线，这两根电线既是电源线又是信号线。两线制变送器由于信号起点电流为 4 mA DC，为变送器提供了静态工作电流，同时仪表电气零点为 4 mA DC，不与机械零点重合，这种“活零点”有利于识别断电和断线等故障。而且两线制还便于使用安全栅，利于安全防爆。两线制变送器如图 2-55 所示，其供电为 24 V DC，输出信号为 4～20 mA DC，负载电阻为 250 Ω。24 V 电源的负线电位最低，它就是信号公共线。

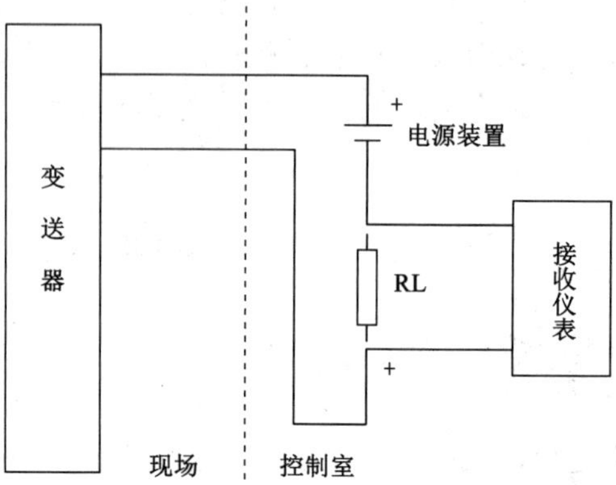

图 2-55　两线制变送器接线示意图

2.12.2　四线制传感器

由于 4～20 mA DC (1～5 V DC)信号制的普及和应用,在控制系统应用中为了便于连接,就要求信号制的统一,为此要求一些非电动单元组合的仪表,如在线分析、机械量、电量等仪表,能采用输出为 4～20 mA DC 信号制,但是由于其转换电路复杂、功耗大、成本高等,而无法做到两线制,就只能采用外接电源的方法来做输出为 4～20 mA DC 的四线制变送器了,如图 2-56 所示。其供电大多为 220 V AC,也有供电为 24 V DC 的。输出信号有 4～20 mA DC,负载电阻为 250 Ω,或者 0～10 mA DC,负载电阻为 0～1.5 kΩ。

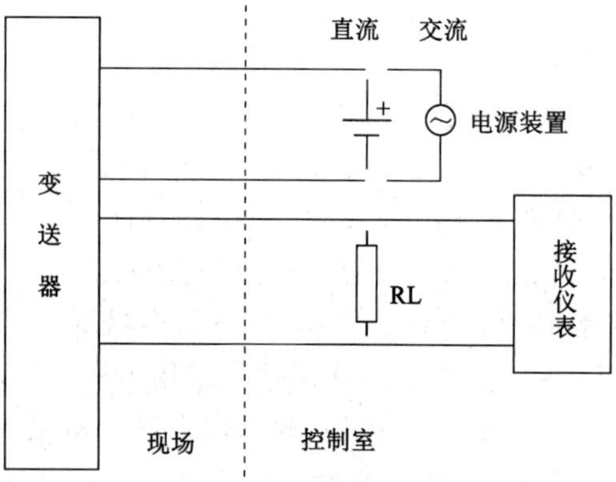

图 2-56　四线制变送器接线示意图

2.12.3　三线制传感器

有的仪表厂为了减小变送器的体积和重量,并提高抗干扰性能、简化接线,而把变送器的供电由 220V AC 改为低压直流供电,如电源从 24 V DC 电源箱取用,由于低压供电就为负线共用创造了条件,这样就有了三线制的变送器产品。

三线制变送器如图 2-57 所示,所谓三线制就是电源正端用一根线,信号输出正端用一根线,电源负端和信号负端共用一根线。其供电大多为 24 V DC,输出信号有 4～20 mA DC,负载电阻为 250 Ω,或者 0～10 mA DC,负载电阻为 0～1.5 kΩ。

图 2-55 至图 2-57 中，输入接收仪表的是电流信号，如将电阻 RL 并联接入时，则接收的就是电压信号了。可见，由于各种变送器的工作原理和结构不同，从而不同的产品出现了，也就决定了变送器的两线制、三线制、四线制接线形式。对于用户而言，选型时应根据现场实际情况，如信号制的统一、防爆要求、接收设备的要求、投资等问题来综合考虑。要指出的是三线制和四线制变送器输出的 4～20 mA DC 信号，由于其输出电路原理及结构与两线制的是不一样的，因此在应用中其输出负端能否和 24 V 电源的负线相接，能否共地等都是要注意的，必要时可采取隔离措施，如用配电器、安全栅等，以便和其他仪表共电、共地及避免附加干扰的产生。

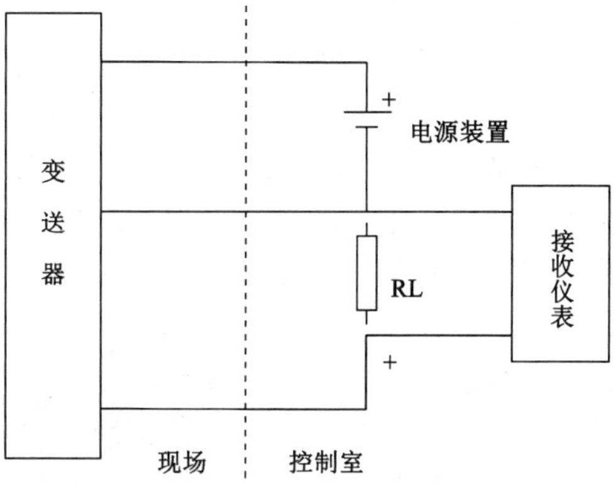

图 2-57　三线制变送器接线示意图

本章习题

1. 请解释传感器和变送器的概念。
2. 测量三要素是什么？请解释并举例。
3. 什么是直接测量法与间接测量法？它们的使用场合都有哪些？
4. 试举例说明什么是系统误差、随机误差和粗大误差，并说明减小误差的方法。
5. 概述绝对误差、相对误差及引用误差的定义，并举例说明。
6. 请简述仪表精度等级的定义。
7. 检定一只量程为 5 A 的电流表，结果如表 2-8 所示：

表 2-8　电流数据

输入量/A	1	2	3	4	5
示量/A	1.10	1.98	3.01	4.08	5.02

(1) 试求仪表各示值的绝对误差、实际相对误差、示值相对误差和引用误差。
(2) 确定仪表的精度等级。

8. 对某物理量经过 20 次测量，得到如下数据(表 2-9)：

表 2-9 测量数据

324.08	324.03	324.02	324.11	324.14	324.07	324.11	324.14	324.19	324.23
324.18	324.03	324.01	324.12	324.08	324.16	324.12	324.06	324.21	324.14

用 3σ 准则判断有无粗差，并求该测量的计算平均值、标准差 σ 和极限误差。

9. 测量仪表的主要性能指标都有什么？

10. 请概述表压力、绝对压力、负压力(真空度)之间的关系。

11. 实际生产中压力计为什么是做成测表压或真空度，而不做成测绝对压力的形式？

12. 测压仪表有哪几种？它们的原理都是什么？

13. 请概述弹簧管压力计的测压原理、主要组成及测压过程。

14. 应变片式与压阻式压力计各采用什么测压元件？

15. 请简述电容式压力传感器的工作原理及其特点。

16. 请简述霍尔片式压力传感器是怎么利用霍尔效应来实现压力测量的。

17. 为何测量仪表的测量范围要根据测量大小来选取？选一台量程很大的仪表来测量很小的参数值会出现什么问题？

18. 假设某反应器最大压力为 0.8 MPa，允许最大绝对误差为 0.01 MPa。现用一台测量范围为 0～1.6 MPa，精度为 1 级的压力表来进行测量，能否满足工艺上的误差要求？若采用一台测量范围为 0～1.0 MPa，精度为 1 级的压力表来进行测量呢？

19. 压力计安装都要注意哪些方面的问题？

20. 试述化工生产中测量流量的意义。

21. 差压式流量计测量流量的原理是什么？哪些因素对差压式流量计的流量测量有影响？

22. 节流装置的定义是什么？

23. 原来测量水的差压式流量计，现在用来测量相同测量范围的油的流量，读数是否正确？为什么？

24. 用转子流量计来测气压为 0.65 MPa、温度为 40 ℃的 CO_2 气体的流量时，假设已知流量计读数为 50 L/s，求 CO_2 的真实流量(已知 CO_2 在标准状态时的密度为 1.977 kg/m^3)。

25. 将转子流量计称为定压降式流量计，而将差压式流量计称为变压降式流量计的原因是什么？

26. 请概述电磁流量计的工作原理，并说明它对被测介质的要求。

27. 请概述涡轮流量计的工作原理及特点。

28. 温度测量仪表的种类都有哪些？它们的优缺点是什么？

29. 请简要概括热电偶温度计的工作原理。

30. 热电偶的热电特性与哪些因素有关？

31. 常用的热电偶有哪几种？所配用的补偿导线是什么？为什么要使用补偿导线？使用补偿导线时要注意什么？

32. 进行冷端温度补偿的原因是什么？其冷端温度补偿的方法都有哪些？

33. 热电阻测温原理是什么？常用热电阻都有哪几种？

34. 热电偶热电阻的结构有什么异同之处？

35. 试说明热电偶温度变送器、热电阻温度变送器的组成及主要异同点。

36. 物位测量有什么意义？

37. 请概述物位测量仪表的种类及其工作原理。

38. 差压式液位计的工作原理是什么？当测量有压容器的液位时，差压计的负压室为什么一定要与容器的气相相连接？

39. 液位测量时的零点迁移问题是指什么？其实质是什么？

40. 用镍铬-镍硅(K)热电偶测量温度，已知冷端温度为 40 ℃，用高精度毫伏表测得这时的热电动势为 29.188 mV，求被测点的温度。

41. 已知铂铑$_{10}$-铂(S)热电偶的冷端温度 $t_0=25$ ℃，现测得热电动势 $E(t,t_0)=11.712$ mV，求热端温度是多少度？

42. 已知镍铬-镍硅(K)热电偶的热端温度 $t=800$ ℃，冷端温度 $t_0=25$ ℃，求 $E(t, t_0)$ 是多少毫伏？

第3章　调节规律及控制器

在流程工业中，如果是人工控制，操作者根据自己对被控对象的了解，比较由传感器获取的工艺参数检测值和给定值的大小，依据自身经验和思维判断，决定该如何操作调整操纵变量的大小，如开大或关小某个阀门、增大或减小泵变频器的频率等。而在自动控制系统中，控制器有时也称调节器，它的作用就是代替人工判断，将被控变量的测量值和给定值进行比较，产生偏差信号，再按照一定的控制规律对偏差进行数学运算，并将运算结果以一定的信号送往执行器。如果将传感器比作自动控制系统的“眼睛”，那么控制器就是自动控制系统的“大脑”。

3.1　被控对象的特性

被控对象的特性是指当被控对象的输入变量发生变化时，其输出变量随时间的变化规律，包括变化的幅度、速度等。只有充分了解被控对象的特性，才能为其选择合理的控制规律，从而对被控变量进行合理高效的控制，否则不仅达不到预期效果，还会适得其反，引起被控变量的振荡失控，这不但影响产品质量或产量，严重时还会引起事故。

被控对象输入变量与输出变量之间的联系称为通道。操纵变量与被控变量之间的联系称为控制通道，而干扰作用与被控变量之间的联系称为干扰通道。通常所讲的对象特性是指控制通道的对象特性。

3.1.1　被控对象的数学描述

在连续生产过程中，最基本的关系是物料平衡和能量平衡。在静态条件下，单位时间流入对象的物料或能量等于从系统中流出的物料或能量。而在动态条件下，单位时间流入对象的物料或能量与单位时间从系统中流出的物料或能量之差等于系统内物料或能量贮存量的变化率。被控对象的机理模型就是由这两种关系推导出来的。

(1) 一阶自衡对象

可以用一阶微分方程来描述其动态特性的对象，一般称为一阶对象。图 3-1 是一个水槽，阀门 2 开度不变，要求被控变量 h 维持某一数值，阀门 1 的开度变化成为引起液位变化的干扰。根据物料平衡，液位高度 h 与进水流量 Q_1 的数学关系推导如下：

$$(Q_1 - Q_2)\mathrm{d}t = A\mathrm{d}h \tag{3.1}$$

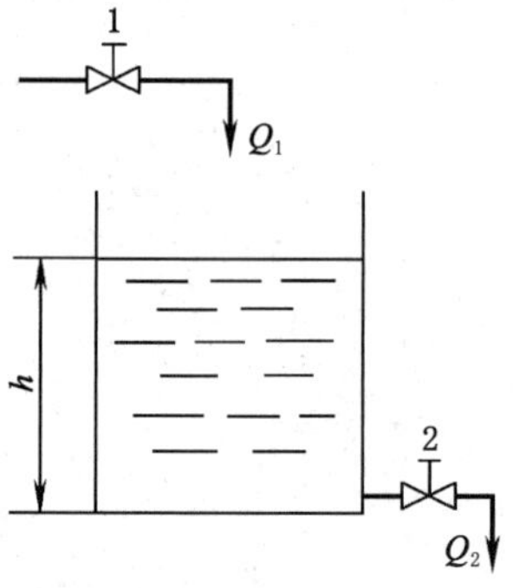

图 3-1　单容水槽对象

当 Q_1 发生变化时，h 变化，出口处静压变化，出口流量 Q_2 变化。可以近似地认为

$$Q_2 = \frac{h}{R_s} \tag{3.2}$$

将式(3.2)代入式(3.1)得

$$AR_s \frac{dh}{dt} + h = R_s Q_1 \tag{3.3}$$

令

$$T = AR_s \tag{3.4}$$

$$K = R_s \tag{3.5}$$

则

$$T \frac{dh}{dt} + h = KQ_1 \tag{3.6}$$

式中　A——水槽底面积；

R_s——出水阀的阻力系数；

T——时间常数；

K——放大系数。

假设初始平衡状态下，t_0 时刻进水流量发生阶跃变化量 ΔQ_1，则液位变化量为

$$\Delta h = K \times \Delta Q_1 [1 - e^{-(t-t_0)/T}] \tag{3.7}$$

根据式(3.7)画出图 3-1 水槽液位被控对象在阶跃输入作用下的特征曲线，如图 3-2 所示。

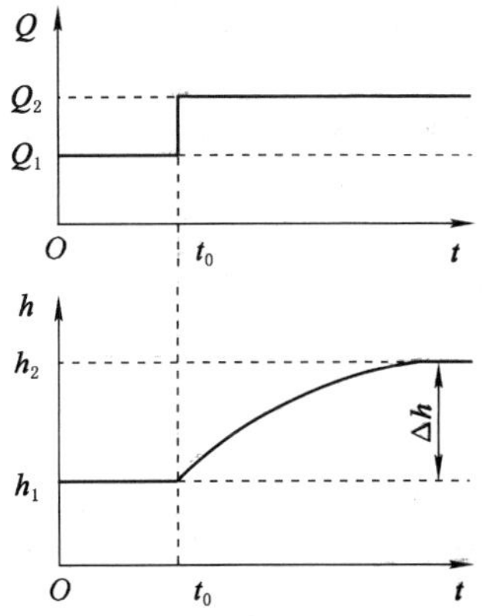

图 3-2　一阶自衡对象的特性曲线

初始 Q_1 突然增加，Q_2 尚未变化，h 上升快，随着 h 增加，出口阀静压增大，Q_2 增加，两者之差越来越小，h 上升逐渐趋缓，由式(3.7)可知，当 $t->\infty$ 时，液位将稳定在新的平衡状态。可见图 3-1 中的单容水槽，当输入变化破坏对象平衡而引起输出变化时，在没有人为干预下，自身又重新恢复平衡，这种特性称为自衡特性。

(2) 积分对象

当用一个恒流泵代替图 3-1 中的出水阀时，由于出水流量始终不变，当进水流量在 t_0 时刻发生阶跃变化量 ΔQ_1，则液位变化量为

$$d\Delta h = \frac{1}{A} \Delta Q_1 dt \tag{3.8}$$

即

$$\Delta h = \frac{1}{A} \int \Delta Q_1 dt = \frac{\Delta Q_1}{A}(t - t_0) \tag{3.9}$$

可见，随着进水流量增加，液位恒速上升，不会重新稳定，直至水满溢出。这种对象称为无自衡特性的单容对象。同时，由于对象的输出参数与输入参数对时间的积分成比例关系，因此，又称之为积分对象。

(3) 二阶自衡对象

如图 3-3 所示的串联水槽，水槽 1 的出水作为水槽 2 的进水，被控变量为水槽 2 的液位 h_2，h_2 与 Q_1 关系推导如下：

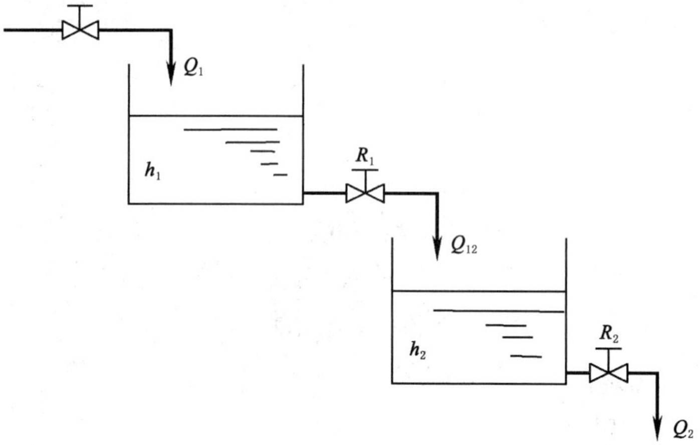

图 3-3　双容水槽对象

$$Q_1 - Q_{12} = A_1 \frac{\mathrm{d}h_1}{\mathrm{d}t} \tag{3.10}$$

$$Q_{12} - Q_2 = A_2 \frac{\mathrm{d}h_2}{\mathrm{d}t} \tag{3.11}$$

两式相加有

$$Q_1 - Q_2 = A_1 \frac{\mathrm{d}h_1}{\mathrm{d}t} + A_2 \frac{\mathrm{d}h_2}{\mathrm{d}t} \tag{3.12}$$

$$Q_{12} = \frac{h_1}{R_1} \tag{3.13}$$

$$Q_2 = \frac{h_2}{R_2} \tag{3.14}$$

将式(3.13)和式(3.14)代入式(3.11)，并求微分，有

$$\frac{\mathrm{d}h_1}{\mathrm{d}t} = R_1 A_2 \frac{\mathrm{d}^2 h_2}{\mathrm{d}t^2} + \frac{R_1}{R_2} \frac{\mathrm{d}h_2}{\mathrm{d}t} \tag{3.15}$$

再将式(3.14)和式(3.15)代入式(3.12)，得

$$A_1 R_1 A_2 R_2 \frac{\mathrm{d}^2 h_2}{\mathrm{d}t^2} + (A_1 R_1 + A_2 R_2) \frac{\mathrm{d}h_2}{\mathrm{d}t} + h_2 = R_2 Q_1 \tag{3.16}$$

令

$$T_1 = A_1 R_1 \tag{3.17}$$

$$T_2 = A_2 R_2 \tag{3.18}$$

$$K = R_2 \tag{3.19}$$

则有

$$T_1 T_2 \frac{\mathrm{d}^2 h_2}{\mathrm{d}t^2} + (T_1 + T_2) \frac{\mathrm{d}h_2}{\mathrm{d}t} + h_2 = K Q_1 \tag{3.20}$$

式中　A_1，A_2——水槽 1、水槽 2 的底面积；

R_1,R_2——出水阀 1、出水阀 2 的阻力系数。

假设 0 时刻进水流量发生阶跃变化量 A,则水槽 2 液位特性曲线如图 3-4 所示。

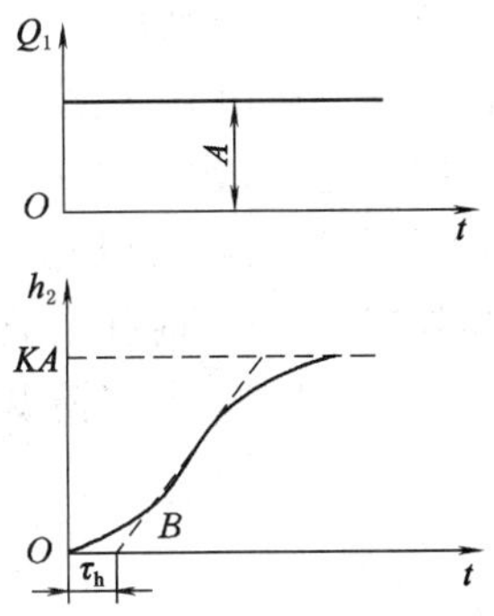

图 3-4　二阶自衡对象的特性曲线

3.1.2　被控对象的特性参数

3.1.2.1　放大系数(静态增益)

对于前面介绍的水槽对象,当流入流量 Q_1 有一定的阶跃变化后,液位 h 也会有相应的变化,但最后会稳定在某一数值上。如果我们将流量 Q_1 的变化 ΔQ_1 看作对象的输入,而液位 h 的变化 Δh 看作对象的输出,那么在稳定状态时,对象一定的输入就对应着一定的输出,这种特性称为对象的静态特性。

放大系数是被控对象重新达到平衡状态时的输出变化量与输入变化量之比,以图 3-2 为例,即

$$K=\frac{\Delta h}{\Delta Q_1} \tag{3.21}$$

放大系数 K 反映了被控对象在干扰作用下重新达到平衡状态的性能,是不随时间变化的参数,即静态特性参数。在相同的输入变化量作用下,被控对象的 K 越大,输出变化量就越大,即输入对输出的影响越大,被控变量对这个量的变化越灵敏,但是被控对象的自身稳定性越差。反之,K 越小,被控对象的稳定性越好。

K 在任何输入变化情况下都是常数的被控对象称为线性对象。输入不同的变化量其放大系数不为常数的被控对象,称为非线性对象。

3.1.2.2　时间常数

时间常数反映被控对象受到输入作用后,输出变量达到新稳态值的快慢,它决定了整个动态过程的长短,是动态特性参数。如图 3-5 所示,随着时间常数 T 的增加,输出量到达新稳态值的时间也变长。

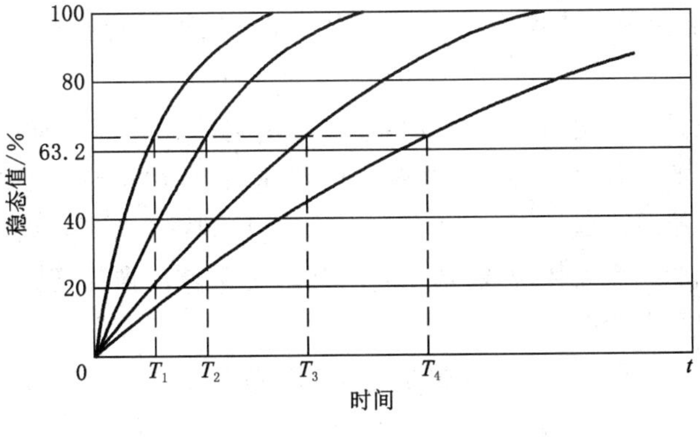

图 3-5　不同时间常数的比较

当对象受到阶跃输入后,被控变量达到新的稳态值的 63.2%所需的时间,就是时间常数 T,实际工作中,常用这种方法求取时间常数。从加入输入作用后,经过 $3T$ 时间,液位已

经变化了全部变化范围的95％，这时，可以近似地认为动态过程基本结束。所以，时间常数T是表示在输入作用下，被控变量完成其变化过程所需要的时间的一个重要参数。

对于控制通道，若时间常数T大，则被控变量的变化比较缓和，一般来讲，这种对象比较稳定，容易控制，但缺点是控制过于缓慢。若时间常数T小，则被控变量的变化速度快，对象不易控制。因此，时间常数太大或太小，对过程控制都不利。而对于干扰通道，时间常数大则有明显的好处，此时阶跃干扰对系统的影响会变得比较缓和，被控变量的变化平稳，对象容易控制。

3.1.2.3　滞后时间

有不少化工对象，在受到输入变量的作用后，其被控变量并不立即发生变化，而是过一段时间才发生变化，这种现象称为滞后现象。滞后时间就是描述滞后现象的动态参数。

(1) 传递滞后τ_0

传递滞后τ_0又称纯滞后，是由于信号的传输、介质的输送或热的传递要经过一段时间而产生的。如溶解槽的传递滞后及特性曲线见图3-6。

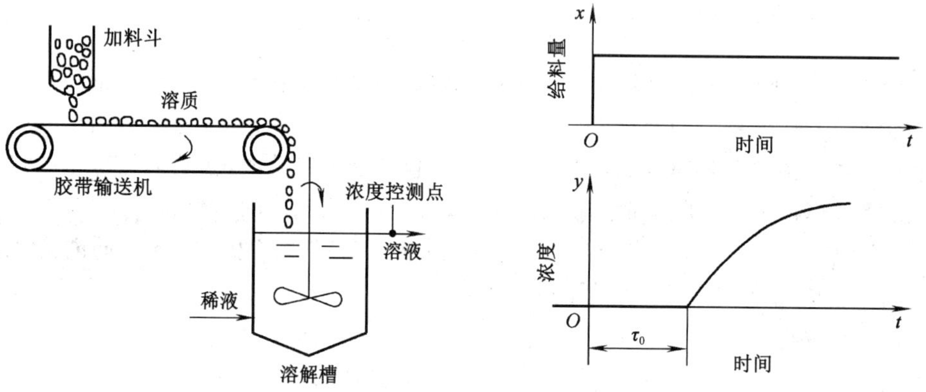

图3-6　溶解槽的传递滞后及特性曲线

从测量方面来说，测量点选择不当、检测元件安装不合适等也会造成传递滞后。

(2) 容量滞后τ_c

容量滞后τ_c一般是由于物料或能量的传递过程受到一定的阻力而引起的，或者说是由于容量数目多而产生的。其主要特征是当输入阶跃作用后，被控对象的输出变量开始变化很慢，然后逐渐加快，接着又变慢，直至逐渐接近稳定值，如图3-4所示的双容液位对象的特性曲线。在响应曲线的拐点处作切线，切线与时间轴的交点与被控变量开始变化的起点之间的时间间隔就是容量滞后时间τ_c。

在容量滞后与纯滞后同时存在时，常常把两者合起来统称滞后时间τ，即

$$\tau = \tau_0 + \tau_c \tag{3.22}$$

在控制系统中，滞后的影响与其所在的通道有关。对控制通道来讲，滞后的存在不利于控制。例如，调节阀距离对象较远，控制作用的效果要隔一段时间才能显现出来，这将使控制不够及时，在干扰出现后不能迅速调节，严重影响控制质量。对于干扰通道，纯滞后只是推迟了干扰作用的时间，因此对控制质量没有影响，但容量滞后则可以缓和干扰对被控变量

的影响,因而对控制系统是有利的。

3.2　控制器的调节规律

控制器的作用是将被控变量的测量值和给定值比较,产生一个偏差,再对该偏差按照一定的规律进行数学运算,并将运算结果传送给执行器,从而对被控变量进行调节,实现自动控制。

研究控制器的调节规律时是把控制器和系统断开的,即只在开环时单独研究控制器本身的特性。控制器的调节规律是指控制器的输出信号与输入信号之间的关系。

$$p=f(e)=f(z-x) \tag{3.23}$$

在研究控制器的控制规律时,经常是假定控制器的输入信号 e 是一个阶跃信号,然后来研究控制器的输出信号 p 随时间的变化规律。

3.2.1　位式调节

双位调节是位式调节规律中最简单的形式,理想的双位控制器双位调节特性如图 3-7 所示,其输出 p 与输入偏差 e 之间的关系为

$$p=\begin{cases}p_{\max}, e>0\\ p_{\min}, e<0\end{cases} \tag{3.24}$$

或

$$p=\begin{cases}p_{\max}, e<0\\ p_{\min}, e>0\end{cases} \tag{3.25}$$

采用双位调节的液位自动控制系统如图 3-8 所示。理想的情况下,当液位的测量值低于给定值 h_0 时,继电器断路,此时电磁阀全开,流体流入贮槽,液位上升。而当测量值一旦高于给定值时,调节器接通,使电磁阀全关,液位下降。当液位降至稍小于给定值时,继电器又断路,电磁阀又全开,液位上升。如此反复进行,使液位维持在给定值附近极小的范围内波动。但是,继电器的开关过于频繁,系统中的运动部件(继电器、电磁阀)容易损坏,这样就很难保证控制系统安全可靠地运行。

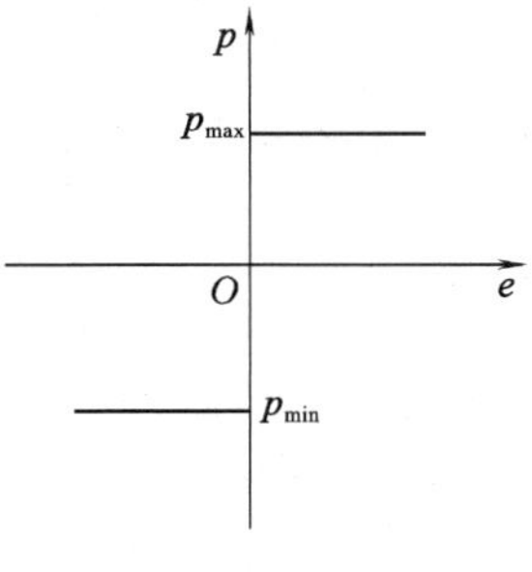

图 3-7　理想的双位调节特性

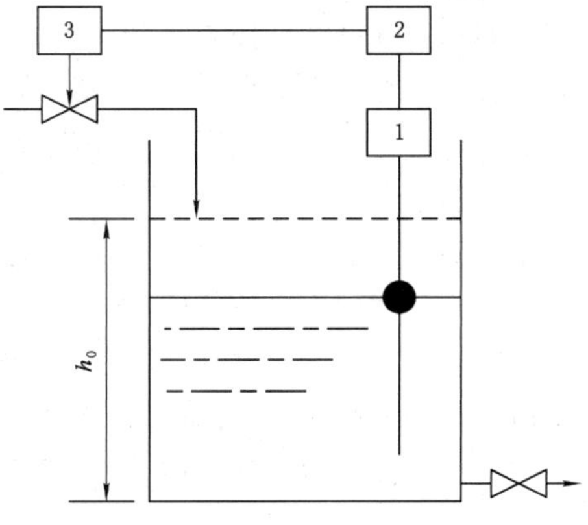

1—浮子液位计;2—继电器;3—电磁阀。

图 3-8　采用双位调节的液位自动控制系统

实际应用的双位调节器都有一个中间区域，如图3-9所示。只有当偏差达到一定数值(e_{min}或e_{max})时，调节器的输出才会变化，而在中间区内调节器的输出将取决于它原来所处的状态。中间区的出现还有另外两个原因：一是执行机构都有不灵敏区，这时理想双位调节实际上是具有中间区的双位调节；二是采用双位调节的系统本身的要求就不高，只要求被控变量在两个极限值之间，这就是可用中间区的双位调节方案。

实际的双位控制响应过程曲线是一种断续作用下的等幅振荡过程。对于双位控制的质量不能用连续控制作用下的衰减振荡过程的性能指标来衡量，而是用振幅和周期作为其品质指标。在图3-10中，振幅为$y_H - y_L$，周期为T。显然，振幅小、周期长，控制品质就高。然而，对同一个双位控制系统来说，若要振幅小，其周期必然短。若要周期长，则振幅必然大。只有合理地选择中间区，才能使振幅在限制的范围之内，同时又可以尽可能地获得较长的周期。此外，振幅的大小还与对象的滞后时间τ有关，τ越大则振幅也越大。

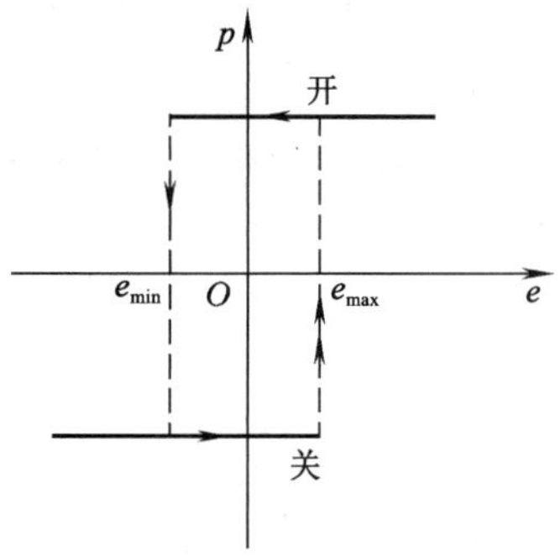

图3-9 实际的双位调节特性

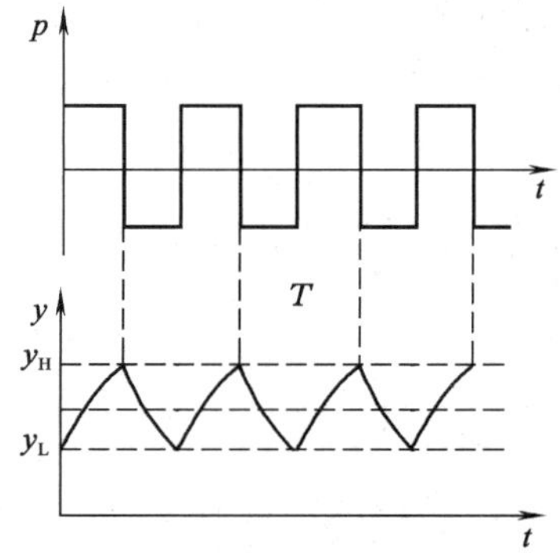

图3-10 实际的双位控制响应曲线

位式调节结构简单、成本较低、使用方便，对配用的调节阀无任何特殊的要求，易于实现。但是，被控变量总在波动，控制质量不高。当被控对象纯滞后较大时，被控变量波动幅度较大。因此，不适合控制要求较高的场合。

3.2.2 比例调节(P)

在双位控制系统中，被控变量不可避免地会产生持续的等幅振荡，为了避免这种情况，应该使控制阀的开度与被控变量的偏差成比例，根据偏差的大小，控制阀可以处于不同的位置，这样就有可能获得与对象负荷相适应的操纵变量，从而使被控变量趋于稳定，达到平衡状态。

采用比例调节的液位控制系统如图3-11所示，杠杆就是一个简单的比例控制器。当液位接近给定值时，越接近，进水阀门开得越小。而当液位低于给定值时，低得越多，进水阀门开得越大。相当于把位式调节的位数增加到无穷多，由开关控制变成连续控制。

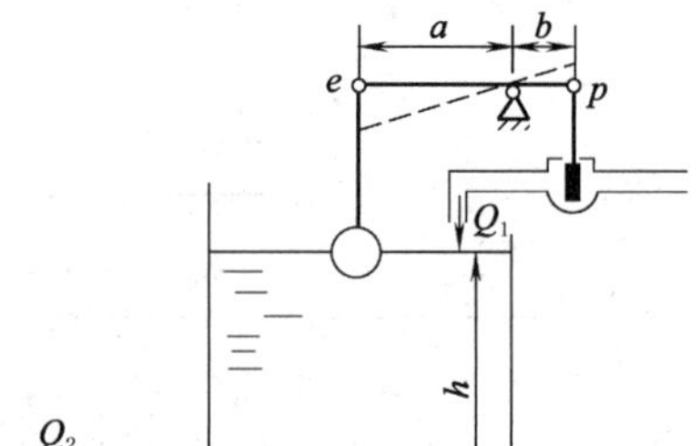

图3-11 采用比例调节的液位控制系统

对于比例控制器，其输出p与输入e之间的关系为

$$p = K_P e \tag{3.26}$$

式中，K_P为放大倍数，又叫比例增益，对于图 3-11，$K_P=b/a$。

比例控制的放大倍数 K_P是一个重要的系数，它决定了比例控制作用的强弱。在实际使用中，常使用比例度 δ 代替 K_P来表示比例控制作用的强弱。比例度是指控制器输入的变化相对值与相应的输出变化相对值之比的百分数。

$$\delta=\frac{\frac{e}{S}}{\frac{p}{V_P}}\times 100\%=\frac{1}{K_P}\frac{V_P}{S}\times 100\% \tag{3.27}$$

式中　S——输入的最大变化量，即量程；

V_P——输出的最大变化量。

比例度 δ 与放大倍数 K_P成反比。控制器的比例度 δ 越小，它的放大倍数 K_P就越大，它将偏差（控制器输入）放大的能力越强，反之亦然。

对于图 3-11 所示的控制系统，在某一时刻，如果 Q_2突然阶跃增加，系统受到干扰液位开始下降，浮子也跟着下降，杠杆带动进水阀的阀杆上升，进水量 Q_1增加，液位下降越来越慢，等到进水量的增量与出水量的增量相等时，系统达到新的平衡，液位稳定在一个新值上，这个新稳态值将低于给定值，它们的差就叫余差。为了克服干扰作用，控制器要有输出，根据式(3.26)，只有存在偏差 e 才能有控制器的输出 p，因此，比例调节必然存在余差，它是比例控制的缺点。

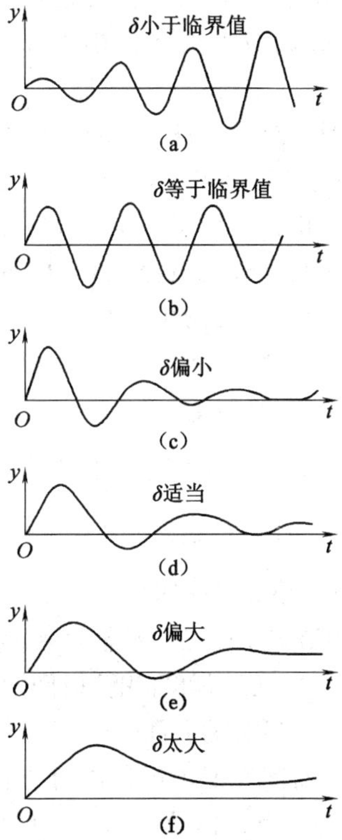

图 3-12　比例度对过渡过程的影响

调整比例度 δ 或放大倍数 K 的大小，可以影响比例控制的过渡过程，图 3-12 所示为不同比例度下控制系统的过渡过程曲线。下面从三个方面讨论比例度对控制系统性能的影响。

(1) 比例度对余差的影响

比例度越大，放大倍数越小，根据式(3.26)，要获得同样大小的控制信号变化量所需的偏差就越大，因此在相同的干扰作用下，系统再次平衡时的余差就越大。反之，比例度减小，系统的余差也随之减小。

(2) 比例度对最大偏差、振荡周期的影响

在相同大小的干扰下，调节器的比例度越小，则比例作用越强，调节器的输出越大，使被控变量偏离给定值越小，被控变量被拉回到给定值所需的时间越短。所以，比例度越小，最大偏差越小，振荡周期也越短，工作频率提高。

(3) 比例度对系统稳定性的影响

比例度越大，则调节器的输出变化越小，被控变量变化越缓慢，过渡过程越平稳。随着比例度的减小，系统的稳定程度降低，其过渡过程逐渐从衰减振荡走向临界振荡直至发散振荡。

比例控制的优点是反应快、控制及时。比例控制通常适用于干扰少、扰动幅度小、负荷变化不大、滞后较小或者控制精度要求不高的场合。

3.2.3 积分调节(I)

当对控制质量要求更高时,就需要在比例控制的基础上,再加上能消除余差的积分调节作用。积分控制作用的输出变化量 p 与输入偏差 e 的积分成正比,即

$$p = K_{\mathrm{I}}\int e\mathrm{d}t \tag{3.28}$$

特别地,当偏差 e 为常数 A 时,控制器的输出如图 3-13 所示。对积分调节器来说,其输出信号的大小不仅与输入偏差信号的大小有关,而且还取决于偏差存在时间的长短。只要有偏差,调节器的输出就不断变化。偏差存在的时间越长,输出信号的变化量也越大。只有在偏差等于零的情况下,积分调节器的输出信号才能相对稳定,因此可以认为,积分控制作用是力图消除余差。

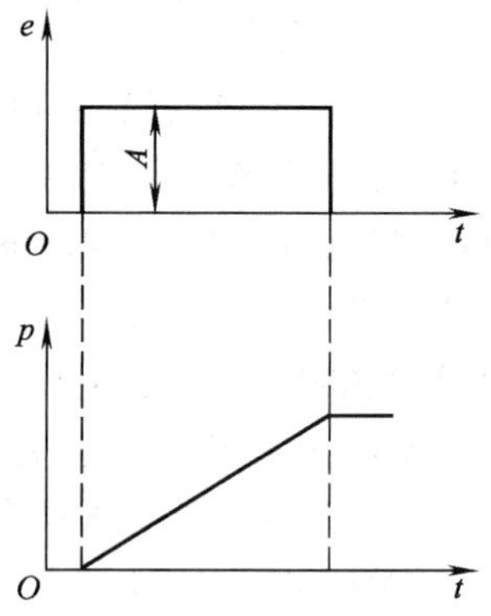

图 3-13 积分调节特性

纯积分控制的缺点在于,它不像比例控制那样输出 p 与输入 e 保持同步、反应较快,而是其输出变化总要滞后于偏差的变化。这样就不能及时有效地克服扰动的影响,其结果是加剧了被控变量的波动,使系统难以稳定下来。因此,在工业过程控制中,通常不单独使用积分调节规律,而是将它与比例调节组合成比例积分调节规律使用。

3.2.4 比例积分调节(PI)

把比例与积分组合起来,这样控制既及时,又能消除余差,即

$$p = K_{\mathrm{P}}\left(e + K_{\mathrm{I}}\int e\mathrm{d}t\right) = K_{\mathrm{P}}\left(e + \frac{1}{T_{\mathrm{I}}}\int e\mathrm{d}t\right) \tag{3.29}$$

式中 T_{I}——积分时间。

图 3-14 为输入 e 为常数 A 时比例积分控制器的输出特性。在 $t=T_{\mathrm{I}}$ 时刻,有输出 $\Delta p=2K_{\mathrm{P}}A$。因而可将积分时间定义为在阶跃偏差输入作用下,调节器的输出达到比例输出两倍时所经历的时间。

积分时间表征了积分作用的强弱。T_{I} 越小,则积分速度越大,积分控制作用越强。反之,T_{I} 越大,积分作用越弱。若积分时间无穷大,则表示没有积分作用,调节器特性就变成了纯比例特性。工业用调节器中都有改变积分时间的旋钮。积分时间对控制系统过渡过程的影响如图 3-15 所示。

积分时间对过渡过程的影响具有两面性。随着积分时间的减小,积分作用不断增强,在相同的扰动作用下,调节器的输出增大,最大偏差减小,余差消除加快,但同时系统的振荡加剧,稳定性下降。T_{I} 过小还可能导致系统的不稳定。

积分作用的引入,一方面消除了系统的余差,而另一方面却降低了系统的其他品质指标。当被控对象的滞后很大时,PI 调节的时间可能较长。此外当负荷变化特别剧烈时,PI 调节也不够及时。在这种情况下,可再引入微分调节作用。

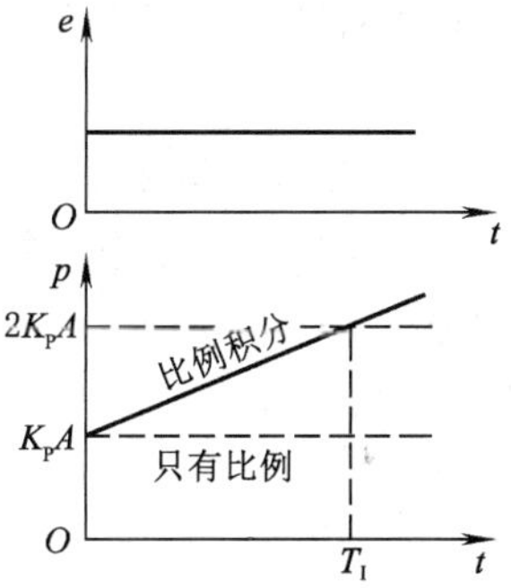

图 3-14　比例积分调节特性

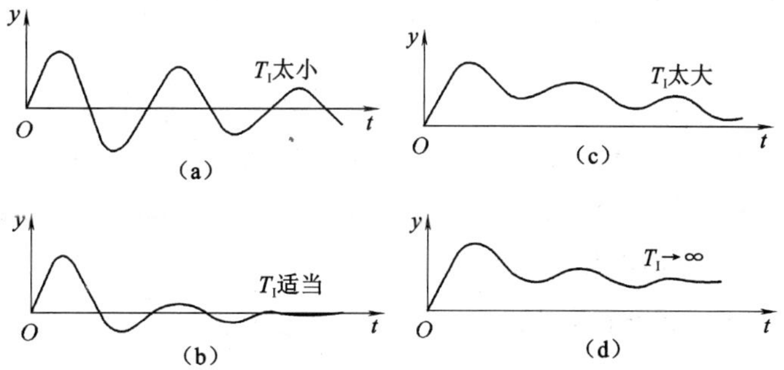

图 3-15　积分时间对过渡过程的影响

3.2.5　微分调节(D)

对于惯性较大的被控对象，常常希望控制器能够根据被控变量的变化趋势提前采取调节措施，而不要等到被控变量已经出现较大偏差后才开始动作，即按偏差的变化快慢进行控制，这种调节规律称为微分作用，它具有超前性、预见性。

微分作用的输出信号与偏差信号的变化速度成正比，即

$$p = T_D \frac{\mathrm{d}e}{\mathrm{d}t} \tag{3.30}$$

图 3-16 为输入 e 为常数时理想的微分调节特性。微分调节器的输出只与偏差的变化速度有关，而与偏差的存在与否无关。即微分作用对恒定不变的偏差是没有克服能力的。因此，微分调节不能单独使用。

3.2.6　比例微分调节(PD)

比例微分的输出 p 与输入偏差 e 的关系式为

$$p = K_P\left(e + T_D \frac{\mathrm{d}e}{\mathrm{d}t}\right)$$

严格按照图 3-16 动作的微分调节在物理上是不存在的，实际的比例微分控制器的输入输出特性如图3-17所示。微分作用比比例作用快，因而可以改善惯性大的对象的控制质量，减小最大偏差，节省控制时间。由于微分作用总是力图阻止被控变量的任何变化，所以适当的微分作用有抑制振荡的效果。若微分作用选择适当，特有利于提高系统的稳定性。若微分

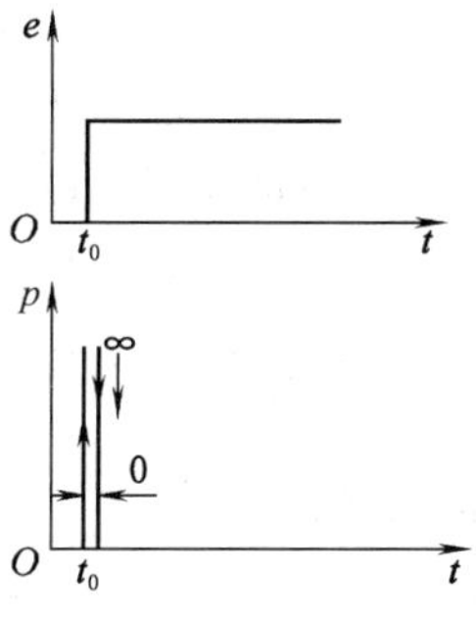

图 3-16　理想微分调节特性

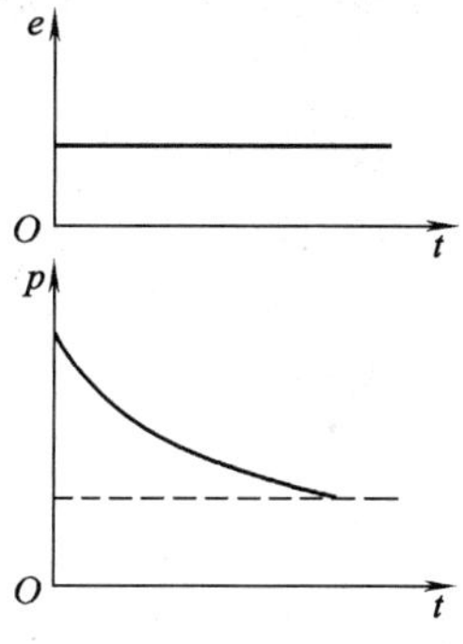

图 3-17　实际的比例微分调节特性

作用过强，即微分时间 T_D 过大，反而不利于系统的稳定。工业用调节器的微分时间可在一定范围内如 3 s～10 min 之间进行调整。

微分时间对控制系统过渡过程的影响如图 3-18 所示。可以看出，微分时间太小，对系统的品质指标影响甚微。随着微分时间的增加，微分作用增强，当 T_D 适当时，控制系统的品质指标将得到全面的改善。但若微分作用太强，反而会引起系统振荡。

3.2.7 比例积分微分调节(PID)

理想的比例积分微分调节规律的表达式为

$$p = K_P\left(e + \frac{1}{T_I}\int e\mathrm{d}t + T_D\frac{\mathrm{d}e}{\mathrm{d}t}\right)$$

在 PID 控制器中，比例、积分和微分作用取长补短、互相配合，如果比例度、积分时间、微分时间这三个参数整定适当，既能对干扰快速进行干预，又能消除余差，从而获得较高的控制质量，满足大部分工艺控制的需求。比例积分微分调节特性如图 3-19 所示。

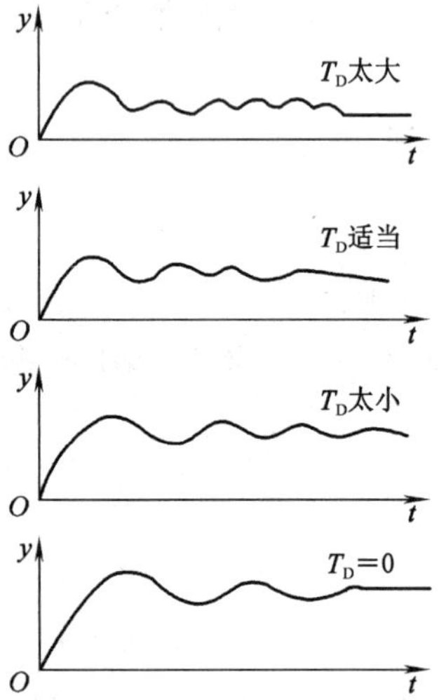

图 3-18 微分时间对过渡过程的影响

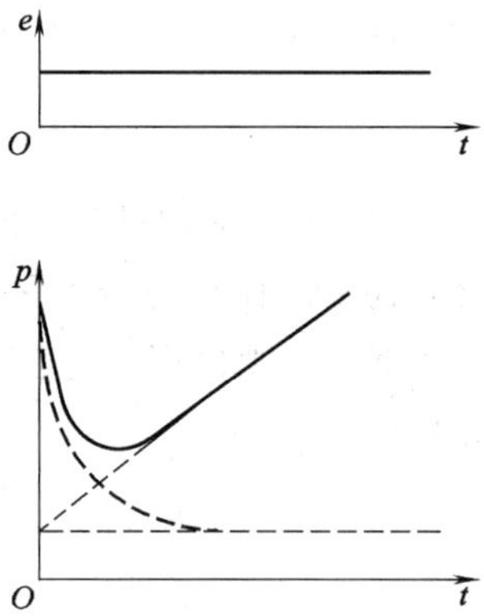

图 3-19 比例积分微分调节特性

3.3 PID 控制器参数的整定

当一个控制系统设计安装完成后，系统各个环节以及被控对象各通道的特性就不能再改变了，而唯一能改变的就是调节器的参数[如放大系数(或比例度)、积分时间、微分时间]，通过改变这三个参数的大小就可以改变整个系统的性能，获得较好的过渡过程和控制质量。调节器参数整定的目的就是按照已定的控制系统，求取控制系统质量最好的调节器参数。

调节器参数的整定方法有很多种，通常可分为两大类：理论计算整定法和工程整定法。根轨迹法、频率响应法、偏差积分准则等方法都属于理论计算整定法，这些方法的共同特点是必须知道被控对象的特性，然后通过理论计算来求取调节器的最佳参数。但是，在缺乏足够的被控对象特性资料的情况下，使用理论计算整定法很难得到准确可靠的调节器参数；而且对复杂过程来讲，它的计算方法繁琐、工作量大，比较费时。因此，理论计算整定法一般适用于科研工作中做方案比较用。工程上常常从实际出发，使用另一种方法即工程整定法。

所谓工程整定法，就是避开被控对象的特性和数学描述，在被控对象运行时，直接在控制系统中，通过改变调节器参数，观察被控变量的过渡过程，来获取调节器参数的最佳数值。工程整定法是一种近似的方法，所得到的调节器参数不一定是最佳数值，但却很实用；工程整定法实质上也有一定的理论依据，因此在工程实践中得到了广泛的应用，可以按照人工参与的程度，分为人工整定方法和自整定方法两类。

3.3.1　人工整定方法

(1) 经验试凑法

若将控制系统按液位、流量、温度和压力等参数来分类，属于同一类别的系统，其对象特性比较接近，所以无论是调节规律的形式还是所整定的参数均可相互参考。经验试凑法就是根据被控变量的性质在已知合适的参数(经验参数)范围内选择一组适当的值作为调节器当前的参数值，然后直接在运行的系统中，人为地加上阶跃干扰，通过观察记录仪表上的过渡过程曲线，并以比例度、积分时间、微分时间对过渡过程的影响为指导，按照某种顺序反复试凑比例度、积分时间、微分时间的大小，直到获得满意的过渡过程曲线为止。经验试凑法的参数选择见表 3-1。

表 3-1　控制器参数的经验数据表

控制对象	对象特征	δ/%	T_I/min	T_D/min
流量	对象时间常数小，参数有波动，δ 要大；T_I 要短；不用微分	4～100	0.3～1	
温度	对象容量滞后较大，即参数受干扰后变化迟缓；δ 应小；T_I 要长；一般需加微分	20～60	3～10	0.5～3
压力	对象的容量滞后一般，不算大，一般不加微分	30～70	0.4～3	
液位	对象时间常数范围较大。要求不高时，δ 可在一定范围内选取，一般不用微分	20～80		

① 温度系统。其对象容量滞后较大，被控变量受干扰作用后变化迟缓，一般选用较小的比例度、较大的积分时间，同时要加入微分作用，微分时间是积分时间的四分之一。

② 流量系统。它是典型的快速系统。对象的容量滞后小，被控变量有波动。对于这种过程，不用微分作用，宜用 PI 调节规律，且比例度要大，积分时间要小。

③ 压力系统。通常为快速系统，对象的容量滞后一般较小，其参数的整定原则与流量系统的整定原则相同。但在某些情况下，压力系统也会成为慢速系统，如通过控制换热器的冷剂量来影响压力，因此热交换的动态滞后和流量滞后都会包含在压力系统中，从而构成一个有多容对象组成的慢速过程，这类系统的参数整定原则应参照典型的温度系统。

④ 液位系统。其对象时间常数范围较大，对只需要实现平均液位控制的地方，宜用纯比例控制，比例度要大，一般不用微分作用，要求较高时应加入积分作用。

(2) 临界比例度法(Ziegler-Nichols 法)

首先求取在纯比例作用下的闭环系统为等幅振荡过程时的比例度 δ_K 和振荡周期 T_K，然后根据经验公式计算出相应的调节器参数。通常将等幅振荡下的比例度和振荡周期分别称为临界比例度和临界周期。临界比例度法便于使用，而且在大多数控制回路中能得到较好的控制品质。

临界比例度法整定参数的具体步骤是：首先将调节器的积分作用和微分作用全部除去，在纯比例的情况下，按比例度 δ 从大到小的变化规律，对应于某一 δ 值做小幅度的设定值阶跃干扰，直到获得等幅振荡过渡过程曲线，这时的比例度为临界比例度 δ_K，振荡周期即为临界周期 T_K。最后根据表 3-2 所给出的经验公式计算出调节器各参数的整定值。

表 3-2　临界比例度法参数计算公式表

控制作用	比例度/%	积分时间 T_I/min	微分时间 T_D/min
比例	$2\delta_k$		
比例＋积分	$2.2\delta_k$	$0.85T_k$	
比例＋微分	$1.8\delta_k$		$0.1T_k$
比例＋积分＋微分	$1.7\delta_k$	$0.5T_k$	$0.125T_k$

表 3-2 列出的 PID 参数整定算式是以闭环系统得到 4∶1 衰减比，并且有合适的超调量（或最大偏差）为目标的。

最后要指出的是，使用临界比例度法整定调节器参数有两个条件：一是工艺允许被控变量做等幅振荡；二是在获取等幅振荡曲线时，应特别注意，不能使控制阀出现全关、全开的极限状态。否则由此获得的等幅振荡实际上是“极限循环”，从线性系统概念上说系统早已发散了。

（3）衰减曲线法

在一些不允许或不能得到等幅振荡的情况下，可考虑采用修正方法——衰减曲线法。它与临界比例度法的唯一差异仅在于前者是以在纯比例下获得 4∶1 或 10∶1 衰减振荡曲线为参数整定的依据，如图 3-20 所示。衰减曲线法整定参数的具体操作步骤与临界比例度法相同，但只需获得 4∶1 或 10∶1 衰减振荡过渡过程曲线即可，记下此时的比例度 δ_s 或 δ'_s，并在曲线上求得振荡周期 T_s 或 T_r。然后根据表 3-3、表 3-4 给出的经验公式，求出相应的比例度、积分时间和微分时间。

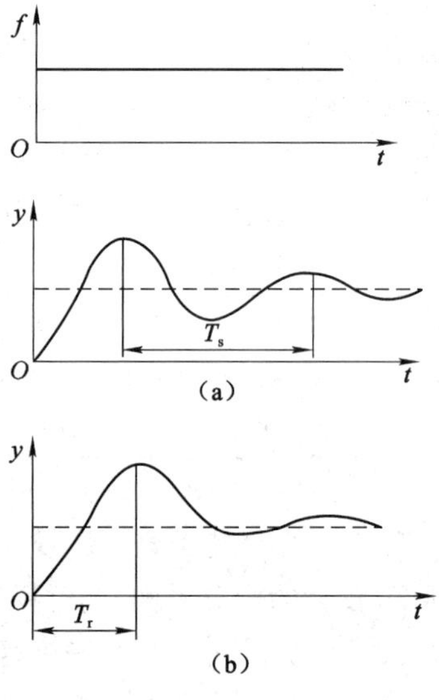

图 3-20　4∶1 和 10∶1 衰减振荡过程

表 3-3　4∶1 衰减曲线法控制器参数计算表

控制作用	δ/%	T_I/min	T_D/min
比例	δ_s		
比例＋积分	$1.2\delta_s$	$0.5T_s$	
比例＋积分＋微分	$0.8\delta_s$	$0.3T_s$	$0.1T_s$

表 3-4 10∶1 衰减曲线法控制器参数计算表

控制作用	$\delta/\%$	$T_I/\min$	$T_D/\min$
比例	δ'_s		
比例+积分	$1.2\delta'_s$	$2T_r$	
比例+积分+微分	$0.8\delta'_s$	$1.2T_r$	$0.4T_r$

衰减曲线法整定方法简单、可靠，而且整定的质量较高，目前得到了广泛的应用。但这种方法要求在工艺稳定的条件下通过改变设定值信号，加入阶跃干扰，工艺上的其他干扰要设法消除，否则，记录曲线将是几种外界干扰作用同时影响的结果，不可能得到正确的4∶1衰减曲线上的比例度和振荡周期。因此，衰减曲线法适用于干扰较小的系统。另外，设定值信号的干扰幅度不应超出工艺允许的范围。

以上介绍了调节器参数的3种工程整定方法。它们都不需要预先知道被控对象的特性，而是直接在闭合的系统中进行整定。如果预先知道被控对象特性的话，那么，根据理论分析计算的方法求出调节器参数的数值，再在闭合系统投运中进行适当调整，将会更方便、迅速和准确。另外需要指出的是，对调节器参数的整定是在某一工作状态下进行的，即在一定的工艺操作条件和一定的负荷下进行的，那么一组调节器参数在一种工作状态下是最佳的，而在另一种工作状态下就不一定是最佳的。所以当工艺操作条件或负荷发生较大变化时，调节器参数往往需要重新整定。人工整定方法费时费力，且不能频繁调整参数来适应工况的变化，因此发展了自整定方法。

3.3.2 自整定方法

PID参数自整定概念中应包括参数自动整定(auto-tuning)和参数在线自校正(self-tuning on-line)。具有自动整定功能的控制器，通过一键操作就由控制器自身来完成控制参数的整定，不需要人工干预，它既可用于简单系统投运，也可用于复杂系统预整定。自动整定方法与人工整定法相比，无论是在时间节省方面还是在整定精度上都得以大幅度提高，这同时也就增进了经济效益。目前，自动整定技术已被许多控制产品所采用。自校正控制规则为解决控制器参数的在线实时校正提供了很有吸引力的技术方案。自校正的基本观点是力争在系统全部运行期间保持优良的控制性能，使控制器能够根据运行环境的变化，适时地改变其自身的参数整定值，以求达到预期的正常闭环运行，并有效地提高系统的鲁棒性。

具有自动整定功能和具有在线自校正功能的控制器被统称为自整定控制器。一般而言，如果过程的动态特性是固定的，则可以选用固定参数的控制器，控制器参数的整定由自动整定完成。对动态特性时变的过程，控制器的参数应具有在线自校正的能力，以补偿过程时变。

要实现PID参数的自整定，首先要对被控制的对象有一个了解，然后选择相应的参数计算方法完成控制器参数的设计。据此，可将PID参数自整定分成两大类：辨识法和规则法。基于辨识法的PID参数自整定，被控对象的特性通过对被控对象数学模型的分析来得到，在对象数学模型的基础上用基于模型的一类整定法计算PID参数。基于规则的PID参数自整定，则是运用系统临界点信息或系统响应曲线上的一些特征值来表征对象特性，控制器参数由基于规则的整定法得到。

(1) 基于模型参数的辨识法

辨识法适用于模型结构已知、模型参数未知的对象,采用系统辨识的方法得到过程模型参数,并和依据参数估计值进行参数调整的确定性等价控制规律结合起来,综合出所需的控制器参数;如果被控过程特性发生了变化,可以通过最优化某一性能指标或期望的闭环特性,周期性地更新控制器参数,参数辨识可用不同类型的模型为依据。例如,附加有辅助输入的自回归移动平均模型(ARMAX)、传递函数模型或神经网络指数模型等,而最常用的是低阶并等值于有纯滞后的离散差分模型。同样,可用不同的参数辨识方法估计模型参数,例如递推最小二乘法(RLS)、辅助变量法(IV)或最大似然法(ML)等。在获得对象模型的基础上设计 PID 参数时常用的原理,经典的有极点配置原理、零极点相消原理、幅相裕度法等;现代则往往借助于计算机,利用最优化方法或线性二次型指标等,寻找在某个性能指标下的控制器参数最优值。

这类基于辨识的参数自整定方法直观、简单,易于实现,已有众多的文献资料提供了有关模型辨识和控制器的设计方法,而且在过程控制及其参数校正方面不需要特定的经验,所以说它是比较容易实现的。但这并不意味着这种为设计者带来的优点就一定能够转变为用户的效益。因为与此方法相关联的一些问题,例如闭环辨识、时滞估计、测量噪声和干扰输入的抑制以及安全保护措施等,虽然已被了解,但并未得到有效解决。仅在噪声影响方面,必须承认系统辨识对噪声是敏感的,当噪声超过一定强度时就可能得到不正确的辨识结果。如当数据被噪声所影响时,使用最小二乘法估计的 ARMAX 模型参数将是有偏的。另外,在基于被控过程的数学模型求取控制器参数值时,关键是要较为精确地获得被控对象的数学模型,然而,辨识所得到的数学模型一般都含有近似的部分,不可能做到完全精确,这也对控制精度带来影响。再加上辨识工作量大,计算费时,不适应系统的快速控制,限制了这类方法的使用。

(2) 基于规则的自整定方法

基于规则的自整定方法,根据所利用的经验规则的不同,又可分成采用临界比例度原则的方法、采用阶跃响应曲线的模式识别方法和基于模糊控制原理的方法、基于神经网络和遗传算法的方法等。

基于规则的 PID 自整定控制,对模型要求较少,是借助于控制器输出和过程输出变量的观测值来表征的动态特性,而不依赖于一个特定的过程模型,从而具有易于执行且鲁棒性较强的特点。它能综合采用专家经验进行整定,其中启发式规则还可将过程动特性和干扰特性区别开来,并从保持良好的闭环响应特性出发,确定出所需的校正参数。而且基于产生式规则实现控制的系统,其程序设计以逻辑型语句为主,它和以代数型语句为主的辨识法相比较,需要的计算时间较少,所以用于处理较快的运行过程。但这类方法也存在一些不足,方法的指导原则仍然停留在较弱的理论基础上,它需要丰富的控制知识,其性能的优劣取决于开发者对控制回路参数整定的经验,以及对反馈控制理论的理解程度。另外,如果采用模式识别的方法,当专家系统不具备判断某种模式的知识时,整定后的控制会发散。

3.4　模拟式调节器

调节器也称控制器。在模拟式调节器中，所传送的信号形式为连续的模拟信号，按照外加能源的不同，模拟式调节器分为电动、气动和液动三大类。目前广泛使用的模拟式调节器主要是电动调节器。

3.4.1　电动调节器的实现原理

电动 PID 调节器多采用运算放大器与阻容(RC)电路结合的原理实现，图 3-21 给出了由 P、I、D 三个运算电路并联，通过加法器 IC5 相加组成的基本 PID 电路。其优点是采用并联连接避免了级间误差的累积放大，对保证整机精度有利，而且可以清除积分时间 T_I、微分时间 T_D参数对整机实际整定参数(K'_P，T'_I，T'_D)的影响。但由于变比例级也与积分、微分电路并联，放大倍数 K_P的变化将使实际微分时间 T_D/K_P和实际积分时间 $K_P T_I$发生变化，即 K_P对 T'_I、T'_D 产生了干扰。

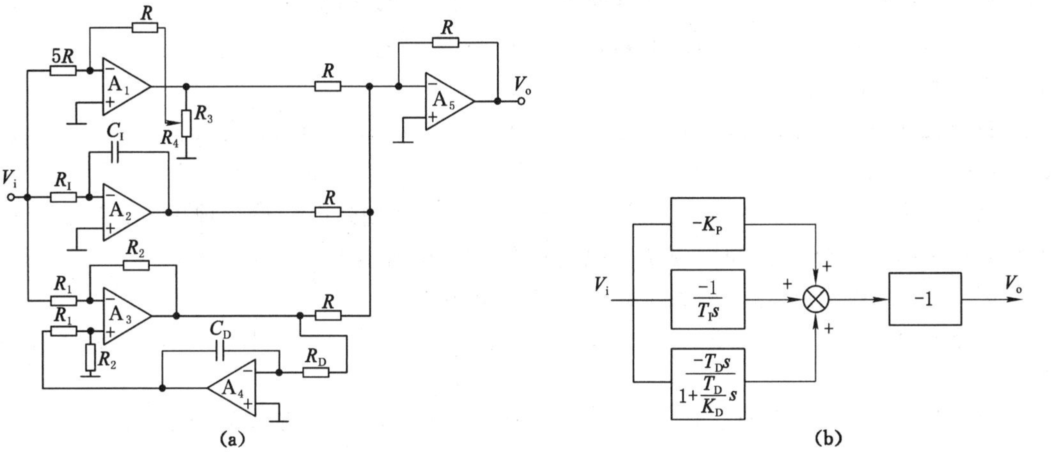

图 3-21　基本 PID 实现电路

(a) 电路图；(b) 方框图

3.4.2　电动调节器的基本结构

普通型 PID 调节器的结构框图如图 3-22 所示。来自变送器的输出信号，以电压信号的

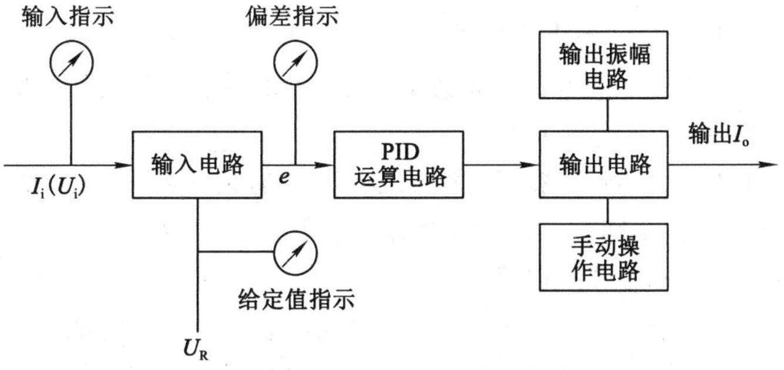

图 3-22　PID 调节器的基本结构

方式与给定值比较，产生偏差信号 e，经过 PID 运算电路处理后，由输出电路输出调节信号 I_o，控制执行器的动作。输入电路包括偏差检测电路、内给定稳压电源电路、内外给定切换开关、正反作用开关及滤波电路等。输出电路将运算电路的输出信号做最后一次放大，或者作为运算电路主回路放大器的最后一级，输出调节器的输出信号。手动操作电路直接由人工操作输出"手动信号"到执行器中去，以代替调节器的"自动信号"进行遥控。输出限幅电路将调节器的输出限制在一定、可调的范围内，保证调节阀不处于危险开度。

3.4.3 DDZ-Ⅲ型电动调节器

在模拟式调节器中，有 DDZ-Ⅱ型和 DDZ-Ⅲ型电动调节器，目前常用的是 DDZ-Ⅲ型电动调节器，它属于 DDZ-Ⅲ型系列仪表。

3.4.3.1 DDZ-Ⅲ型仪表的特点

DDZ-Ⅲ型仪表在功能上与 DDZ-Ⅱ型大致相同，前者采用了集成电路和安全火花型防爆结构，提高了防爆等级、稳定性和可靠性，适应了化工厂、炼油厂的要求，具有如下特点：

(1) 采用国际电工委员会(IEC)推荐的统一标准信号，现场传输信号为 4～20 mA DC，控制室联络信号为 1～5 V DC，两者通过 250 Ω 的精密电阻转换。

电气零点不是从零开始，且不与机械零点重合，这不但利用了晶体管的线性段，而且容易识别断电、断线等故障。

只要改变转换电阻阻值，控制室仪表便可接收其他 1∶5 的电流信号。例如将 1～5 mA DC 或 10～50 mA DC 的信号转化为 1～5 V DC。

因为最小信号电流不为零，为现场变送器实现两线制创造了条件。现场变送器与控制室仪表仅用两根导线联系，既节省了电缆线和安装费用，还有利于安全防爆。

(2) 广泛采用集成电路，可靠性提高，维修工作量减少。

由于集成运算放大器均为差分放大器，且输入对称性好，漂移小，仪表的稳定性得到提高。

由于集成运算放大器有高增益，因而开环放大倍数很高，这使仪表的精度得到提高。

由于采用了集成电路，焊点少，强度高，这大大提高了仪表的可靠性。

(3) Ⅲ型仪表统一由电源箱供给 24 V DC 电源，并有蓄电池作为备用电源。

各单元省掉了电源变压器，没有工频电源进入单元仪表，既解决了仪表发热问题，又为仪表的防爆提供了有利条件。

在工频电源停电时备用电源投入，整套仪表在一定时间内仍可照常工作，继续进行监视控制作用，有利于安全停车。

(4) 结构合理，比Ⅱ型有许多先进之处。

基型调节器有全刻度指示调节器和偏差指示调节器两个品种，指示表头为 100 mm 刻度纵形大表头，指示醒目，便于监视操作。

自动、手动的切换以无平衡、无扰动的方式进行，并有硬手动和软手动两种方式。面板上设有手动操作插孔，可和便携式手动操作器配合使用。

结构形式适用于单独安装和高密度安装。

调节器有内给定和外给定两种给定方式，并设有外给定指示灯，能与计算机配套使用，可组成 SPC 系统实现计算机监督控制，也可组成 DDC 控制的备用系统。

(5) 整套仪表可构成安全火花型防爆系统。Ⅲ型仪表在设计上遵循国家防爆标准，对易脱落的元器件进行了胶封，还增加了安全栅，实现了控制室与危险场所之间的能量限制和隔离，杜绝了仪表引起现场爆炸的危险，极大提高了电动仪表的安全可靠性，被石油化工企业广泛接受，并逐步取代了气动调节器。

3.4.3.2　DDZ-Ⅲ型调节器的结构

DDZ-Ⅲ型调节器有全刻度指示和偏差指示两个基本型，除此之外通过附加一些单元构成各种特殊的调节器，如断续调节器、自整定调节器、前馈调节器、非线性调节器等。全刻度指示的调节器结构框图如图 3-23 所示，主要由输入电路、给定电路、PID 运算电路、自动与手动（包括硬手动和软手动两种）切换电路、输出电路及指示电路等组成。

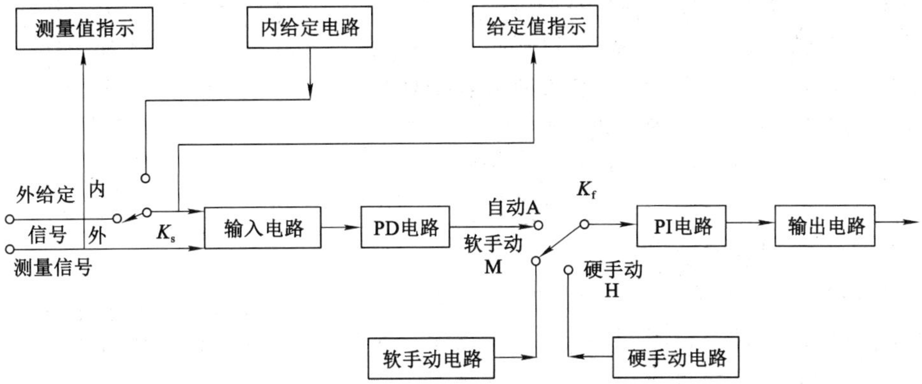

图 3-23　DDZ-Ⅲ型调节器的结构

调节器的给定值可由“内给定”或“外给定”两种方式取得，由切换开关 K_s 选择。“内给定”时，给定电压由调节器内部的高精度稳压电源提供。“外给定”时，由外部计算机或其他调节器输出的 4～20 mA 电流或 1～5 V 电压提供给定电压。切换开关 K_f 在“自动”“软手动”和“硬手动”三种方式中切换。

3.4.3.3　DDZ-Ⅲ型调节器的操作

图 3-24 是 DTL-3110 型全刻度指示调节器的面板图。它的正面表盘上装有两个指示表头。其中一个双针指示表头 2 有两个指针。红色针为测量信号指针，黑色针为给定信号指针，它们可以分别指示过程检测值（PV）和设定值（SP）。偏差的大小可以根据两个指示值之差读出。由于双针指示器的有效刻度（纵向）为 100 mm，精度为 1%，因此很容易观察控制结果。当仪表处于“内给定”状态时，给定信号是由拨动内给定设定轮 3 给出的，其值由黑色针显示出来。

当使用外给定时，仪表右上方的外给定指示灯 7 会亮，提醒操作人员以免误用内给定设定轮。

输出指示器 4 可以显示调节器输出信号的大小。输出指示表下面有表示阀门安全开度的输出记录指示 9，X 表示关闭，S 表示打开。11 为输入检测插孔，当调节器发生故障需要把调节器从壳体中卸下时，可把便携式操作器的输出插头插入调节器下部的输出插孔 12 内，可以代替故障调节器进行手动操作。

调节器面板右侧设有自动/软手动/硬手动切换开关，以实现无平衡无扰动切换。

在控制系统投运过程中，一般总是先手动遥控，待工况正常后，再切向自动。当系统运行中出现工况异常时，往往又需要从自动切向手动，所以调节器一般都兼有手动和自动两方面的功能，可供切换。但是，在切换的瞬间，应当保持调节器的输出不变，这样才能使执行器的位置在切换过程中不至于突变，不会对生产过程引起附加的扰动，这称为无扰动切换。

在 DTL-3110 型调节器中，手动工作状态安排比较细致，有硬手动和软手动两种情况。若在软手动状态，并同时按下软手动操作板键 6，调节器的输出便随时间按一定的速度增加或减小，若手离开操作板键 6 时，当前信号值就被保持，这种"保持"状态特别适宜于处理紧急事故。当切换开关处于硬手动状态时，调节器的输出量大小完全决定于硬手动操作杆 5 的位置，即对应于此操作杆在输出指示器刻度上的位置，就得到相应的输出。通常都是用软手动方式进行手动操作，这样控制比较平稳精细，只有当需要给出恒定不变的操作信号(例如，阀的开度要求长时间不变)或者在紧急时要一下子就控制到安全开度等情况下，才使用硬手动操作。

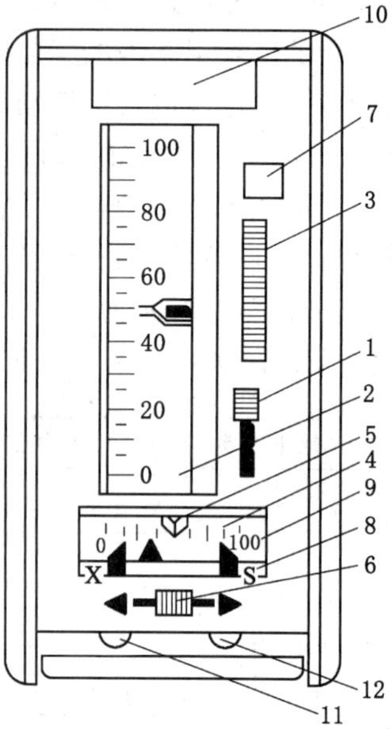

1—自动-软手动-硬手动切换开关；
2—双针垂直指示器；
3—内给定设定轮；4—输出指示器；
5—硬手动操作杆；6—软手动操作板键；
7—外给定指示灯；8—阀位指示器；
9—输出记录指示；10—位号牌；
11—输入检测插孔；12—手动输出插孔。

图 3-24　DTL-3110 型调节器面板图

该调节器在进行手动/自动切换时，自动与软手动之间的切换是双向无平衡无扰动的，由硬手动切换为软手动或由硬手动直接切换为自动也是无平衡无扰动的，但是由自动或软手动切换为硬手动时，必须预先平衡方可达到无扰动切换，也就是说，在切换到硬手动之前，必须先调整硬手动操作杆，使操作杆与输出对齐，然后才能切换到硬手动。

在调节器中还设有正/反作用切换开关，其位于调节器的右侧面，把调节器从壳体中拉出时即可看到。正作用即当调节器的测量信号增大(或给定信号减小)时，其输出信号是随之增大的。反作用则当调节器的测量信号增大(或给定信号减小)时，其输出信号是随之减小的。调节器正、反作用的选择是根据工艺要求而定的。

3.5　数字式调节器

数字式调节器是 20 世纪 70 年代在模拟调节仪表的基础上采用数字技术和微电子技术发展起来的新型调节器。由于采用集成电路和大规模集成电路，它与微型计算机十分相似，只是在功能上以过程调节为主。它接受来自生产过程的测量信号，若为模拟量信号则经过模/数(A/D)转换后，由内部的数字电路或微处理机为核心作数字处理，按一定调节规律产生输出数字信号，或经过数/模(D/A)转换后输出模拟信号驱动执行器，完成对生产过程的闭环控制。数字式调节器按功能可分为复杂型(可编程)和简易型(基本 PID 功能)两种，下面分别介绍 KMM 型可编程调节器和 SR 型 PID 调节器。

3.5.1 数字式调节器的特点

(1) 实现了模拟仪表与计算机一体化

将微处理器引入调节器，发挥了计算机的长处，使调节器电路简化，功能增强，性价比提高。早期外形结构、面板布局及操作方法等与模拟式调节器类似，符合人们的使用习惯，随着安装尺寸标准的更新，目前大多更加小巧，且由数字 LED 显示代替了指针显示。

(2) 具有丰富的运算控制功能

功能更为丰富、强大，复杂型有许多运算模块和控制模块，可以根据需求进行组态，实现各种运算处理和复杂控制。除了 PID 调节功能外，还可以实现串级控制、比值控制、前馈控制、选择性控制、自适应控制、非线性控制等。简易型也大都自带 PID 自整定算法，向着傻瓜式、智能化发展。

(3) 使用灵活方便，通用性强

除拥有数字量输入输出通道外，还有采用国际统一标准信号的模拟量输入输出接口，可以方便地与 DDZ-Ⅲ型仪表连接。

(4) 具有通信功能，便于系统扩展

通过通信接口可以方便地与其他计算机、操作站联系，也可以作为集散控制系统的过程控制单元。

(5) 可靠性高，维护方便

一台多回路数字式调节器可以取代数台模拟式调节器，便于维修管理。调节器元件高度集成化，可靠性高。数字式调节器还具有自诊断功能，能及时发现故障，采取保护措施。复杂型则可利用软件组态来实现复杂回路的控制，简化了连接电路，功能修改扩充更方便。

3.5.2 数字式调节器的结构

与模拟式调节器功能完全取决于硬件构成不同，数字式调节器由硬件和软件两部分组成，而后者主要决定控制功能。

3.5.2.1 数字式调节器的硬件

数字式调节器的硬件主要由主机电路、过程输入、输出通道、人机接口电路和通信接口电路等组成，如图 3-25 所示。

(1) 主机电路

主机电路是数字式调节器的核心，用于实现仪表数据运算处理及各组成部分之间的管理。

(2) 过程输入通道

过程输入通道包括模拟量输入通道和开关量输入通道，能同时接收几路信号，其中模拟量输入通道用于连接模拟量输入信号，开关量输入通道用于连接开关量输入信号。

模拟量输入通道由多路模拟开关、采样保持器和 A/D 转换器组成，将多个模拟量输入信号转换为 CPU 所接受的数字量。多路模拟开关将多个模拟量输入信号逐一连接到采样保持器，后者暂时存储模拟输入信号，并将该值保持一段时间，以便进行 A/D 转换，将模拟量变为相应的数字量。

开关量输入通道将多个开关量输入信号，即控制系统中电接点的通与断或逻辑电平的“1”和“0”这类两种状态的信号，转换成能被计算机识别的数字信号。开关量输入通道常采

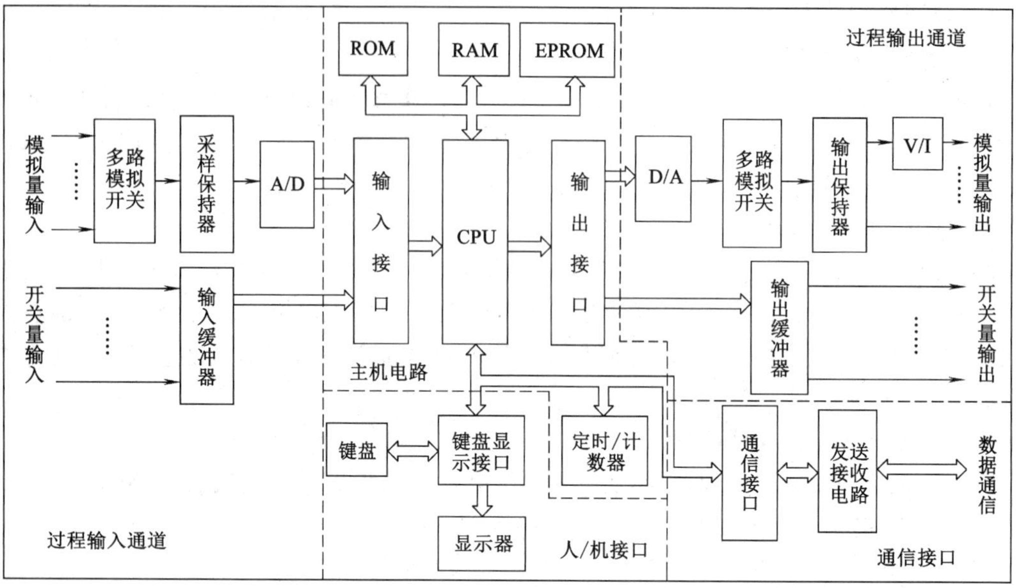

图 3-25 数字式调节器的组成框图

用光电耦合器件来为输入电路隔离来自现场的干扰。

(3) 过程输出通道

过程输出通道包括模拟量输出通道和开关量输出通道,能同时输出几路信号,其中模拟量输出通道用于输出模拟量信号,开关量输出通道用于输出开关量信号。

模拟量输出通道依次将多个运算处理后的数字信号进行 D/A 转换,经由多路模拟开关送入输出保持电路暂存,最终输出 1～5 V 电压或 4～20 mA 电流的模拟信号。V/I 转换器的作用是将 1～5 V 的模拟电压信号变为 4～20 mA 的电流信号。

开关量输出通道通过锁存器输出开关量信号,以便控制继电器触点和无触点开关的接通与释放,也可输出脉冲量控制步进电机的运转,常采用光电耦合器件为输出电路进行隔离传输。

(4) 人机接口

人机接口部件即调节器的操作面板,一般位于调节器的正面和侧面。另外,对于可以远程监控的数字调节器,人机接口还包括软件界面、键盘、鼠标等。

(5) 通信接口

数字式调节器通过通信接口实现远程实时监控、组态管理、历史数据读取等。目前常用的有 RS-232C、RS485 串口以及以太网通信端口。通信接口将欲发送的数据转换成满足特定通信协议,如 Modbus、R-Bus、TCP 的标准信号,经发送电路送至通信线路上,同时接收电路接收来自通信线路上的信号,将其转换成能被 CPU 接受的格式。

3.5.2.2 数字式调节器的软件

(1) 系统程序

系统程序是调节器软件的主体部分,通常由监控程序和中断处理程序两部分组成。

监控程序使调节器各硬件电路能正常工作并实现所规定的功能,同时完成各组成部分之间的管理，包括系统初始化、键盘显示管理、中断管理、自诊断处理、运行状态控制、参数自整定几个主要功能。

中断处理程序包括键处理、定时处理、运算控制、通讯处理和掉电处理等。

(2) 用户程序

用户程序为复杂型调节器独有，是用户根据控制系统的要求，在系统程序中选择所需要的功能模块，并将它们按一定的规则连接起来的结果。目的是使调节器完成预定的控制与运算功能。编制用户程序的过程实际上就是连接功能模块的过程，即组态。

用户程序的编程通常采用面向过程 POL 语言，通常有组态式和空栏式两种语言，组态式又有表格式(KMM 调节器)和助记符式(SLPC 调节器)之分。调节器的编程工作是通过专用的编程器进行的，有“在线”和“离线”两种编程方法。如果编程器独立于调节器，用户程序写入 EPROM 后，再将其插入调节器相应插槽上的方式称为“离线”。

由于此类调节器的控制规律由用户根据需要自己编程，可以重复擦写，因此其是可编程序的调节器。

3.5.2.3 KMM 型可编程调节器

(1) KMM 型可编程调节器的特点

KMM 型调节器是一种单回路的数字调节器。它是 DK 系列中的一个重要品种，而 DK 系列仪表又是集散控制系统 TDC-3000 的一部分，是为了把集散系统中的控制回路彻底分散到每一个回路而研制的。KMM 型调节器可以接收五个模拟输入信号(1～5 V)，四个数字输入信号，输出三个模拟信号(1～5 V)，其中一个可为 4～20 mA，输出三个数字信号。这种调节器的功能强大，它是在比例积分微分运算的功能上再加上好几个辅助运算的功能，并将它们都装到一台仪表中去的小型面板式控制仪表。它能用于单回路的简单控制系统与复杂的串级控制系统，除完成传统的模拟调节器的比例、积分、微分控制功能外，还能进行加、减、乘、除、开方等运算，并可进行高、低值选择和逻辑运算等。这种调节器除了功能丰富的优点外，还具有控制精度高、使用方便灵活等优点，调节器本身具有自我诊断的功能，维修方便。当与电子计算机联用时，该调节器能直接接受上位计算机来的设定值信号，可作为分散型数字控制系统中装置级的调节器使用。

(2) KMM 型可编程调节器的操作

KMM 型数字调节器的面板布置如图 3-26 所示。

指示灯 1 中左边标 AL 的亮起表示测量值下限报警，右边标 AH 的亮起表示测量值上限报警。

当调节器依靠内部诊断功能检出异常情况后，指示灯 2(红色)就亮起，表示调节器处于“后备手操”运行方式。在此状态时，各指针的指示值均为无效。以后的操作可由装在仪表内部的“后备操作单元”进行。只要异常原因不解除，调节器就不会自行切换到其他运行方式。

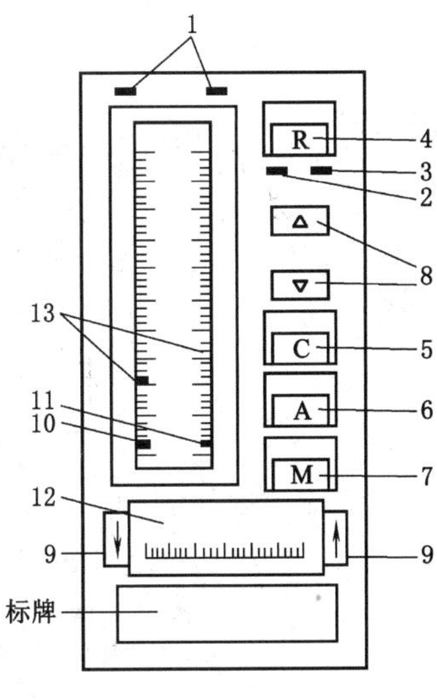

1～7—指示灯；8,9—按钮；10～13—指针。

图 3-26 KMM 型调节器面板图

调节器通过附加通信接口，就可和上位计算机通信。在通信进行过程中，通信指示灯3亮起。

当输入外部的连锁信号后，指示灯4闪烁，此时调节器功能与手动方式相同。但每次切换到此方式后，连锁信号中断，如不按复位按钮R，就不能切换到其他运行方式。一按复位按钮R，就返回到“手动”方式。

面板上的测量值(PV)指针10和给定值(SP)指针11分别指示输入PID运算单元的测量值与给定值信号。

面板上还设有备忘指针13，用来给正常运行时的测量值、给定值、输出值做记号用。

按钮M、A、C及指示灯7、6、5分别代表手动、自动与串级运行方式。

当按下按钮M时，指示灯7(红色)亮起。这时调节器为“手动”运行方式，通过输出操作按钮9可进行输出的手动操作。按下右边的按钮↑时，输出增加；按下左边的按钮↓时，输出减小。输出值由输出指针12指示。

当按下按钮C时，指示灯5(橙色)亮起。这时调节器为“串级”运行方式，其给定值可以来自另一个运算单元或为外部来的信号。

当按下按钮A时，指示灯6(绿色)亮起。这时调节器为“自动”运行方式，通过给定值(SP)设定按钮8可以调整内给定值的大小。按上面的按钮▲增加给定值，按下面的按钮▼减小给定值。当进行PID定值调节时，PID参数可以借助表内侧面的数据设定器加以改变。数据设定器用来指示KMM内部模块数据和设定控制参数，也可显示自诊断结果及报警。它可以从KMM调节器侧面脱下、插上而不影响KMM的正常工作，因此可以用一个数据设定器来对多台调节器进行数据设定。

数据设定器如图3-27所示，上部是两排数码显示管，第一排为代码显示部，有代码1和代码2两段组成并用两个发光二极管标识。代码1为三位数码管，代码2为两位数码管；第二排为数据显示部并用一个发光二极管标识。按可变更部位移动键可依次移动这三个标识

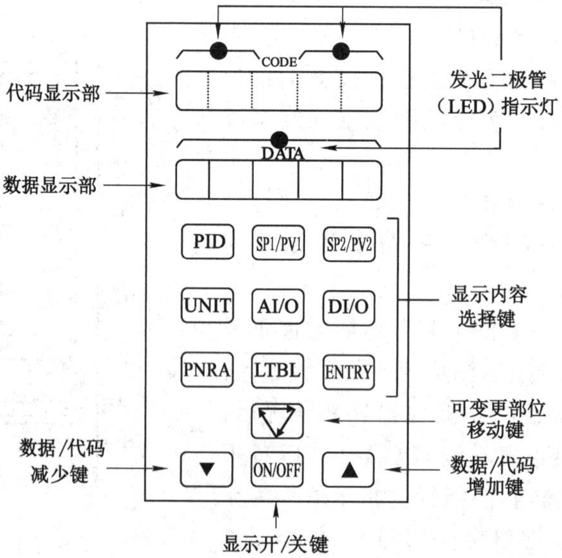

图3-27 数据设定器面板图

用的发光二极管灯亮的位置。当所标识部分的发光二极管亮时，表示这部分的代码或数据可以通过操作数据/代码减少键▼和增加键▲改变。变更的数据按“ENTRY”键送入仪表中(此时 KMM 调节器的辅助开关中的“数据投入许可开关”至于“ON”位置时方有效)。

按“SP1/PV1”键时，调出 PID1 的 SP1(给定值)和 PV1(测量值)并分别在代码显示部和数据显示部显示数值。

按“SP2/PV2”键时，调出 PID2 的 SP2(给定值)和 PV2(测量值)并分别在代码显示部和数据显示部显示数值。如果在只有 1 路 PID 的场合则显示“……”。

PID1 演算参数的调出和变更步骤如下：

① 按 PID 键。代码显示部分显示 C 0 1 0 1。代码 1 为 C01，其中 C 表示 PID，01 表示为 PID1。代码 2 为 01，表示为 PID1 的第一个参数(即比例度)。同时比例度的数值(即代码“C0101”的内容)被显示在数据显示部中。

② 按可变更部位移动键使数码显示部的 LED 指示灯亮起。

③ 按▲或▼键改变数码显示部中的比例度数值。

④ 按“ENTRY”键送入数据(数据投入许可开关许可时)。

⑤ 按可变更部位移动键使代码显示部分代码 2 的 LED 指示灯亮。

⑥ 按▲或▼键改变代码 2 显示部中数值为 02(表示为 PID1 的第二个参数，即积分时间，03 为微分时间，……)。

⑦ 按可变更部位移动键使数码显示部的 LED 指示灯亮起。

⑧ 按▲或▼键改变数码显示部中的积分时间数值。

⑨ 按“ENTRY”键送入数据(数据投入许可开关许可时)。

同样数据设定器可对运算单元(代码为 U××××)、可变参数(代码为 P××××)、折线参数(代码为 L××××)中的数据进行显示和修改。

调节器硬件的启动步骤如下：

① 调节器在启动前，要预先将“后备手操单元”的“后备/正常”运行方式切换开关扳到“正常”位置。另外，还要拆下电池表面的两个止动螺钉，除去绝缘片后重新旋紧螺钉。

② 使调节器通电，即调节器处于“连锁手动”运行方式，连锁指示灯亮。

③ 用“数据设定器”来显示、核对运行所必需的控制数据，必要时可改变 PID 参数。

④ 按下“R”键(复位按钮)，解除“连锁”。这时就可进行手动、自动或串级操作。

KMM 型数字调节器由于具有自动平衡功能，所以手动、自动、串级运行方式之间的切换都是无扰动的，不需要任何手动调整操作。

调节器软件的使用步骤如下：

① 设计控制原理图(SAMA 图)。根据控制对象的特性和控制要求，用 SAMA 图表达出控制方案。SAMA 图例是由美国科学仪器制造商协会(Scientific Apparatus Maker's Association)制订的标准功能图例，用于控制系统设计功能的表达。图例表示了最基本的功能，在设计使用时把某些功能图例组合在一起，表示某一功能块或显示操作器的功能，从而将全部控制功能表达出来。

② 绘制 KMM 组态图并填写 KMM 控制数据表。KMM 的组态方式是填表式组态方法，要根据控制要求画出 KMM 组态图并由组态图按 KMM 数据表格式填写控制数据表，为制作用户 EPROM 准备。首先，根据 SAMA 图绘制 KMM 系统组态图。其次，根据

KMM 组态图填写控制数据表，一般包括基本数据表、输入处理数据表、PID 数据表、折线数据表、可变变量表、输出处理数据表、运算模块数据表。

③ 根据数据表中所填写的代码和数据用 KMM 程序写入器进行编程。写入程序后的 EPROM 移插到 KMM 调节器的用户 EPROM 中即完成了软件部分的编写，进入调试阶段。

3.5.2.4 SR 型 PID 调节器

(1) SR 型 PID 调节器的特点

SR1/3/4 系列数字控制器是高性价比的新型单回路简易型调节器，能实现 PID 和位式调节。0.3 级精度、PID 自整定，48 mm×48 mm 和 96 mm×96 mm 以及 96 mm×48 mm 三种外形尺寸、四位超大 LED 显示，带手动、输出限幅、独立的两路事件报警继电器、手动/自动无扰动切换、现场保护用的数字锁功能。

(2) SR 型 PID 调节器的操作

图 3-28 为 SR3 型调节器的操作面板。

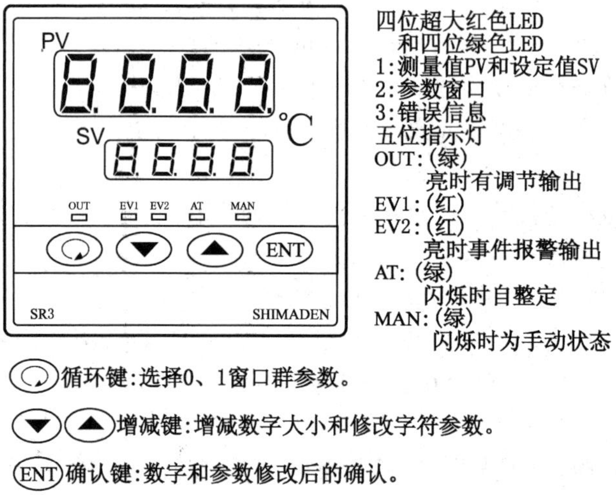

图 3-28 SR3 型调节器面板图

SR 所有参数窗口可分为两个窗口群(0—X 和 1—X 窗口群)，子窗口和虚线表示的选件窗口共 32 个。每个窗口采用了编号，例如传感器量程选择窗口[1—22]，表示第 1 窗口群的第 22 号窗口。按增减键修改参数时，面板 SV 窗口的小数点闪动，按 ENT 键确认修改后，小数点熄灭。

例 3-1 某加热系统，仪表选用 SR3-8P-1(型号含义：8—多种输入，包括热电偶、热电阻、电压；P—调节输出为固态继电器驱动电压，即 12V±1.5V DC；1—两个用于报警的事件继电器接点)，K 型热电偶 0～800.0 ℃输入，输出接固态继电器。设定温度为 600.0 ℃，EV1 上限绝对值报警值 650.0 ℃，EV2 下限绝对值报警值 550 ℃，报警为上电抑制。

操作步骤如下：

① 在[1—22]窗口，将传感器量程代码设定为：05(K 型热偶 0～800.0 ℃)。

② 在[1—23]窗口，选择传感器量程的单位 C(摄氏度 ℃)。

③ 在[1—17]窗口，将调节输出极性设为：rA 反作用(加热)。

④ 在[1—10]窗口，将调节输出的时间比例周期设为：2 秒。

⑤ 在[0—0]窗口，按增减键将 SV 值设为 600.0 ℃，按 ENT 键确认。

⑥ 在[1—11]窗口，将 EV1 报警方式设为：上限绝对值(HA)。

⑦ 在[1—14]窗口，将 EV2 报警方式设为：下限绝对值(LA)。

⑧ 在[1—16]窗口，下限报警应具有上电抑制功能，设为：2。

⑨ 在[0—3]窗口，设 EV1 报警值：650.0 ℃；在[0—4]设 EV2 报警值：550.0 ℃。

⑩ 系统接成闭环后，在[0—2]AT 功能窗口按增减键将 OFF 改为 ON 状态后，按 ENT 键确认启动自整定，AT 灯闪烁自整定启动。当炉温到达设定值时，经两个周期振荡，AT 灯灭，自整定完成。

本章习题

1. 被控对象的特性是什么？表征被控对象特性的参数都有哪些？它们的物理意义又是什么？

2. 将放大系数称作对象的静态特性，而将时间常数和滞后时间称作动态特性的原因是什么？

3. 在控制系统中，对象的放大系数、时间常数、滞后时间对控制都有何影响？

4. 造成对象的纯滞后和容量滞后的原因是什么？对控制过程有什么影响？

5. 控制器的调节规律是什么？

6. 简述双位控制规律及其优缺点。

7. 请概述比例控制规律，并解释比例控制器的比例度是什么。

8. 比例度对比例控制器的控制过程有什么影响？选择比例度的影响因素都有哪些？

9. 积分控制规律的数学表达式是什么？为什么积分控制能消除余差？

10. 试述积分时间的定义及其对控制过程的影响。

11. 请写出理想微分控制规律的数学表达式，并解释为什么微分控制规律不能单独使用。

12. 比例积分微分(PID)三作用控制规律的数学表达式是什么？

13. 请简要概述比例、积分、微分控制规律各自的特点。

14. 试画出在阶跃作用下，比例、比例积分、比例积分微分调节器的输出特征曲线。

15. 请解释调节器参数整定的目的，并说明工程上常用的整定方法有哪些。

16. DDZ-Ⅲ型控制器由哪几部分组成？各组成部分的作用是什么？

17. 在 DDZ-Ⅲ型调节器中，什么是软手动操状态？什么是硬手动操状态？

18. 请简要概述调节器的无扰动切换的定义，并说明如何实现。

19. 数字式控制器的基本构成以及各部分的主要功能都有哪些？请简要概述。

第4章　执行器及仪表的防爆

执行器的作用是接受调节器送来的控制信号，自动地改变操纵量（如介质流量、热量等），达到对被控量（如压力、温度、液位等）进行调节的目的。

按照工作能源分，执行器可分为气动执行器、电动执行器和液动执行器三大类。气动执行器使用压缩空气作为动力，结构简单，动作平稳可靠，输出推力较大，维护方便，防火防爆，价格便宜，广泛应用于化工、炼油等生产中。在电动仪表或计算机控制系统中，通过电-气转换器或电-气阀门定位器，可将电信号转换成标准的 0.02～0.10 MPa 的标准气压信号，实现与气动执行器的配套使用。电动执行器以电力做能源，信号传递快，但结构复杂、防爆性能不佳，因此较少应用。液动执行器在流程工业中基本上很少见。

执行器是自动控制系统的终端部件，其中，调节阀的使用最为广泛，本章将以调节阀为例加以介绍。

在充斥危险气体或粉尘的环境里，如矿井下、化工厂等，传感器、控制器及执行器等各类仪表的防爆问题至关重要，否则就会引起火灾和爆炸，造成惨重的生命和财产损失，本章也将介绍相关知识。

4.1　气动调节阀

气动执行器由气动执行机构和调节机构（阀）两部分组成。执行机构是执行器的推动装置，它按控制信号压力的大小产生相应的推力，推动控制机构动作，所以它是将信号压力的大小转换为推杆位移的装置。调节机构是执行器的调节部分，其内腔直接与被调介质接触，调节流体的流量，所以它是将阀杆的位移转换为流过阀的流量的装置。

图 4-1 为一种常见气关式气动调节阀的示意图。气压信号由上盖接入口引入，作用在波纹膜片上，带动推杆产生向下的位移，将弹簧压缩，直到弹簧反作用力与信号压力在膜片上的推力相平衡，使推杆稳定在一个新位置为止。推杆连接阀芯，改变了阀芯和阀座之间的流通面积，从而达到调节流量的目的。

4.1.1　执行机构

气动执行机构主要有薄膜执行机构、活塞执行机构和长行程执行机构等。其中薄膜执行机构最常见，它的结构简单、价格便宜、维修方便。长行程执行机构行程长、转矩大，适合输出转角（0°～90°）和力矩，多用于蝶阀或风门。

气动薄膜执行机构按动作方式分为正作用和反作用两种。压力增大时推杆向下动作的叫正作用执行机构。反之，压力增大时推杆向上动作的叫反作用执行机构。正作用执行机构的信号压力通入波纹膜片上方的薄膜气室，反作用执行机构的信号压力通入波纹膜片下

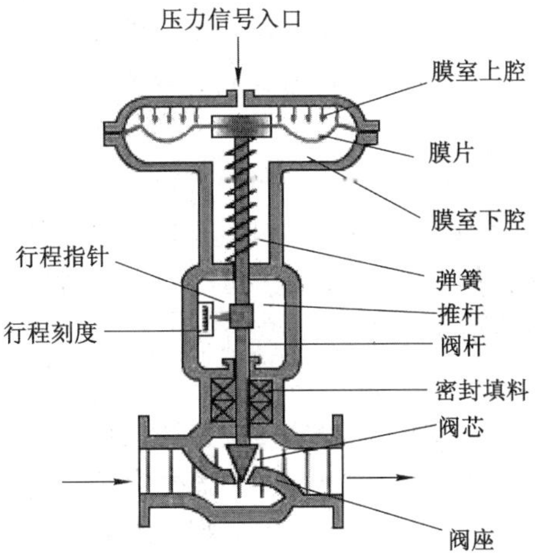

(a)

(b)

图 4-1　气动调节阀
(a) 结构示意图;(b) 实物图

方的薄膜气室。图 4-1 的执行机构就是一种正作用执行机构。正反作用的执行机构结构基本相同,可以互相改装。

按有无弹簧,执行机构也可分为两类,其中,有弹簧的薄膜执行机构最常用,它的输出位移与输入的气压信号成正比关系,信号压力越大,推杆的位移量也越大。推杆的位移就是执行机构的直线输出位移,即行程。

气动薄膜执行机构的行程规格有 10 mm、16 mm、25 mm、40 mm、60 mm、100 mm 等。薄膜的有效面积有 200 cm^2、280 cm^2、400 cm^2、630 cm^2、1 000 cm^2、1 600 cm^2六种规格。弹簧和膜片是影响执行机构线性特性的关键部件,由于输入的压力一般为 0.02～0.10 MPa,要得到较大推力就需要使用较大的薄膜面积,会使膜片盒很庞大,与中小口径的阀配套使用就显得不协调。

活塞执行机构属于强力气动执行机构。由于气缸允许操作压力高达 0.5 MPa,且无弹簧抵消推力,因此其具有很大的输出推力,特别适用于高静压、高压差、大口径的场合。它的输出特性有两位式和比例式。两位式是根据输入活塞两侧的操作压力的大小而动作,活塞由高压侧推向低压侧,使推杆由一个极端位置移动到另一个极端位置。活塞行程一般为 25～100 mm,适用于双位调节的控制系统中。比例式是指推杆的行程与输入压力信号成比例关系。它带有阀门定位器,特别适用于调节质量要求较高的控制系统。

4.1.2　调节机构

多数情况下,调节机构就是指调节阀,是一个可变阻力的节流元件。阀芯在阀体内的移动,改变了阀芯与阀座之间的流通面积,从而改变了被调介质的流量。

调节阀有正、反作用之分。当阀芯向下移动时,阀芯与阀座间的流通截面积减少,称之为正作用式或正装;反之当阀芯向下移动时,阀芯与阀座间的流通截面积增大,称之为反作用用式或反装。对于阀芯直径 DN 小于 25 mm 的只能是正作用。

调节阀根据阀芯的动作形式,可分为直行程式和转角式两大类。直行程式阀主要包括直通单座阀、直通双座阀、角形阀、三通阀、隔膜阀、笼式阀等;转角式阀有碟阀、凸轮挠曲阀、球阀等。

(1) 直通单座阀

阀体内只有一个阀芯与阀座,多用于小口径、低压差的场合,如图 4-2 所示。其优点是结构简单、泄漏量小,易保证关闭,甚至完全切断。然而,在压差大的时候,流体对阀芯上下作用的推力不平衡,这种不平衡力会影响阀芯的移动。

(2) 直通双座阀

阀体内有两个阀芯和阀座,如图 4-3 所示。直通双座阀最常用,可正装或反装。流体流过的时候,作用在上、下两个阀芯上的力方向相反、大小相近,因此,不平衡力小。缺点是由于加工精度问题,上、下两个阀芯不易确保同时密闭,容易导致泄漏。阀体流路复杂,不适合高黏度以及含纤维介质的场合。

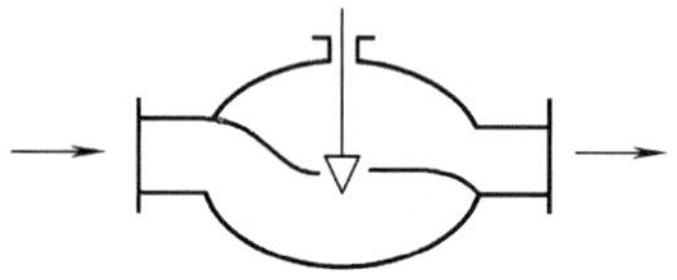

图 4-2　直通单座阀示意图

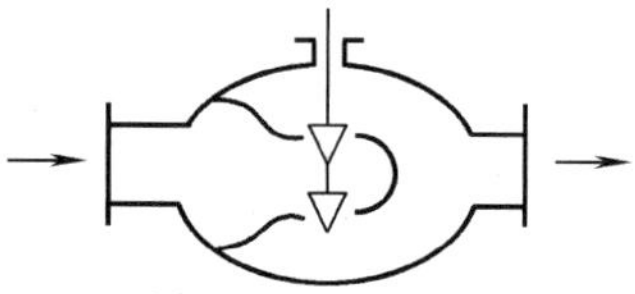

图 4-3　直通双座阀示意图

(3) 角形阀

角形阀的两个接管呈直角形,一般为底进侧出,如图 4-4 所示。角形阀流路简单、阻力较小,适于现场管道要求直角连接,适用于介质为高黏度、高压差、含有少量悬浮物和固体颗粒物的场合。

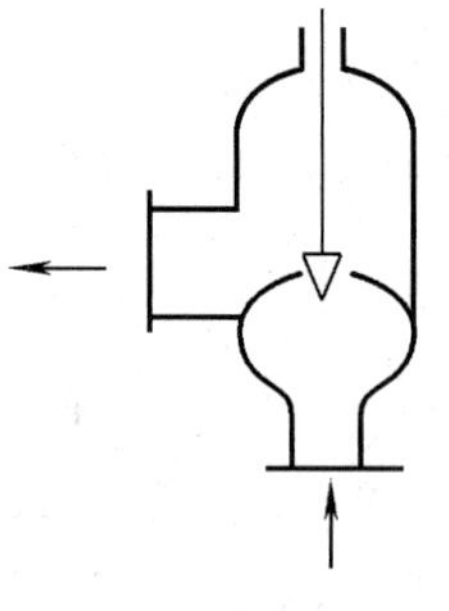

图 4-4　角形阀示意图

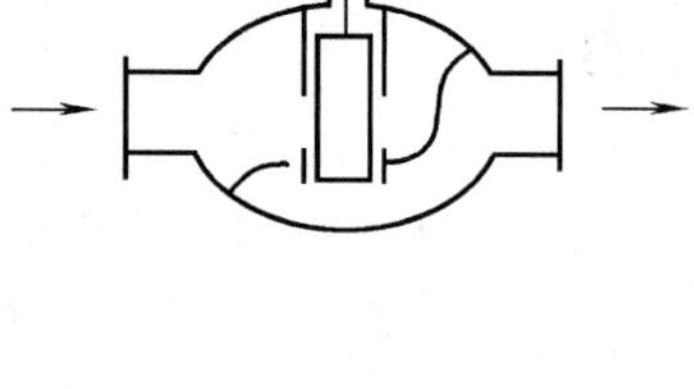

图 4-5　笼式阀示意图

(4) 笼式阀

笼式阀又称套筒阀,阀体与一般的直通单座阀相似,内有一个圆柱形套筒(笼子),如图 4-5 所示。套筒壁上有一个或几个不同形状的孔,如图 4-6 所示。阀芯在套筒内上下移动,从而改变了笼子的节流孔面积,能够实现各种流量特性。笼式阀可调比大、振动小、不平衡力小、结构简单、套筒互换性好,更换不同的套筒可得到不同的流量特性,阀内部件所受的汽蚀小、噪声小,是一种性能优良的阀,特别适用于要求低噪声及压差较大的场合,不适用于高温、高黏度及含有固体颗粒的流体。套筒有开大窗和打小孔(喷射型)两种,后者有降低噪音、减小共振的功能。

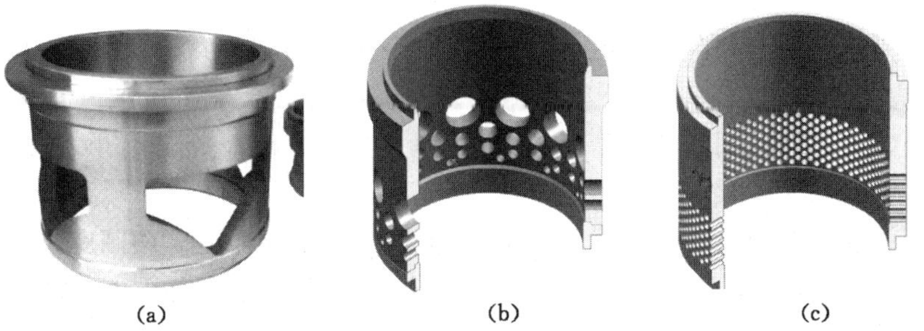

图 4-6　几种常见的套筒

(a) 等百分比(开大窗);(b) 等百分比(打小孔);(c) 线性

(5) 三通阀

三通阀共有三个出入口与工艺管道连接,分为合流型和分流型两种,如图 4-7 所示。合流调节阀是两种流体通过阀加以混合,例如两种不同温度的流体通过阀混合后形成温度介于两者之间的流体。这种阀有两个进口和一个出口。分流调节阀是把一种流体通过阀后分成两路,阀在关闭一个出口的同时打开另一个出口,这种阀有一个入口和两个出口。无论哪

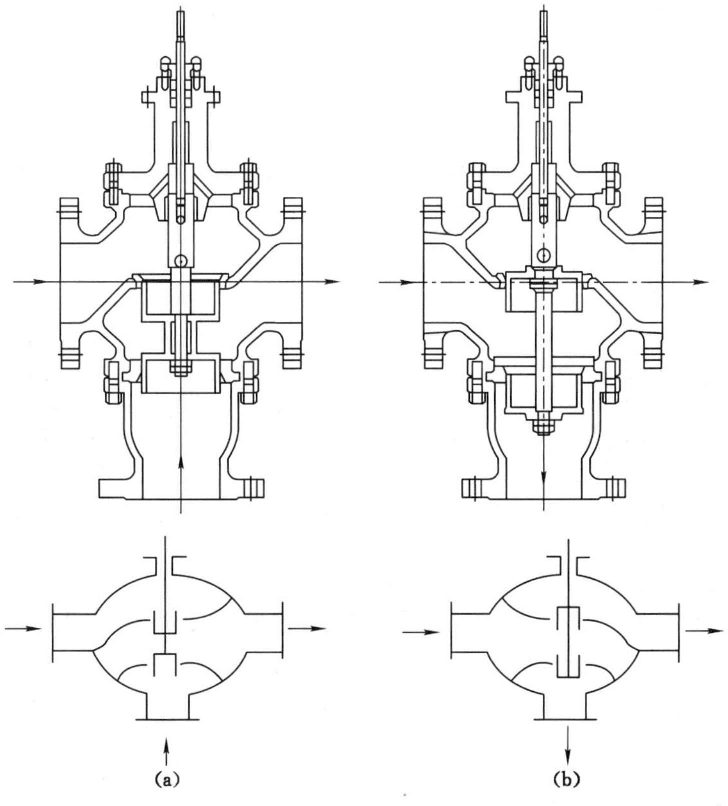

图 4-7　三通阀结构图

(a) 合流型;(b) 分流型

种情况，若使一路流量增加，另一路流量必然减少。该阀可以取代两台直通阀使用，具有结构简单、调节精度高、调节性能好、节省投资和安装空间等特点。

三通调节阀的分流调节阀工作时，一个通路处全关，另一个通路在全开的位置，关闭时受力与单座阀相似。三通调节阀是由单、双座阀改型而成，并利用阀芯自身导向，更换气开气闭时，必须更换执行机构。由于小口径不平衡力小，当 DN≤80 mm 时，合流调节阀可以用于分流场合。三通调节阀阀芯与套筒阀的套筒一样，其节流面积也有开大窗和打小孔两种，后者有降低噪声、减少共振的功能。

合流调节阀和分流调节阀芯位置不一样，合流调节阀的阀芯位于两阀座之内，分流阀的阀芯位于两阀座之外，这样设计阀芯，可以使流动方向将阀芯处于流开状态，合流调节阀能稳定操作。所以，一般而言，合流调节阀应用于合流的场合，分流调节阀应用于分流的场合。

三通调节阀常用于热交换器的旁路调节，也可以用于简单的配比调节。旁路调节阀是调节热交换器的旁通量来控制其出口流体的温度。三通调节阀装在旁路的入口为分流，装在旁路的出口为合流。合流调节阀的流通能力较分流调节阀的大，调节灵敏，但应注意温差对阀的影响。

通常三通调节阀在常温下工作，当三通阀应用于高温或者高温差时，由于高温流体通过，引起管子膨胀，三通阀产生较大的应力而变形，造成连接处损坏和泄漏，尤其在高温差时影响更为严重。一般要求三通阀的温差小于 150 ℃，当温差过大可采用两个二通阀来代替一个三通阀。

(6) 隔膜阀

隔膜阀采用耐腐蚀衬里的阀体和隔膜，如图 4-8 所示，结构简单，流阻小，流通能力比同口径的其他种类的阀要大，不易泄漏，耐腐蚀性强，适用于强酸、强碱、强腐蚀性介质的控制，也能用于高黏度及悬浮颗粒状介质的控制。受衬里材料的限制，其使用温度一般在 150 ℃以下，压力在 1 MPa 以下。执行机构须有足够的推力，当直径大于 DN100 mm 时，均采用活塞式执行机构。

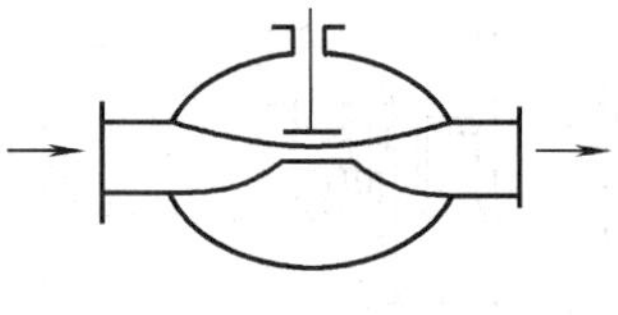

图 4-8　隔膜阀示意图

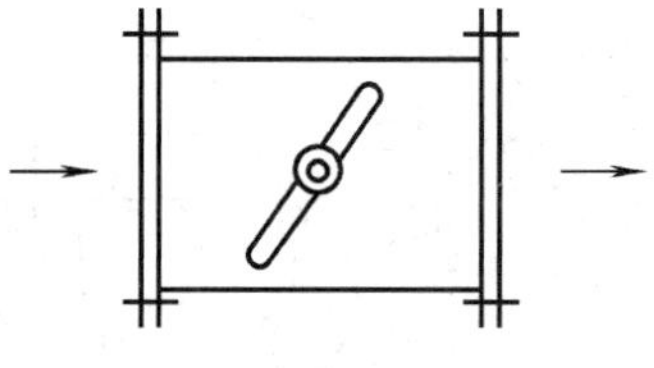

图 4-9　蝶阀示意图

(7) 碟阀

碟阀又称翻板阀，如图 4-9 所示，具有结构简单、重量轻、成本低、流阻小、流量系数大的优点，适用于大口径、大流量、低压差，及含少量纤维或悬浮颗粒状介质的场合。其缺点是泄漏量大。

(8) 凸轮挠曲阀

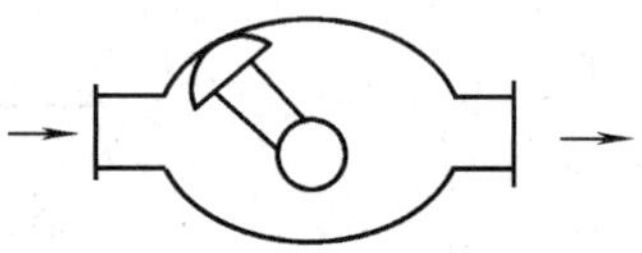

图 4-10　凸轮挠曲阀示意图

凸轮挠曲阀又称偏心旋转阀，阀芯形状呈扇形球面，与挠曲臂及轴套一体铸成，固定在转轴上，如图 4-10 所示，适用于高黏度或带有悬浮物的介质。凸轮挠曲阀重量轻、体积小、安装方便，同时由于挠曲臂在压力作用下能产生挠曲变形，使阀芯球面与阀座密封圈紧密接触，故密封性好。

(9) 球阀

球阀的阀芯与阀体都呈球形，如图 4-11 所示。转动阀芯，使阀芯开口与阀体流通路径处于不同的相对位置时，就具有不同的流通面积，从而实现流量大小的调节。球阀阀芯有"V"形和"O"形两种开口形式，如图 4-12 所示。"O"形球阀的节流元件是带圆孔的球体，多用于双位控制。"V"形球阀的节流元件是带"V"形缺口的球体，适用于高黏度和污秽介质。

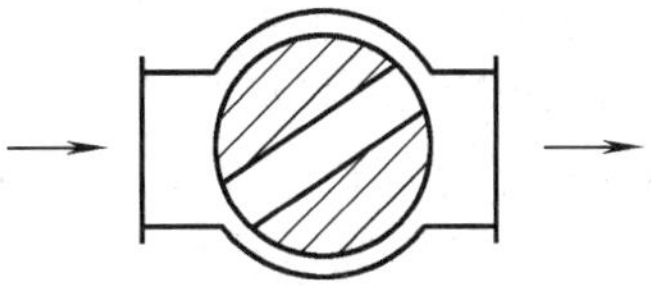

图 4-11　球阀示意图

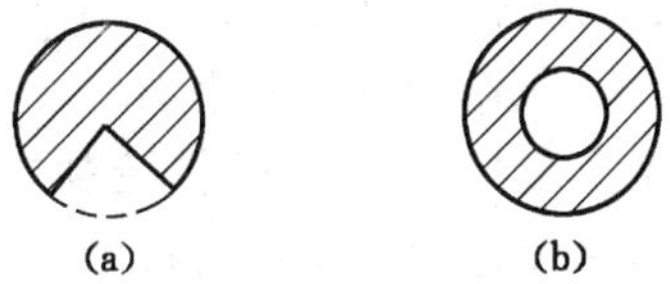

图 4-12　阀芯开口形状

(a) "V"形；(b) "O"形

4.2　电动调节阀

电动调节阀是一种高性能的调节阀，广泛应用于电力、冶金、石油、化工、医药、轻工等行业的自动控制系统中。电动调节阀的电动执行机构接受 4～20 mA、4～12 mA、12～20 mA、0～5 V、1～5 V 等控制信号，以改变阀门的开度，同时将反映当前阀门开度的信号反馈给控制系统(用于检测阀门是否执行到位等)，实现电动调节阀对压力、温度、流量、液位等参数的调节。

相比于气动调节阀，电动调节阀除具有高可靠、全功能、超轻型的特点外，还有如下优点：使用电源既方便又节省，省去了建立气源站的相关费用，还省去电气阀门定位器的费用；气源站通常采用"气动阀＋电气阀门定位器＋气源"的复杂方式，不但增加了费用，而且带来了可靠性的下降(环节越多，可靠性差的因素增加)；环节减少了，设备量减少，从而减轻了维修工作量。

然而，电动调节阀也存在一些缺点：电机运行产生的过热会触发热保护，使电动调节阀停止工作；由于电机必须经过多级减速才能输出力矩，所以反应速度还不是很快，不太适应那些要求快速启闭的场合和大力矩的场合，这也是电动调节阀一个比较难以解决的问题。

电动调节阀由电动执行机构和调节机构两部分组成。电动执行机构可将来自调节器的电信号转换成为位移输出信号，去操纵阀门、挡板等调节机构，以实现自动调节。依据电动执行机构的位移信号，完成调节任务的装置称为调节机构，与气动调节阀一致。

按照输入位移的不同，电动执行机构可分为角行程(DKJ 型)、直行程(DKZ 型)和多转式等几种，它们都以电动机提供动力。角行程电动执行机构将输入的电信号转换为 0～90°的角位移，用于操纵蝶阀、挡板阀等。直行程电动执行机构将接收到的电信号转换为直线位移输出，来操纵单座、双座、三通等控制阀。多转式电动执行机构一般用作开启和关闭闸阀、截止阀等。几种类型的电动执行机构，其电气原理和电路完全相同，只是输出机械传动部分(减速器)有所区别，下面以直行程为例加以介绍。

直行程电动执行器主要是由相互隔离的电气部分和齿轮传动部分组成的，电机作为连接两个隔离部分的中间部件。电机按控制要求输出转矩，通过多级正齿轮传递到梯形丝杆上，梯形丝杆通过螺纹变换转矩为推力。因此梯形螺杆通过自锁的输出轴将直线行程传递到阀杆。执行机构输出轴带有一个防止传动的止转环，输出轴的径向锁定装置也可以做动位置指示器。输出轴止动环上连有一个旗杆，旗杆随输出轴同步运行，通过与旗杆连接的齿条板将输出轴位移转换成电信号，提供给智能控制板作为比较信号和阀位反馈输出。同时执行机构的行程也可由齿条板上的两个主限位开关来限制，并由两机械限位保护。

电动执行机构是以电动机为驱动源，以直流电流为控制及反馈信号，原理方框图如图4-13所示。当控制器的输入端有一个信号输入时，此信号与位置信号进行比较，当两个信号的偏差值大于规定的死区时，控制器产生功率输出，驱动伺服电动机转动使减速器的输出轴朝减小这一偏差的方向转动，直到偏差小于死区为止。此时输出轴就稳定在与输入信号相对应的位置上。

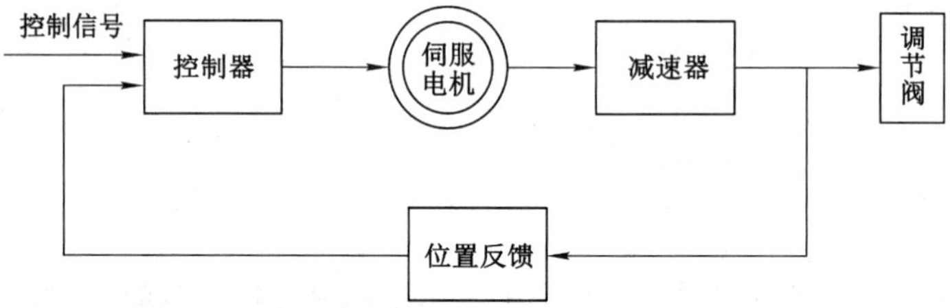

图 4-13 电动执行机构工作原理

位置反馈通过位置发送器来实现，是能将执行机构输出轴的位移转变为 0～10 mA DC（或 4～20 mA DC）反馈信号的装置，它的主要部分是差动变压器，如图 4-14 所示。

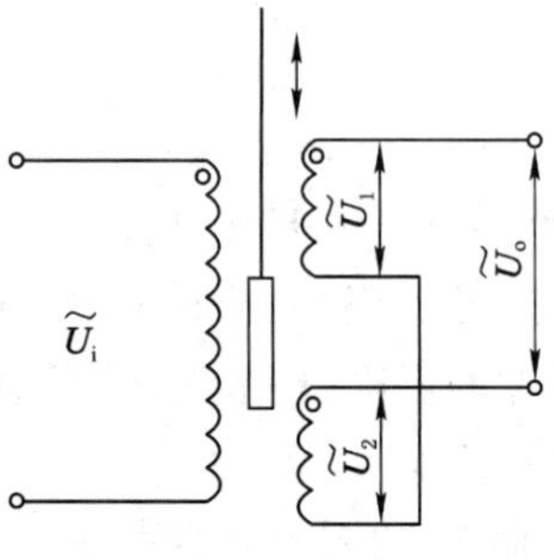

图 4-14 差动变压器原理图

在差动变压器的原边施加一个交流稳压电源 U_i，副边将分别感应出交流电压 U_1 和 U_2，由于两个副边绕组匝数相同，但反向串联，当铁芯位于中间位置时，两幅边绕组的磁路对称，通过其的磁通相等，故输出电压 $U_o=0$；当铁芯下移时，下边绕组中交变磁通的幅值大于下边绕组，故 $U_o=U_2-U_1$；当铁芯上移时，此时输出电压的相位将相反，大小为 $U_o=U_1-U_2$。输出信号 U_o 经过整流、滤波电路可以得到直流电流信号，它的大小与执行机构输出位移一致，用于与控制信号进行比较。

按照特性不同，电动执行机构可分为比例式和积分式。比例式电动执行机构的位移输出信号与输入信号成比例关系。积分式电动执行机构接受断续输入信号，其输出位移信号与输入信号成积分关系。

电动调节阀输出转角或直线位移必须与输入电流信号成正比，而且有足够的转矩或力，动作要灵活可靠。

4.3　电-气转换器及电-气阀门定位器

在过程控制系统中，由于调节执行单元品种繁多，电、气信号常常混合使用，因而需要进行电-气或气-电信号之间的转换。电-气转换器可以把从电动变送器来的 0～10 mA 或 4～20 mA 电信号变成 0.02～0.1 MPa 的气信号，送到气动控制器或气动显示仪表，结构如图 4-15 所示。

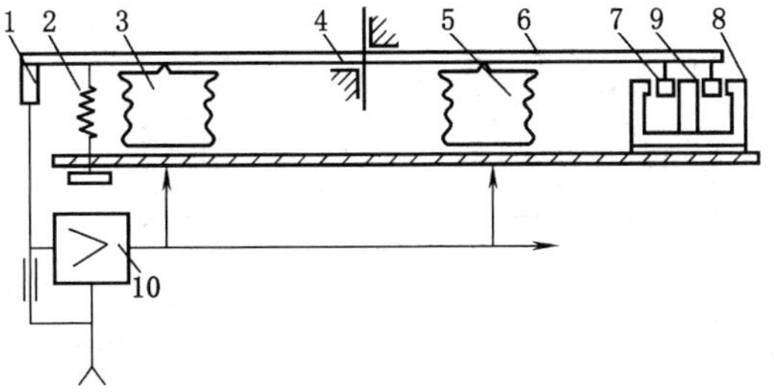

1—喷嘴挡板；2—调零弹簧；3—负反馈波纹管；4—十字簧片；5—正反馈波纹管；6—杠杆；7—测量线圈；8—磁钢；9—铁芯；10—放大器。

图 4-15　电-气转换器结构图

电-气转换器基于杠杆力矩平衡原理。当直流电流信号通入置于恒定磁场里的测量线圈 7 中时，产生的磁通与磁钢在空气隙中的磁通相互作用而产生一个向上的电磁力，即测量力。测量力推动杠杆绕十字簧片 4 偏转，使另一端的挡板 1 靠近喷嘴，从而其背压升高，经过放大器 10 功率放大后，一方面输出，一方面反馈到正(5)、负(3)两个波纹管，建立起与测量力矩相平衡的反馈力矩(其大小为负反馈力矩减去正反馈力矩)，于是输出气压信号就与线圈输入电流一一对应。调零弹簧 2 用来改变输出气压的初始值。当输出气压变化的范围不对时，可调节永久磁钢的分磁螺钉。

电-气阀门定位器，具有电-气转换器和气动阀门定位器两种作用，既可利用电动控制器输出的电信号去操纵气动执行机构，也可以使阀门位置按控制信号准确定位。具体来说，具有以下主要功能：

① 用来改善调节阀的定位精度。能以较大功率克服阀杆的摩擦和消除介质不平衡力等影响，使调节阀能按调节器的输出正确定位，因而有比较可靠的定位作用。

② 改善阀门的动态特性。减小控制信号的传送滞后，加快执行机构的执行速度，尽快克服干扰或负荷的变化，减小超调量。

③ 改变阀门动作方向。可以方便地将气开式阀门改为气关式阀门。

④ 用于分程控制。可以利用两个阀门定位器实现一个调节器控制两个或两个以上的调节阀，使每个调节阀在调节器输出信号的不同范围内作全行程移动，这样就组成了分程控制。

电-气阀门定位器同样基于力矩平衡原理，它的结构如图 4-16 所示。当控制电流流入力矩马达 1 的线圈时，与永久磁钢作用，对主杠杆 2 产生一个向左的力矩，推动挡板 13 靠近喷嘴 14，经放大器放大后，送入薄膜执行机构 8 使阀杆向下移动，并带动反馈杆 9 绕其支点

4转动，位于同一轴上的反馈凸轮5也作逆时针方向转动，通过滚轮10使副杠杆向左偏转，拉伸反馈弹簧11。当反馈弹簧对主杠杆的拉力与力矩马达作用在主杠杆上的力两者力矩平衡时，装置达到平衡状态，此时，输入的控制信号电流就与阀门位置建立了对应关系。

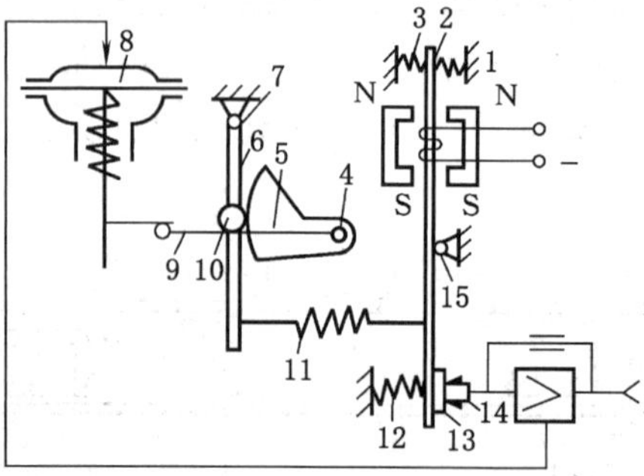

1—力矩马达；2—主杠杆；3—平衡弹簧；4—反馈凸轮支点；5—反馈凸轮；6—副杠杆；7—副杠杆支点；8—薄膜执行机构；9—反馈杆；10—滚轮；11—反馈弹簧；12—调零弹簧；13—挡板；14—喷嘴；15—主杠杆支点。

图4-16 电-气阀门定位器结构图

4.4 数字调节阀

数字阀是一种位式的数字执行器，由一系列并联安装而且按二进制排列的阀门所组成，主要包括流孔、阀体和执行机构三部分，每个流孔都有自己的阀芯和阀座，执行机构可以用电磁线圈，也可以用装有弹簧的活塞执行机构，如图4-17所示。

数字阀体上开有一系列可开闭的流孔，按照二进制码进行排列，每个流孔的流量从左向右依次按照2^7、2^6、2^5、2^4、2^3、2^2、2^1和2^0来设计。当数字阀收到二进制码的控制信号“00000000”(对应十进制“0”)时，阀门全关。控制信号为“11111111”时(对应十进制“255”)，阀门全开。阀的分辨率为控制信号为“00000001”时流过的流量。

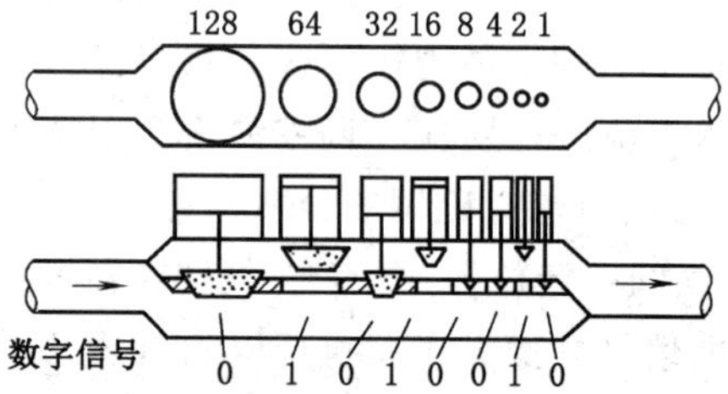

图4-17 八位二进制数字阀结构图

数字阀有以下优点：① 分辨率高，数字阀位数越高，分辨率越高。8位的分辨率比模拟式控制阀高许多。② 精度高，每个流孔都装有可以事先校正流量特性的喷管和文丘里管，特别适用于小流量控制。③ 反应速度快，关闭特性好。④ 直接与计算机相连，能直接接收计算机的并行二进制信号，能够直接将数字信号转换成阀的开度。⑤ 没有滞后，线性好，噪声小。

数字阀的缺点主要是结构复杂、部件多，成本高，控制信号易受干扰导致被控流量产生偏差等。

4.5　调节阀的流量特性

流量特性是调节阀的一种重要技术指标和参数。调节阀的流量特性是指被控介质流过阀门的相对流量与阀门的相对开度(阀芯相对位移)之间的关系(这里不涉及数字调节阀),即

$$\frac{Q}{Q_{max}}=f\left(\frac{l}{L}\right) \tag{4.1}$$

其中,相对流量 Q/Q_{max} 是调节阀某个开度下的流量 Q 与全开时流量 Q_{max} 之比。相对开度 l/L 是调节阀在某个开度时行程 l 与全开行程 L 之比。

在讨论调节阀的流量特性之前,首先引入一个反映流量特性的参数,即可调比 R。所谓调节阀的可调比就是调节阀能够控制的最大流量 Q_{max} 与最小流量 Q_{min} 之比,也称为可调范围。

$$R=\frac{Q_{max}}{Q_{min}} \tag{4.2}$$

Q_{min} 指阀能够控制的流量下限,一般为 Q_{max} 的 2%～4%。值得注意的是,它并不是阀的泄漏量,后者是指阀关闭时的泄漏量,一般小于流量系数(见 4.5.3 节)的 0.1%。在从泄漏量到 Q_{min} 的流量范围内,调节阀流量不可控,即不能按照一定的特性来调节。

一般,改变调节阀阀芯与阀座间的流通截面积,便可控制流量。但实际情况要复杂得多,比如节流面积改变的同时阀前后压差也随之变化,也会影响流量的改变。在分析流量特性的时候,为了方便,先假定阀前后压差一定,再讨论阀自身的特性,然后再研究其在实际管路中的特性。根据是否忽略阀前后压差的变化,流量特性分为理想流量特性与工作流量特性两种。与流量特性类似,根据阀前后压差是否保持一定,可调比也分为理想可调比和实际可调比。

对于国产直通单座、直通双座、角形阀等而言,其理想可调范围 R 为 30。隔膜阀的可调范围为 10。

4.5.1　调节阀的理想流量特性

在调节阀前后压差一定情况下的流量特性称为调节阀理想流量特性。依据阀芯形状的不同,主要有直线、等百分比(又称对数)、抛物线及快开等四种理想流量特性。

(1) 直线流量特性

直线流量特性是指调节阀的相对流量和相对开度成线性关系,即单位位移变化引起的流量变化是常数,如式(4.3)所示。

$$\frac{\mathrm{d}\left(\frac{Q}{Q_{max}}\right)}{\mathrm{d}\left(\frac{l}{L}\right)}=K \tag{4.3}$$

式中,K 称为调节阀的放大系数,是常数。将式(4.3)积分可得

$$\frac{Q}{Q_{max}}=K\frac{l}{L}+C \tag{4.4}$$

式中,C 为积分常数。代入如式(4.5)边界条件,有

$$Q=\begin{cases}Q_{min}, & l=0\\ Q_{max}, & l=L\end{cases} \tag{4.5}$$

则
$$C=\frac{Q_{min}}{Q_{max}}=\frac{1}{R} \tag{4.6}$$

$$K=1-C=1-\frac{1}{R} \tag{4.7}$$

将式(4.6)、式(4.7)代入式(4.4),可得

$$\frac{Q}{Q_{max}}=\frac{1}{R}\left[1+(R-1)\frac{l}{L}\right] \tag{4.8}$$

可见 Q/Q_{max} 与 l/L 之间是线性关系,如图4-18中直线 2 所示。

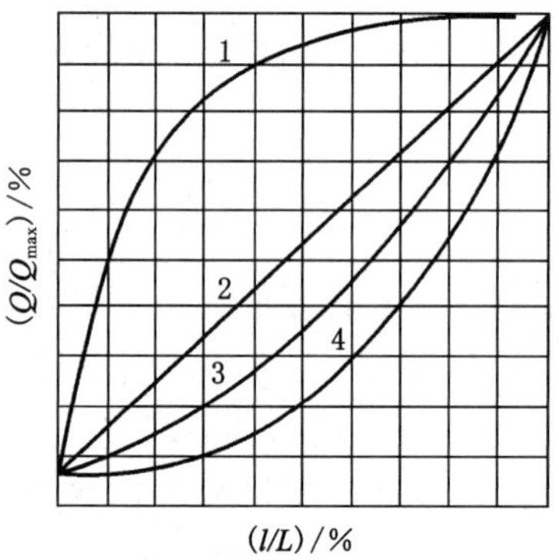

1—快开;2—直线;3—抛物线;4—等百分比曲线。

图 4-18 理想流量特性

需要注意的是,当可调比 R 不同时,特性曲线在 y 轴的起点也是不一样的。当 $R=30$ 时,$l/L=0$时,$Q/Q_{max}=0.33$。为了方便,假设 R 为无穷大,特性曲线以原点为起点,此时位移 L 变化的 10%所引起的流量变化总是 Q_{max}的 10%。但流量变化的相对值是不同的,以开始时行程为 10%、40%和 80%三个点为例,若位移变化量都增大 10%,则在 10%时,流量变化相对值为

$$\frac{20-10}{10}\times100\%=100\% \tag{4.9}$$

在 40%时,流量变化相对值为

$$\frac{50-40}{40}\times100\%=25\% \tag{4.10}$$

在 80%时,流量变化相对值为

$$\frac{90-80}{80}\times100\%=12.5\% \tag{4.11}$$

可见,在流量小时,流量变化的相对值大。在流量大时,流量变化的相对值小。也就是说,当阀门在小开度时控制作用太强,而在大开度时控制作用太弱,这是不利于控制系统的正常运行的。从控制系统来讲,当系统处于小负荷时(原始流量较小),要克服外界干扰的影响,希望调节阀动作所引起的流量变化量不要太大,以免控制作用太强产生超调,甚至发生振荡。当系统处于大负荷时,要克服外界干扰的影响,希望调节阀动作所引起的流量变化量要大一些,以免控制作用微弱而使控制效果不佳。而直线流量特性无法满足以上要求。

(2) 等百分比(对数)流量特性

等百分比(对数)流量特性是指单位相对行程变化所引起的相对流量变化与此点的相对流量成正比关系,即调节阀的放大系数随相对流量的增加而增大,如式(4.12)所示。

$$\frac{\mathrm{d}\left(\frac{Q}{Q_{\max}}\right)}{\mathrm{d}\left(\frac{l}{L}\right)}=K\frac{Q}{Q_{\max}} \tag{4.12}$$

将式(4.12)积分得

$$\ln\frac{Q}{Q_{\max}}=K\frac{l}{L}+C \tag{4.13}$$

将边界条件代入,得

$$C=\ln\frac{Q}{Q_{\max}}=\ln\frac{1}{R}=-\ln R \tag{4.14}$$

$$K=\ln R \tag{4.15}$$

最后得

$$\frac{Q}{Q_{\max}}=\frac{\mathrm{e}^{\left(\frac{l}{L}\ln R\right)}}{R} \tag{4.16}$$

即相对开度和相对流量成对数关系,如图 4-18 中曲线 4 所示,可见放大系数随行程的增大而增大。在同样的行程变化值下,流量小时,流量变化小,控制平稳缓和。流量大时,流量变化大,控制高效灵敏。

(3) 抛物线流量特性

抛物线流量特性是指 $Q/Q_{\max}$ 和 l/L 之间成抛物线关系,在图 4-18 中为一条抛物线,它介于直线与对数曲线之间,数学表达式为

$$\frac{Q}{Q_{\max}}=\frac{1}{R}\left[1+(\sqrt{R}-1)\frac{l}{L}\right]^2 \tag{4.17}$$

(4) 快开流量特性

快开流量特性在开度较小时就有较大流量,随开度的增大,流量很快就达到最大。快开流量特性的阀芯形式是平板形的,适用于迅速启闭的切断阀或双位控制系统。

4.5.2 调节阀的工作流量特性

在实际使用时,由于调节阀串联在管路中或与旁路阀并联,因此阀前后的压差总在变化,这时的流量特性称为调节阀的工作流量特性。

(1) 串联管道的工作流量特性

当调节阀串联在管道中时,如图 4-19 所示,系统的总压差 Δp 等于管路系统(除调节阀外的全部设备及管道的各局部阻力之和)的压差 Δp_2 与调节阀的压差 Δp_1 之和,如图 4-20 所示。

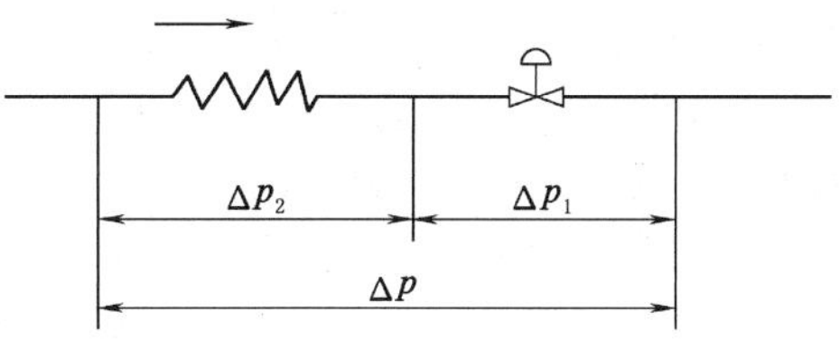

图 4-19　调节阀与管道串联示意图

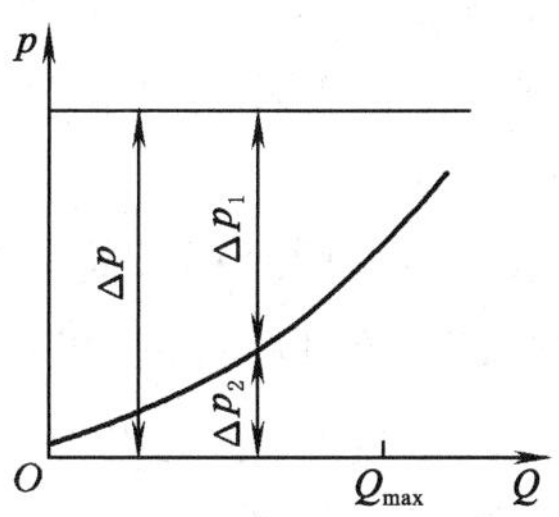

图 4-20　管道串联时调节阀压差变化情况

管路系统的压差 Δp_2 与通过的流量的平方成正比。若系统的总压差 Δp 不变，调节阀一旦开大，Δp_2 将随着流量的增大而增加，调节阀两端的压差 Δp_1 则相应减少，其压差变化情况如图 4-20 所示。若以 s 表示调节阀全开时阀上的压差 Δp_1 与系统总压差 Δp 之比，以 Q_{max} 表示管路阻力等于零时调节阀的理想流量特性下的全开流量，可以得到串联管道以 Q_{max} 作为参比值的调节阀工作流量特性，如图 4-21 所示。

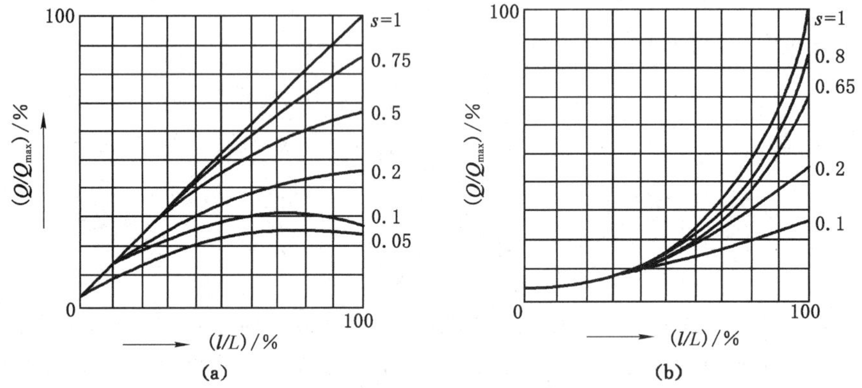

图 4-21 管道串联时调节阀的工作特性

(a) 直线型；(b) 等百分比型

可见，$s=1$ 时，管路阻力损失为零，系统总压降全落在阀上，工作特性与理想特性一致。随着 s 值的减小，管道阻力损失增加，调节阀流量特性发生畸变，实际可调比减小，调节阀由直线特性趋向于快开特性，等百分比特性则渐趋向于直线特性。这就使小开度时放大系数变大，控制不稳定，大开度时放大系数变小，控制迟钝。若 s 选取过大，在流量相同情况下，阀上压降很大，能量消耗过多。因此，在实际使用中，s 选得过大或过小都是不合适的。如果调节阀选型时选得过大或生产处于低负荷状态时，调节阀将工作在小开度。有时，为了使调节阀有一定的开度而把工艺阀门关小些以增加管路阻力，使流经调节阀的流量降低，这样 s 值下降，使流量特性畸变，控制质量下降。通常希望 s 值不低于 0.3～0.5。

(2) 并联管道的工作流量特性

调节阀一般都装有旁路，以便于手动操作和备用，如图 4-22 所示，显然这时管道的总流量 Q 是调节阀流量 Q_1 与旁路流量 Q_2 之和，即 $Q=Q_1+Q_2$。当生产量提高而阀选得过小时，需要打开一些旁路阀，这就是管道并联的情况，调节阀的理想特性就畸变为工作特性。这时管道总流量随阀开度的变化规律称为管道并联时的工作流量特性。

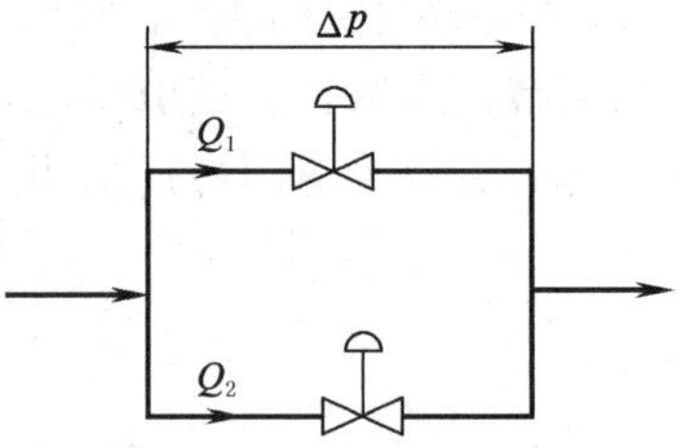

图 4-22 调节阀与旁路阀并联示意图

以 x 表示管道并联时调节阀全开流量 Q_{1max} 与总管最大流量 Q_{max} 之比，可以得到在压差 Δp 一定而 x 为不同值时的工作流量特性，如图 4-23 所示，图中 y 轴流量以总管最大流量 Q_{max} 为参比值。

当 $x=1$ 时，表示旁路阀全关，调节阀特性为理想流量特性。随着 x 值的减小，即旁路阀逐渐开大，虽然调节阀本身的流量特性变化很小，但其可调比大大降低。而且在实际使用中总有串联管道阻力的影响，调节阀上的压差还会随着流量的增加而降低，使可调范围进一步减小，甚至导致调节阀几乎失去控制作用。因此，要尽量避免开通旁路阀的调节方式，以保证调节阀有足够的可调比。若要打开旁路阀，旁路流量最多只能为总流量的百分之十几，即 $x \geqslant 0.8$。

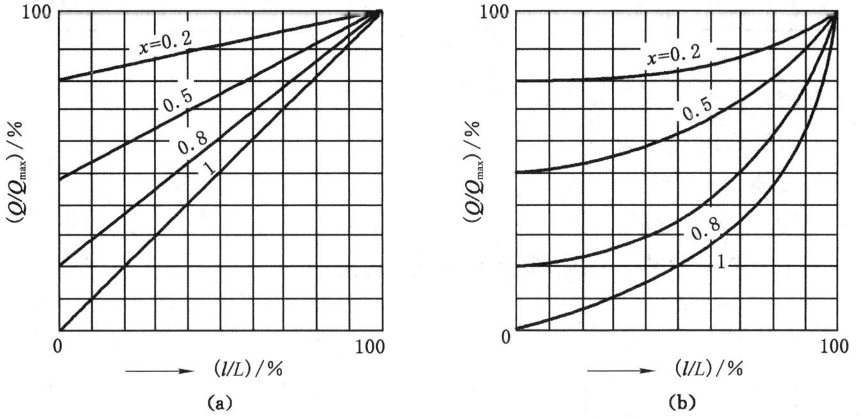

图 4-23　管道并联时调节阀的工作特性

(a) 直线型；(b) 等百分比型

综上所述，有如下结论：

① 串、并联管道都会使阀的理想流量特性发生畸变，串联管道的影响尤为严重。

② 串、并联管道都会使控制阀的可调范围降低，并联管道尤为严重。

③ 串联管道使系统总流量减少，并联管道使系统总流量增加。

④ 串、并联管道会使控制阀的放大系数减小，即输入信号变化引起的流量变化值减少。

4.5.3　调节阀的流量系数和口径计算

通过调节阀的流量与阀芯阀座的结构、阀前后的压差、流体的性质等因素有关。通常用流量系数表示通过调节阀的流体流通能力。

(1) 流量系数

流量系数 C，工程单位制（MKS 制）的流量系数，曾在国内长期使用，其定义为：温度 5～40 ℃的水，在 1 kgf/cm^2（0.098 MPa）压降下，每小时内流过调节阀的立方米数，也称流通能力。

流量系数 C_V，英制单位的流量系数，其定义为：温度 60 ℉（15.6 ℃）的水，在 1 lb/in^2 压降下，每分钟流过调节阀的美制加仑数。

流量系数 K_V，国际单位制（SI 制）的流量系数，其定义为：温度 5～40 ℃的水，在 10^5 Pa 压降下，每小时流过调节阀的立方米数。

我国目前已用 K_V 替代 C，三者之间换算关系为：$C_V = 1.17K_V$，$K_V = 1.01C$。

(2) 不可压缩流体（液体）K_V 值计算公式

一般液体的 K_V 值计算，如表 4-1 所示。

表 4-1 一般液体的 K_V 值

流动工况	非阻塞流	阻塞流
判别式	$\Delta P < F_L^2(P_1 - F_F P_V)$	$\Delta P \geqslant F_L^2(P_1 - F_F P_V)$
计算公式	$K_V = 10Q_L\sqrt{\dfrac{\rho}{P_1 - P_2}}$	$K_V = 10Q_L\sqrt{\dfrac{\rho}{F_L^2(P_1 - F_F P_V)}}$

式中 P_1——阀入口绝对压力,kPa;

P_2——阀出口绝对压力,kPa;

Q_L——液体流量,m^3/h;

ρ——液体密度,g/cm^3;

F_L——压力恢复系数,与调节阀阀型有关,见表 4-2;

F_F——流体临界压力比系数,$F_F = 0.96 - 0.28\sqrt{\dfrac{P_V}{P_C}}$;

P_V——阀入口温度下,介质的饱和蒸气压(绝对压力),kPa;

P_C——物质热力学临界压力(绝对压力),kPa。

表 4-2 IEC 推荐的调节阀 F_L、X_T 数值表

阀型	阀内件形式	流向	F_L	X_T
单座阀	柱塞形	流开	0.90	0.72
		流闭	0.80	0.55
	套筒形	流开	0.90	0.75
		流闭	0.80	0.70
双座阀	柱塞形	任意	0.85	0.70
	V 形	任意	0.90	0.75
偏心旋转阀		流开	0.85	0.61
角形阀	套筒形	流开	0.85	0.65
		流闭	0.80	0.60
	柱塞形	流开	0.90	0.72
		流闭	0.80	0.65
蝶阀	90°全开	任意	0.55	0.20
	60°全开	任意	0.68	0.38
球阀	标准 O 形	任意	0.55	0.15

当液体黏度过高时,按一般液体公式计算出的 K_V 值误差过大,必须进行修正,修正后的流量系数为

$$K'_V = \frac{K_V}{F_R}$$

式中 K'_V——修正后的流量系数;

K_V——不考虑黏度修正时计算的流量系数;

F_R——黏度修正系数（F_R值从F_R与雷诺数Re关系曲线图中确定）。

对于只有一个流路的调节阀，如单座阀、套筒阀、球阀等，计算雷诺数Re的公式为

$$Re=\frac{70\ 700Q_L}{\sqrt{F_L K_V}}$$

对于有两个平行流路的调节阀，如双座阀、蝶阀、偏心旋转阀等，计算雷诺数Re的公式为

$$Re=\frac{49\ 490Q_L}{V\ \sqrt{F_L K_V}}$$

(3) 可压缩流体-气体的K_V值计算

可压缩流体-气体的K_V值计算如表4-3所示。

表4-3　可压缩流体-气体的K_V值计算

判别式	$P_2>0.5P_1$	$P_2\leqslant 0.5P_1$
计算公式	$K_V=\frac{Q_G}{3.34}\sqrt{\frac{G(T+273)}{P_1^2-P_2^2}}\cdot\sqrt{Z}$	$K_V=\frac{Q_G}{2.90P_1}\sqrt{G(T+273)}\cdot\sqrt{Z}$

式中　P_1——阀入口绝对压力，kPa；

P_2——阀出口绝对压力，kPa；

Q_G——气体流量，m^3/h；

G——气体相对密度（空气=1）；

T——气体温度，℃；

Z——高压气体（公称压力>10 MPa）的压缩系数，当介质工作压力≤10 MPa时，$Z=1$；当介质工作压力>10 MPa时，$Z>1$，具体值查有关资料。

(4) 可压缩流体-蒸气的K_V值计算

① 饱和蒸气的K_V值计算如表4-4所示。

表4-4　饱和蒸气的K_V值计算

判别式	$P_2>0.5P_1$	$P_2\leqslant 0.5P_1$
计算公式	$K_V=\frac{120G_S}{K}\sqrt{\frac{1}{P_1^2-P_2^2}}$	$K_V=\frac{140G_S}{KP_1}$

式中　P_1——阀入口绝对压力，kPa；

P_2——阀出口绝对压力，kPa；

Q_S——蒸气质量流量，kg/h；

K——蒸气修正系数（空气=1）。

部分蒸气的K值如表4-5所示。

② 过热蒸气的K_V值计算如表4-6所示。

表 4-5 部分蒸气的 K 值

介质	水蒸气	氨蒸气	氟利昂 11	甲烷、乙烯蒸气	丙烷、丙烯蒸气	丁烷、异丁烷蒸气
K 值	19.4	25	68.5	37	41.5	43.5

表 4-6 过热蒸气的 K_V 值计算

判别式	$P_2>0.5P_1$	$P_2\leqslant 0.5P_1$
计算公式	$K_V=6.23G_S\dfrac{1+0.0013\Delta t}{\sqrt{P_1^2-P_2^2}}$	$K_V=7.25G_S\dfrac{1+0.0013\Delta t}{P_1}$

式中 P_1——阀入口绝对压力，kPa；

P_2——阀出口绝对压力，kPa；

G_S——过热蒸气质量流量，kg/h；

Δt——水蒸气过热度，℃。

(5) 两相流流体的 K_V 值计算

两相流流体的 K_V 值计算公式如表 4-7 所示。

表 4-7 两相流流体的 K_V 值计算

适用介质	计算公式
液体与非凝性气体	$K_V=10\dfrac{W_L+W_G}{\sqrt{\rho_e(P_1-P_2)}}$，式中 $\rho_e=\dfrac{W_L+W_G}{\dfrac{W_L}{\rho_L}+\dfrac{W_G}{\rho_G F_G^2 f^2(X,K)}}$
液体与蒸气，其中蒸气占绝大部分	$K_V=10\dfrac{W_G+W_L}{F_L\sqrt{P_1\rho_m(1-F_F)}}$，式中 $\rho_m=\dfrac{W_G+W_L}{\dfrac{W_G}{\rho_G}+\dfrac{W_L}{\rho_L}}$

式中 P_1——阀入口绝对压力，kPa；

P_2——阀出口绝对压力，kPa；

W_L——液体质量流量，kg/h；

W_G——气体、蒸汽质量流量，kg/h；

ρ_e——两相流有效密度，kg/m^3；

ρ_m——两相流密度(P_1、T_1 条件)，kg/m^3；

T_1——入口绝对温度，K；

ρ_L——液体密度，kg/m^3；

ρ_G——气体密度，kg/m^3；

$f(X,K)$——压差比修正系数；

F_F——液体临界压缩比系数；

F_L——压力恢复系数，与调节阀阀型有关，见表 4-2。

4.6　调节阀的选型

4.6.1　调节阀结构与特性的选择

调节阀的结构形式主要根据工艺条件，如温度、压力及介质的物理、化学特性（如腐蚀性、黏度等）来选择。例如强腐蚀介质可采用隔膜阀，高温介质可选用带翅形散热片的结构形式。套筒阀、偏心旋转阀、球阀和蝶阀的性能优良，故应用越来越广泛。

调节阀的结构形式确定以后，还需确定调节阀的流量特性（即阀芯的形状）。一般是先按控制系统的特点来选择所希望的阀流量特性，然后再考虑工艺配管情况来选择相应的理想流量特性，使调节阀安装在具体的管道系统中，畸变后的工作流量特性能满足控制系统对它的要求。由于快开特性的调节阀基本上作为两位式控制用，抛物线特性的控制阀作为三通阀，因此，调节阀的固有流量特性的选择是选用线性特性或选用等百分比特性。一般情况下，由于等百分比特性的调节阀能适应负荷变化范围较大的场合，因此在工程上常常优先考虑选用。

4.6.2　调节阀材质的选择

调节阀的材质选择，主要考虑工艺介质的腐蚀性、温度、压力、气蚀和冲刷等因素。调节阀的使用温度范围及压力等级一般在铭牌和产品技术性能指标中有明确标注。对气蚀、冲刷等因素可采用选择特殊合金或特殊结构型式来解决。调节阀的阀体、阀芯的耐腐蚀材料常选用普通不锈钢，耐蚀要求较高时可选用钼二钛不锈钢，此外也可选用能适用于大多数腐蚀介质的全钛材质。

4.6.3　气开式与气关式的选择

气动执行器有气开式与气关式两种形式。有压力信号时阀关、无信号压力时阀开的为气关式。反之，有压力信号时阀开、无压力信号时阀关的为气开式。由于执行机构有正、反作用，调节阀（具有双导向阀芯的）也有正、反作用。因此气动执行器的气关或气开即由此组合而成，如图 4-24 所示，组合最终效果如表 4-8 所示。

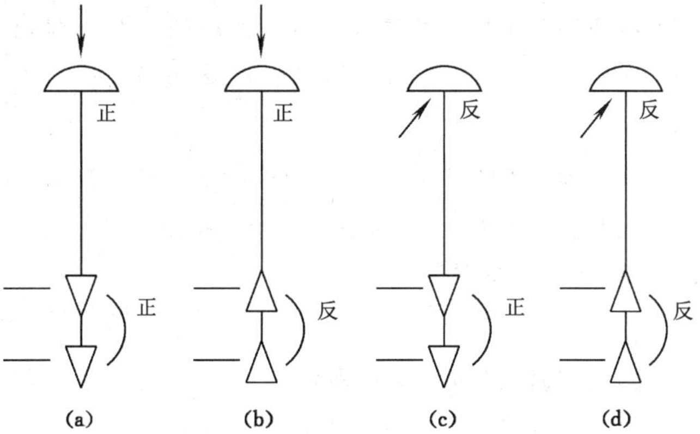

图 4-24　气开、气关组合示意图

表 4-8 气开、气关组合最终效果

序号	执行机构	控制阀	气动执行器
(a)	正	正	气关(正)
(b)	正	反	气开(反)
(c)	反	正	气开(反)
(d)	反	反	气关(正)

气开、气关的选择主要从工艺生产安全要求出发。选择原则是:信号压力中断时,应保证设备和操作人员的安全。如果阀处于打开位置时危害性小,则应选用气关式,以使气源系统发生故障、气源中断时,阀门能自动打开,保证安全。反之,阀处于关闭时危害性小,则应选用气开阀。例如,加热炉的燃料气或燃料油应采用气开式调节阀,即当信号中断时应切断进炉燃料,以免炉温过高造成事故。若介质为易结晶物料,则选用气关式,以防堵塞。

4.6.4 流量系数选择

调节阀口径选择恰当与否将会直接影响控制效果。口径选择得过小,会使流经控制阀的介质达不到所需要的最大流量。口径选择得过大,会浪费设备投资,且使控制阀经常处于小开度工作,控制性能变差,控制系统变得不稳定。

调节阀口径的选择实质上就是根据特定的工艺条件(即给定的介质流量、阀前后的压差以及介质的物性参数等)进行 K_V 值的计算,然后按调节阀生产厂家的产品目录,选出相应的调节阀口径,使得通过调节阀的流量满足工艺要求的最大流量且留有一定的裕量,但裕量不宜过大。

具体地,当流量系数 $K_V(C_V)$ 计算出来后,就要对其作适当放大,使其符合所选阀型的 $K_V(C_V)$ 值系列,并确定相应的调节阀口径(或阀座直径)。

对于阀阻比 $S \geqslant 0.3$ 的一般工况,采用以下流量系数放大倍数:所选阀门的 $K_V(C_V)$/计算的 $K_V(C_V) \geqslant m$,其中,对于等百分比流量特性阀门,$m=1.97$;对于直线流量特性阀门,$m=1.63$。

圆整后的流量系数应使调节阀最小和最大流量系数时的相对行程处于以下范围:直线流量特性为 10%~80%;等百分比流量特性为 30%~90% 或者 30%~80%。

4.6.5 口径选择

当阀门 $K_V(C_V)$ 确定后,调节阀口径(公称通径)或阀座直径也就相应确定。

所选阀的口径除满足开度要求外,还应根据流体流速极限和接管直径进行验算,防止流速过高对阀门产生的冲击、振动和摩擦损耗。

4.6.6 流速

不可压缩流体(液体)的流速上限如表 4-9 所示。

套筒阀和抗气蚀调节阀的流速极限允许在上表数据的 1.5 倍之内。

可压缩流体(气体、蒸气)的出口流速不应超过音速,且进口流速在 100 m/s 之内。

表 4-9　不可压缩流体(液体)的流速上限　　单位:m/s

阀门口径	非闪蒸条件	闪蒸条件
≤DN50	10	5
DN65～DN150	8	4
≥DN200	6	3

4.6.7　接管直径

调节阀直径可以比接管直径小两个规格,如:接管直径为 DN250(10″)时,调节阀口径可以为 DN150(6″)。

4.6.8　噪声预估

在自控系统中,调节阀是最大的噪声源,因此,必须进行噪声预估。当噪声超过有关规定时(一般为 85 dB),应考虑低噪声结构,但阀门远离人区及常闭阀两种场合除外。

4.7　调节阀的安装与维护

调节阀的正确安装和维护,对于充分发挥其作用至关重要。下面以气动调节阀为例,简要加以说明。

① 为便于维护检修,气动执行器应安装在靠近地面或楼板的地方。

② 气动执行器应安装在环境温度不高于＋60 ℃和不低于－40 ℃的地方,并应远离振动较大的设备。

③ 阀的公称通径与管道公称通径不同时,两者之间应加一段异径管。

④ 气动执行器应该是正立垂直安装于水平管道上。特殊情况下需要水平或倾斜安装时,除小口径阀外,一般应加支撑。即使正立垂直安装,当阀的自重较大和有振动场合时,也应加支撑。

⑤ 通过控制阀的流体方向在阀体上有箭头标明,不能装反。

⑥ 控制阀前后一般要各装一只切断阀,以便修理时拆下控制阀。考虑到控制阀发生故障或维修时,不影响工艺生产的继续进行,一般应装旁路阀。

⑦ 控制阀安装前,应对管路进行清洗,排去污物和焊渣。安装后还应再次对管路和阀门进行清洗,并检查阀门与管道连接处的密封性能。当初次通入介质时,应使阀门处于全开位置以免杂质卡住。

⑧ 在日常使用中,要对控制阀经常维护和定期检修。

电动调节阀可参考上述要求,还需额外注意:

① 要求环境温度在－25～60 ℃范围,相对湿度≤95%。若安装在露天或高温场合,应采取防水、降温措施。

② 电动调节阀电气部分安装应按照有关电气设备施工要求进行。如是隔爆型产品应按《爆炸危险场所电气设备安装规范》要求进行安装。如现场导线采用 H 型或其他六芯或八芯、外径为 ϕ11.3 mm 左右胶皮安装电缆线。使用维修中,易爆场所严禁通电开盖维修和对隔爆面进行撬打。同时拆装中不要磕伤或划伤隔爆面,检修后要还原成原来隔爆要求

状态。

③ 执行机构减速器拆修后应注意加油润滑，低速电机一般不要拆洗加油。装配后还应检查阀位与阀位开度指示是否相符。

4.8 仪表的防爆

在工业过程的某些生产场合，存在着许多易燃、易爆的气体、粉尘或其他易燃易爆材料。安装在这种场合的现场仪表如果产生火花，就容易引起燃烧或爆炸，造成巨大的人员和财产的损失。因此，在这些场合所安装的一切仪表装置应该具有安全火花防爆性能。

所谓安全火花是指该火花的能量不足以对其周围可燃介质构成点火源。若仪表在正常或事故状态所产生的火花均为安全火花，则称之为安全火花型防爆仪表。

气动仪表从本质上说具有防爆性能。但随着工业的复杂化、大型化的发展对自动化要求的提高，电动仪表和装置逐渐占据了工业自动化的统治地位。这种发展趋势的关键技术之一就是解决现场仪表及整个系统的防爆问题。

4.8.1 危险场所

为了防止在爆炸危险场所中，由于电气设备和线路产生的电火花或危险温度引起燃烧或爆炸事故，须采取安全技术与管理的防范措施，以保护职工生命和国家财产的安全。将爆炸危险场所划分为两种场所五个级别，如表 4-10 所示。

表 4-10 危险场所的划分

场所	区域定义	区域等级
第一种场所： 爆炸性气体或可燃蒸气与空气混合形成爆炸性气体混合物的场所	在正常情况下，爆炸性气体混合物连续地、短时间频繁出现或长时间存在的场所	0 区
	在正常情况下，爆炸性气体混合物有可能出现的场所	1 区
	在正常情况下，爆炸性气体混合物不能出现，而仅在非正常情况下偶尔短时间出现的场所	2 区
第二种场所： 爆炸性粉尘或易燃纤维与空气混合形成爆炸性混合物的场所	在正常情况下，爆炸性粉尘或易燃纤维与空气的混合物可能连续地、短时间频繁出现或长时间存在的场所	10 区
	在正常情况下，爆炸性粉尘或易燃纤维与空气的混合物不能出现，仅在不正常情况下偶尔短时间出现的场所	11 区

4.8.2 爆炸性物质的分类、分级与分组

(1) 分类

通常将爆炸性物质分为以下三类：Ⅰ类物质，即矿井甲烷；Ⅱ类物质，即爆炸性气体、可燃蒸气；Ⅲ类物质，即爆炸性粉尘、易燃纤维。

(2) 分级与分组

爆炸性气体的分级与分组(Ⅰ、Ⅱ类)：在标准试验条件下，按照其最大试验安全间隙和最小点燃电流比分级，按照其引燃温度值分组。表 4-11 给出了部分示例。其中，最大试验

安全间隙(MESG)指在标准规定的试验条件下,标准外壳内所有浓度的被试气体或蒸气与空气的混合物点燃后,通过 25 mm 长的结合面均不能点燃壳体外部爆炸性混合物的外壳空腔两部分之间的最小间隙。最小点燃电流指采用火花试验装置,由电阻电路或电感电路引起爆炸性试验混合物点燃的最小电流。最小点燃电流比(MICR)是相对于甲烷最小点燃电流而言的。

表 4-11 爆炸性气体的分级与分组示例

类和级	最大试验安全间隙(MESG)/mm	最小点燃电流比(MICR)	引燃温度(℃)与组别					
			T1	T2	T3	T4	T5	T6
			$T>450$	$450\geqslant T>300$	$300\geqslant T>200$	$200\geqslant T>135$	$135\geqslant T>100$	$100\geqslant T>85$
Ⅰ	1.14	1.0	甲烷					
ⅡA	0.9<MESG<1.14	0.8<MICR<1.0	乙烷、丙烷、丙酮、苯乙烯、氯乙烯、氯苯、甲苯、苯、氨、甲醇、一氧化碳、乙酸乙酯、乙酸	丁烷、乙醇、丙烯、丁醇、乙酸丁酯、乙酸戊酯、乙酸酐、氯乙烯	戊烷、己烷、庚烷、癸烷、辛烷、汽油、硫化氢、环己烷	乙醚、乙醛		亚硝酸乙酯
ⅡB	0.5<MESG≤0.9	0.45<MICR≤0.8	二甲醚、民用汽油、环己烷	环氧乙烷、环氧丙烷、丁二烯、乙烯	异戊二烯、四氢呋喃	二乙醚、四氯乙烯		
ⅡC	MESG≤0.5	MICR≤0.45	水煤气、氢	乙烷			二氧化碳	硝酸乙酯

爆炸性粉尘(含纤维和火炸药)的分级与分组(Ⅲ类):爆炸性粉尘和易燃纤维按照其物理性质分级,按照其自燃温度分组,如表 4-12 所示。

表 4-12 爆炸性粉尘的分级与分组示例

组别		T1-1	T1-2	T1-3
引燃温度/℃		$T>270$	$270\geqslant T>200$	$200\geqslant T>140$
类和级	粉尘物质			
ⅢA	非导电性可燃纤维	木棉纤维、烟草纤维、纸纤维亚硫酸盐纤维素、人造毛短纤维、亚麻	木质纤维	
	非导电性爆炸性纤维	小麦、玉米、砂糖、橡胶、染料、聚乙烯、苯酚树脂	可可、米糖	
ⅢB	导电性爆炸性粉尘	镁、铝、铝青铜、锌、钛、焦炭、炭黑	铝(含油)、铁、煤	
	火炸药粉尘		黑火药 TNT	硝化棉、吸收药、黑索金、特屈儿、泰安

4.8.3 防爆仪表的分类、分级和分组

自动化仪表属于低压电气仪表，用于危险场合时，应按照电气设备防爆规程管理。按照规定，防爆电气设备可制成隔爆型、本质安全型等10种结构类型。其设备的分类、分级、分组与爆炸性物质的分类、分级、分组方法相同，其等级参数及符号也相同，其中温度等级是按照最高表面温度确定的，对于隔爆型是指外壳温度，其余各类型是指可能与爆炸性混合物接触的表面的温度。

(1) 隔爆型(d)

隔爆型仪表的特点是仪表的电路和接线端子全部置于隔爆壳体中，表壳的强度足够大，表壳结合面间隙足够深，最大的间隙宽度又足够窄。即使仪表因事故产生火花，也不会引起仪表外部的可燃性物质发生爆炸。

设计隔爆型仪表结构的具体措施有：采用耐压(8～10)×10^2 kPa以上的表壳。表壳外部的温升不得超过由气体或蒸气的自燃温度所规定的数值，表壳结合面的缝隙宽度和深度应根据它的容积和气体的级别采取规定的数值等。

隔爆型仪表在安装及维护正常时，处于安全状态。但在揭开仪表表壳时，它就失去了防爆性能。因此，不能在通电运行的情况下打开外壳进行检修或调整。对于组别、级别高的易燃易爆性气体如氢气、乙炔、二硫化碳等，不宜采用隔爆型防爆仪表。

(2) 本质安全防爆型(i)

本质安全防爆型是指在正常状态下和故障状态下，由电路及设备产生的火花能量和达到的温度都不能引起易燃易爆性气体或蒸气爆炸的防爆类型。正常状态指在设计规定条件下的工作状态，如设计规定的断开和闭合电路动作所产生的火花。故障状态指因事故而发生短路、断路等情况。

具有本质安全防爆的系统包括两种电路：安装在危险场所中的本质安全电路及安装在非危险场所中的非本质安全电路。为了防止非本质安全电路中过大的能量传入危险场所中的本质安全电路中，在两者之间采用了防爆安全栅，使整个仪表系统具有本质安全防爆性能，如图4-25所示。

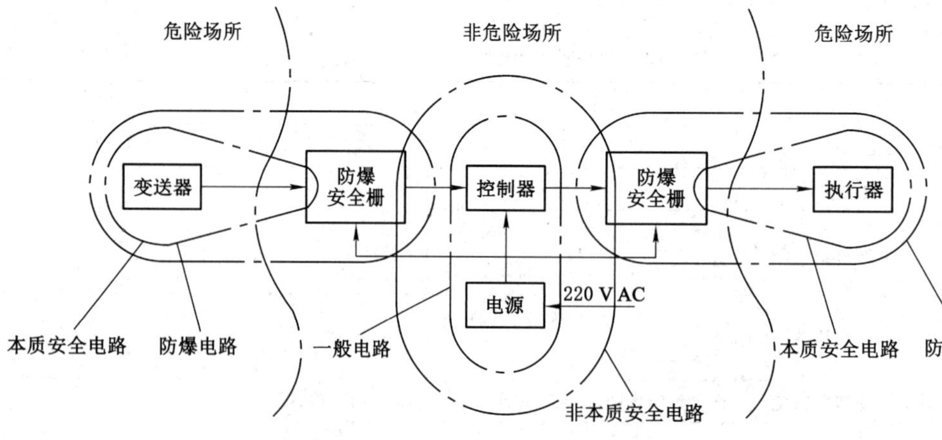

图4-25 本质安全防爆系统构成简图

防爆安全栅应放在安全场所的入口处，它不会影响仪表的正常工作，只会起到防止危险能量由安全场所进入危险场所的作用。这样，只需对设置在危险场所的本质安全型防爆仪表和防爆安全栅进行防爆鉴定，而对设置在安全场所的仪表则可不受此限制，只要求它们所使用的最高电压低于防爆安全栅的额定电压。

目前用得最多的防爆安全栅有齐纳安全栅与变压器隔离式安全栅。DDZ-Ⅲ仪表的隔离式安全栅有两种，即与变送器配套使用的检测端安全栅，以及与执行器配套使用的执行端安全栅。

本质安全防爆型仪表的防爆性能最好，从理论上讲它适用于一切危险场所和一切易爆气体；其安全性能不随时间而变化，而且维修方便，可在运行状态下进行维修和调整。

本质安全防爆型仪表及与其相关联的电气设备，按照所使用场所的安全程度分为 ia 和 ib 两个级别。ia 级适用于 0 区，ib 级适用于 1 区。

防爆仪表都有标明防爆检验合格证号和防爆类型、等级等标志的铭牌。典型的标志铭牌上的防爆标志一般分为四段：ExABC。Ex 表明此仪表为防爆仪表；A 段填入防爆类型，如 d、ia、ib 等；B 段为防爆仪表的类和级，如Ⅰ级、ⅡA、ⅡB、ⅡC；C 段为防爆仪表的表面温度组别，也是其能够适用的危险物质的自燃温度组别，如 T1～T6。例如 ExdiaⅡCT6 表示兼有隔爆和本质安全功能、可在ⅡC 级 T6 组以下级别中使用的防爆仪表。

本质安全型防爆仪表的性能是靠电路设计来实现和保证的。

(3) 增安型(e)

对在正常运行条件下不会产生电弧或火花的电气设备采取进一步措施，提高安全程度，防止产生危险温度、电弧和火花的可能性。

增安型与隔爆型相比具有结构简单、维修方便、造价低廉等优点。增安型在煤矿井下应用较多，但增安型电气设备的防爆性能较隔爆型的差。

典型应用除接线盒外，还有电磁线圈(阀)、照明灯具、变压器和无刷电机等。

(4) 正压型(p)

通过保持外壳内部保护气体的压力高于外部周围爆炸性环境压力，以阻止外部爆炸性气体进入外壳内。这样未经防爆设计和认可的普通电气设备可安全地安装在外壳内。

用空气或惰性气体换气，用压力检测控制器监控内部压力，当压力高于设计规定值(大于 50 Pa)时，外壳内部电气设备自动得电；主电源与压力互锁联动，当压力低于规定值时就切断主电源。

在设备气体充分换气以减少可燃性气体或蒸气浓度之前，不能通电。最小体积为自由空间及导管体积的 5 倍。

典型应用有控制柜(器)、仪表盘、分析仪器、正压小屋等。

(5) 充油型(o)

充油型电气设备是指全部或某些带电部件浸在油中使之不能点燃油面以上或外壳周围的爆炸性混合物的电气设备。

(6) 充砂型(q)

充砂型电气设备是指外壳内充填细颗粒材料，以便在规定使用条件下，外壳内产生的电弧、火焰传播，壳壁或颗粒材料表面的过热温度均不能够点燃周围的爆炸性混合物的电气设备。

(7) 无火花型(n)

无火花型电气设备是指在正常运行条件下不产生电弧或火花，也不产生能够点燃周围爆炸性混合物的高温表面或灼热点，且一般不会发生有点燃作用的故障的电气设备。

(8) 防爆特殊型(s)

电气设备或部件采用 GB 3836—2010 未包括的防爆型式时，由主管部门制定暂行规定。送劳动人事部备案，并经指定的鉴定单位检验后，按特殊电气设备"s"型处置。

(9) 粉尘防爆型

为防止爆炸粉尘进入设备内部，外壳的接合面应紧固严密，并须加密封垫圈，转动轴与轴孔间要加防尘密封。

粉尘沉积有增温引燃作用，要求设备的外壳表面光滑、无裂缝、无凹坑或沟槽，并具有足够的强度。

4.8.4 防爆仪表的选型

防爆电气设备的选型原则是安全可靠，经济合理。

防爆电气设备应根据爆炸危险区域的等级和爆炸危险物质的类别、级别、组别选型。

在 0 级区域只准许选用 ia 级本质安全型设备和其他特别为 0 级区域设计的电气设备(特殊型)。

气体爆炸危险场所用防爆仪表的选型按表 4-13 进行。

表 4-13 气体爆炸危险场所用防爆仪表的选型

爆炸危险区域	适用的防护型式	
	电气设备类型	符号
0 区	1. 本质安全型(ia 级)	ia
	2. 其他特别为 0 区设计的电气设备(特殊性)	s
1 区	1. 适用于 0 区的防护类型	
	2. 防爆型	a
	3. 增安型	e
	4. 本质安全型(ib 级)	ib
	5. 充油型	o
	6. 正压型	p
	7. 充砂型	q
	8. 其他特别为 1 区设计的电气设备(特殊性)	s
2 区	1.适合于 0 区或 1 区的防护类型	n
	2.无火花型	

粉尘爆炸危险场所防爆电气设备的选型，目前尚无定型产品，在确保安全的情况下，暂由各主管部门自行选定。

本章习题

1. 执行器的主要类型及其使用场合有哪些?

2. 简述气动执行器主要的组成部分及其作用。

3. 简述调节阀的主要类型及其使用场合。

4. 气动薄膜式执行器的正作用和反作用分别是什么?

5. 简述双座阀产生的不平衡力比单座阀的小的原因。

6. 电动执行器的主要类型及其使用场合有哪些?

7. 电动执行器是如何得到反馈信号的? 试简述差动变压器将位移转换为电信号的基本原理。

8. 电-气转换器的用途与工作原理是什么?

9. 请简述电-气阀门定位器的基本原理与工作过程。

10. 试总结电-气阀门定位器的用途。

11. 数字阀的优缺点有哪些?

12. 请简述调节阀的流量特性和理想流量特性的内容,另外请说明常用的控制阀理想流量特性有哪些。

13. 试说明将等百分比特性称为对数特性的理由,另外说明与线性特性比较等百分比特性有什么优点。

14. 什么是调节阀的工作流量特性?

15. 调节阀的流量系数是指什么? 如何选择调节阀的口径?

16. 请说明什么是气动执行器的气开式、气关式,其选择原则又是什么?

17. 调节阀安装与维护的注意事项都有哪些?

18. 什么是本质安全防爆型?

第5章 单回路控制系统

单回路控制系统，亦称简单控制系统，是指针对一个被控对象，采用一个测量与变送单元、一个控制器和一个执行器所构成的单闭环控制系统。虽然，随着生产自动化水平的日益提高，控制系统的种类越来越多，结构也越来越复杂，但单回路控制系统依靠其结构简单、投资少、易于调整和投运、能满足多种工业生产过程的控制要求等特点，应用仍十分广泛，据某大型化肥厂统计，简单控制系统约占控制系统总数的85%。此外，虽然单回路控制系统简单，但其是分析与设计其他各种复杂控制系统的基础。因此，学习和掌握单回路控制系统十分必要和重要。本章主要介绍单回路控制系统的结构和组成，单回路控制系统的设计，以及单回路控制系统的整定等内容。

5.1 单回路控制系统的结构和组成

自动控制系统是在人工控制的基础上产生和发展起来的。下面以图5-1换热器出口温度控制为例，对比人工控制和自动控制，说明单回路控制系统的结构和组成。

在图5-1中，生产设备为一换热器，从前一道工序来的介质为冷流体，走管程进入换热器，与走壳程的热蒸汽经间壁换热后温度升高，成为热流体，流出换热器进入下一道工序。工艺要求控制出口热流体的温度为设定值 T_S，热流体温度超过或低于 T_S 将影响后一道工序的工艺过程，甚至发生危险。

人工控制时，当干扰 f 如冷流体流量或温度波动出现时，热流体温度发生变化，控制人员利用眼睛读取热流体温度测量仪表的指示值，获得热流体的实际温度 T_M，通过大脑计算热流体测量温度与设定值的偏差 $e(e=T_S-T_M)$。当测量值高于设定值时，即 $e<0$，控制人员将热蒸汽阀门关小，减小热蒸汽流量 Q，降低传热量，负的偏差越大，阀门关得越小，使热流体温度降低至 T_S；反之，当测量值低于设定值时，即 $e>0$，将热蒸汽阀门开大，增加热蒸汽流量 Q，提高传热量，正的偏差越大，阀门开得越大，使热流体温度升高至 T_S。归纳起来，控制人员是利用眼睛、大脑和手分别承担检测、运算和执行三个作用，完成测量、求偏差和操纵阀门以纠正偏差的过程，来实现控制的目的，使热流体温度维持在设定值 T_S。然而，人工控制受限于人的生理、心理能力，在控制精度和速度上已无法满足现代工业生产的需要。

为提高控制精度和速度，降低控制人员的劳动强度，可用一套自动控制装置来代替人工控制。如图5-1所示，控制思路为：当干扰 f 出现时，热流体出口温度 T_M 偏离设定值 T_S，测量与变送单元TT测量得到 T_M 并转换为控制器TC可识别的信号后，传递给控制器TC，控制器计算偏差 e 并根据 e 的正负、大小及变化等情况，遵循设定的控制规律，给出控制信号

p 至调节阀，调节阀动作，改变蒸汽的流量 Q，从而实现控制目的，使热流体温度回复至设定值 T_S。

图 5-1 的控制方框图可如图 5-2 所示，可以看出，在该控制系统中，有一条从系统的输出端引向输入端的反馈路线，控制器正是通过被控变量的测量值与设定值之间的偏差来进行控制的，这既是单回路控制系统的特点，也是其称为单回路的原因。

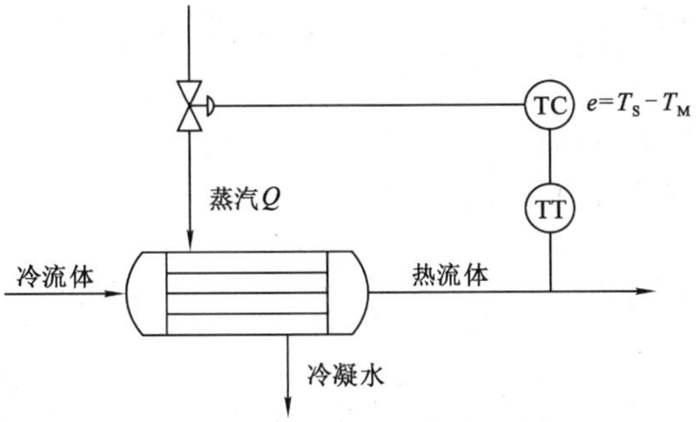

图 5-1　换热器出口温度简单控制系统

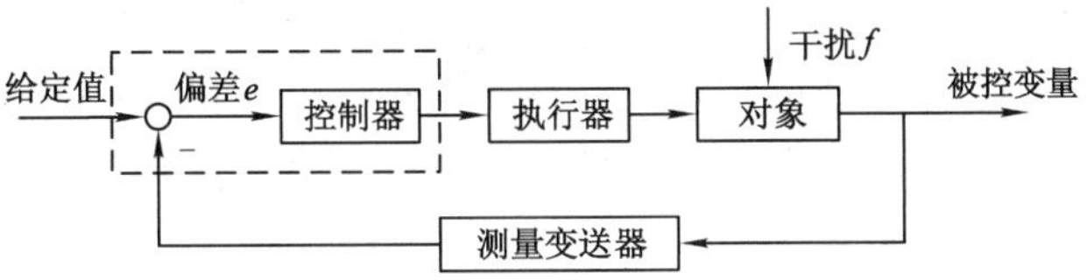

图 5-2　换热器出口温度控制系统方框图

注：实际的控制器如方框图 5-2 中虚线部分所示，包括比较部分和控制器两个部分。

由图 5-1 可以看出，单回路控制系统通常由以下几部分组成：被控对象、被控变量、干扰、操作变量、控制器（调节器）、测量与变送单元、执行器（调节阀）。以下介绍其中一部分。

① 被控对象：在自动控制系统中，其工艺变量需要被控制的装置或设备，称为被控对象，如图 5-1 中的换热器。工业系统中的其他装置或设备，如加热炉、塔器、槽罐、反应器，甚至一段输送流体的管道，当其温度、压力、流量、液位或成分等工艺变量需要控制时，均可成为被控对象。

② 被控变量：被控对象需要被控制的工艺变量，称为被控变量，如图 5-1 中的热流体温度。除温度外，根据需要，压力、流量、液位或成分等工艺变量均可成为被控变量。

③ 干扰：除操作变量外，引起被控变量偏离给定值的各种因素，称为干扰，如图 5-1 中冷流体流量的波动、温度的波动等。

④ 操作变量：用以克服干扰影响，使被控变量回复到给定值，实现控制作用的变量，称为操作变量，如图 5-1 中的蒸汽流量，当干扰作用使流体的出口温度偏离给定值时，通过改变蒸汽流量，改变流体吸收热量的大小，从而使被控变量回复到给定值。显然，操作变量受控于执行器，是执行器的输出信号。

5.2 单回路控制系统的设计

5.2.1 控制系统设计概述

控制系统设计是控制理论、仪表及计算机和过程工艺学等多学科的综合，设计人员不仅需要掌握较为全面的自动控制专业知识，同时还需要尽可能多地熟悉所要控制的工艺装置及其工艺过程，因此，设计人员应与工艺专业技术人员进行必要的交流，共同商定控制方案。设计人员应用自动控制原理及技术，拟定一个合理、正确的控制方案，选择合适的测量与变送单元、控制器、执行器，从而达到控制的目的，保证生产安全、提高产品质量、增加产量、降耗节能、保护环境等，此过程称为控制系统设计。

一个好的控制系统，应满足三个方面的要求，即安全性、稳定性和经济性。安全性是指控制系统的实施，应能够确保人员、设备的安全以及保护环境卫生。这是控制系统最重要也是最基本的要求，没有安全性的控制系统是不可实施的。稳定性是指系统在一定的干扰作用下，在工艺参数一定的变化范围内能够长期、稳定运行的能力。这要求控制系统除了满足绝对稳定性外，还必须具有适当的稳定裕量。经济性是指在提高产品质量、增加产量的同时，能够低碳环保、降耗节能，提高经济效益与社会效益。事实上，通过采用先进的控制手段对生产过程进行优化控制是满足工业生产对经济性要求不断提高的重要途径。工程实践中，对控制系统的上述要求往往存在矛盾。设计人员应根据实际情况，分清主次，以保证满足最重要的指标要求，并留有余地。

控制方案的确定是控制系统设计的核心，当系统的结构已确定，控制方案的确定所包含的主要内容为，依据生产工艺要求，综合考虑安全性、稳定性、经济性和技术实施的可行性，合理选择系统的性能指标、被控变量和操作变量，合理选择控制器及控制规律，以及合理选择被控变量的测量与变送单元、执行器等。要通过广泛的调研、反复的论证，最终确定控制方案，绘制出带控制点的工艺流程图和编写控制方案设计说明书。根据已确定的控制方案进行选型，综合考虑质量、价格、可靠性、精度、维护和供货方（信誉、技术支持、便捷程度）等因素。接下来完成控制室设计、供电和供气系统设计、仪表配管和配线设计、连锁保护系统设计等工程设计，并绘制图表。

5.2.2 被控变量的选择

被控变量的选择合适与否是决定控制系统有无价值的关键。对任何一个控制系统来说，总是希望其对提高产品质量、增加产量、保证安全、稳定操作、降低成本、保护环境卫生、改善劳动条件等有决定性意义。如果被控变量选择不当，则无论组成什么样的控制系统，采用多么先进的控制理论，配备多么精密的自动化仪表，都可能达不到预期的控制效果。

影响一个生产系统产品质量和产量，安全、稳定、经济运行的因素可能有很多，但并非所有的影响因素都需要加以自动控制，而且也不可能都加以控制。所以，通常情况下，设计人员必须根据工艺要求，深入分析工艺过程，在认真细致调查研究的基础上，找出对产品质量和产量，安全、稳定、经济运行具有决定性作用，能反映工艺生产状态变化的关键参数作为被控变量。而且，这些关键变量又是人工操作难以满足要求的，或者人工操作可以满足要求，但这种操作是紧张和频繁的。

按照与生产过程的关系，被控变量的选择通常有两种方法，即直接参数法和间接参数法。

直接参数法是指选择需要控制的工艺变量作为被控变量，即被控变量本身就是需要控制的工艺变量，如温度、压力、流量、液位、成分等。在图 5-1 中，换热器出口温度作为被控变量，其本身就是需要控制的工艺变量。事实上，直接参数法以直接反映产品质量的工艺变量作为被控变量，应当首先被考虑。

但有时，直接参数的测量有困难，比如尚缺乏合适的检测手段或仪表，或虽可测量，但信号较弱、滞后较大等，此时，则可以选择与直接参数有单值对应关系又易于测量的间接参数作为被控变量，这称为间接参数法。

以如图 5-3 所示精馏塔为例说明被控变量的选择。精馏是一个非常复杂的单元操作，其原理是利用混合液中各组分的挥发度不同，将各组分进行分离并达到规定纯度。因此，塔顶（或塔底）产品的纯度 x 是需要控制的工艺变量，若采用直接参数法选择其作为被控变量，由于成分的在线测量与变送尚有一定困难，且现有的成分分析仪表普遍存在较大的测量滞后，导致直接参数法并不合适，这时，即可以选择与塔顶产品纯度有单值对应关系的其他间接参数作为被控变量。

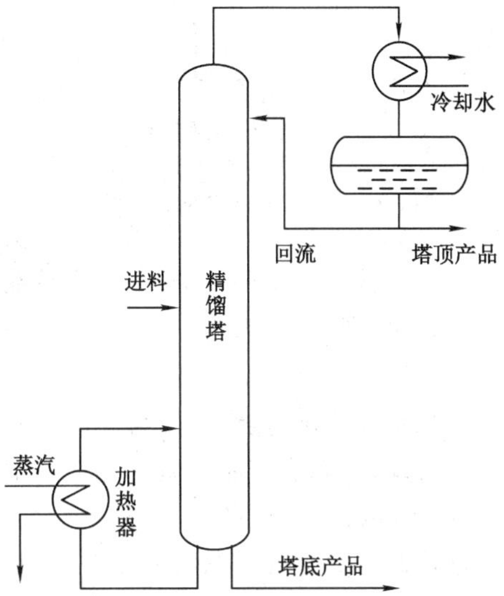

图 5-3 精馏过程示意图

以塔顶产品为例，在二元系统的蒸馏中，当气液两相并存时，塔顶易挥发组分的纯度 x_D、塔顶温度 T_D 和压力 P 三者之间存在一定的关系，即

$$x_D = f(T_D, P)$$

此时，x_D 与 T_D 或 P 并非单值对应关系，而由两者共同决定。但当 T_D 不变时：

$$x_D = f(P)$$

x_D 与 P 存在单值对应关系，图 5-4 所示为苯-甲苯二元系统，当 T_D 不变时，苯的纯度 x_D 与 P 的关系。而当 P 不变时：

$$x_D = f(T_D)$$

x_D 与 T_D 存在单值对应关系，图 5-5 所示为苯-甲苯二元系统，当 P 不变时，苯的纯度 x_D 与 T_D 的关系。由此，在温度和压力两个间接参数中，只要固定其中一个，另一个便与 x_D 有单值对应关系，可作为被控变量进行间接变量控制。在工程实践中，一般选择塔顶温度 T_D 作为间接变量进行控制，因为在精馏塔的操作中，通常希望塔压保持恒定，只有塔压恒定在规定数值上，才能保证分离纯度及塔的效率和经济性。另外，当塔压恒定时，精馏塔各层塔板上的压力也近乎恒定，这样，各层塔板上的温度与组分之间都有单值对应关系。因此，固定压力，选择塔顶温度 T_D 这一间接变量代替产品纯度 x 作为精馏塔的被控变量，是可行的，也是合理的。

选择塔内哪一点的温度作为被控变量呢？应根据实际情况而定。一般来说，如果希望

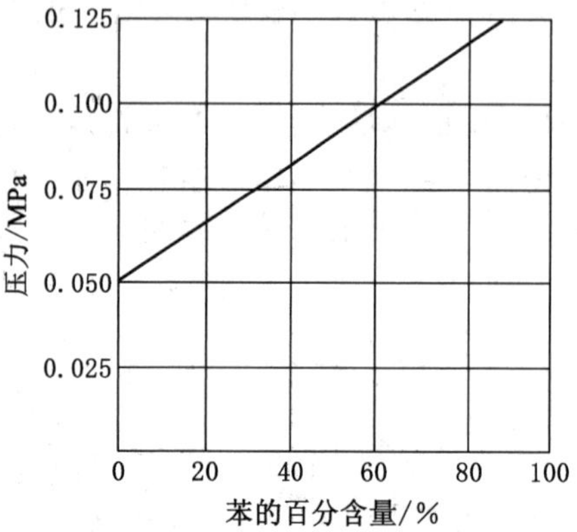

图 5-4 苯-甲苯溶液的 P-x 图

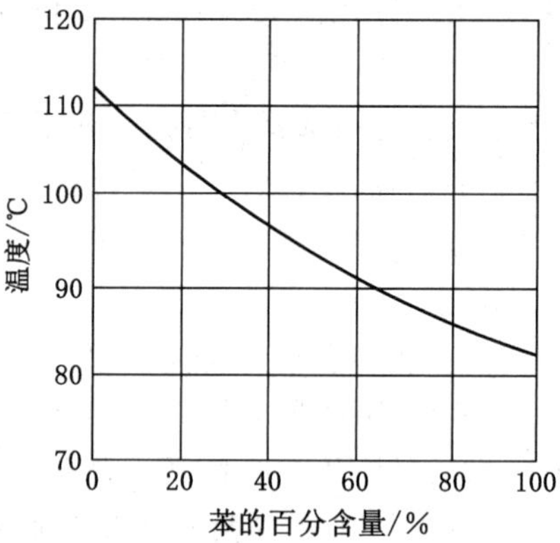

图 5-5 苯-甲苯溶液的 T-x 图

保证塔顶产品符合质量要求，即主要产品在塔顶馏出时，以塔顶温度作为被控变量，可以得到较好的效果；同样，如果为了保证塔底产品符合质量要求，则以塔底温度作为被控变量较好。为了保证另一产品质量在一定的规格范围内，精馏塔的操作要有一定裕量。例如，如果主要产品在顶部馏出、操纵变量为回流量的话，再沸器的加热量有一定富裕，则可以使在任何可能的扰动下，塔底产品的质量都在一定限度以内。

图 5-6 所示为精馏塔的精馏段指标的控制方案之一。该控制方案主要采取以下几个控制措施。

① 为了保证塔顶馏出产品的质量，选取塔顶温度这一间接变量作为被控变量，构成一个塔顶温度定值控制系统。

② 为了克服再沸器加热剂如蒸汽加入热量的变化，在蒸汽压力稳定的前提下，可通过控制蒸汽流量将再沸器加热量维持在一定数值。故选择蒸汽流量为被控变量，设置蒸汽流量控制系统来实现这一要求。

③ 为保证精馏塔的分离效果和塔内操作稳定，以塔底液位为被控变量，构成塔底液位控制系统。

④ 为使塔顶保持一定的回流量，又以冷凝液回流罐液位为被控变量，构成回流罐液位控制系统。

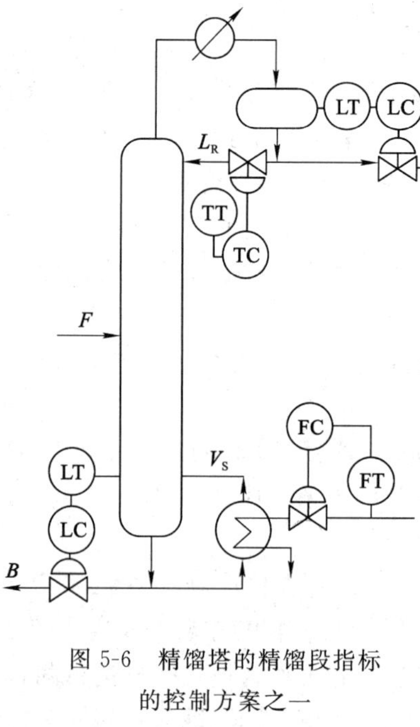

图 5-6 精馏塔的精馏段指标的控制方案之一

必须强调，无论选择直接参数还是间接参数，所选参数应有足够高的灵敏度，且容易获取、测量和变送滞后小。上例中，当塔顶组分 x_D 变化时，塔顶温度 T_D 的变化必须足够灵敏，有足够大的变化，容易被检测元件快速感受，才能起到较好的控制作用。

因此，归纳起来，被控变量的选择原则为：

① 应选择对产品质量和产量，设备安全、稳定、经济运行等具有决定性作用并可直接测量的工艺参数作为被控变量。

② 当不能用直接参数作为被控变量时，应选择与其有单值函数关系的间接参数作为被控变量。

③ 被控变量必须具有足够的灵敏度，其信号最好可以直接获取，测量和变送滞后小。

④ 必须考虑现有过程控制仪表及装置能否满足要求。

5.2.3　操纵变量的选择

操纵变量是用来克服干扰对被控变量的影响，实现控制作用的变量。选择操纵变量，应深入分析工艺过程，找出哪些因素会影响被控变量使其变化。通常情况下，影响被控变量的外部因素有多个，在这些因素中，有的是可控的，有的则是不可控的。原则上，在所有的可控因素中，应选择一个对被控变量有显著影响的因素作为操纵变量，而其他未被选中的所有因素则作为系统的干扰。在石油、化工工艺系统，最常用的操作变量是流量。

如图 5-1 中的换热器，其被控变量为出口热流体的温度，影响其变化的因素有：加热蒸汽的流量和温度、进口冷流体的流量和温度等。选择哪一因素作为操作变量呢？应从以下两个方面着手。

5.2.3.1　考虑工艺合理性

在工艺上，被加热介质作为生产过程中需要使用的物料，用它的变化来克服干扰的影响，达到控制出口温度的目的，势必会影响生产工艺过程中的负荷，甚至影响正常的生产。而加热蒸汽是用来加热介质的，它不是生产过程所需的物料，因此，从工艺合理性上，应选择加热蒸汽的流量作为操纵变量。

5.2.3.2　考虑被控对象的特性

被控变量是被控对象的一个输出，影响被控变量的外部因素则是被控对象的输入，显然，影响被控变量的输入可能不止一个，因此，被控对象实际上是一个多输入单输出的对象。如图 5-7 所示，对图 5-1 中换热器，加入蒸汽流量 $Q_{蒸}$、温度 $T_{蒸}$、进口冷流体流量 $Q_{冷}$ 和温度 $T_{冷}$ 等都是被控对象换热器的输入，而热流体温度 T_M 是输出。从影响被控变量的诸多输入中选择一个可控性极好的输入作为操纵变量，其他未被选中的所有因素则成为系统的干扰。如图 5-8 所示，操纵变量与被控变量之间的关系构成了被控对象的控制通道特性；干扰与被控变量之间的关系构成了被控对象的干扰通道特性。干扰变量由干扰通道施加在对象上，起着破坏作用，使被控变量偏离给定值；操纵变量由控制通道施加到对象上，使被控变量回复到给定值，起着校正作用。显然，操纵变量与干扰是一对相互矛盾的变量，它们对被控变量的影响与被控对象本身的特性有着密切的关系。因此，在选择操纵变量时，要认真分析对象的特性，以提高控制系统的控制质量。

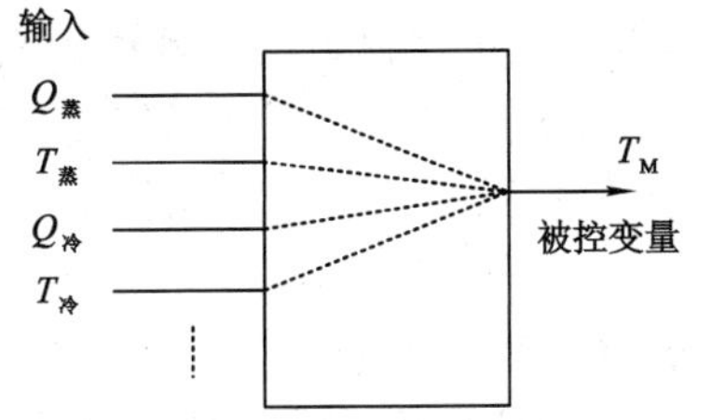

图 5-7　影响被控变量的各种因素示意图

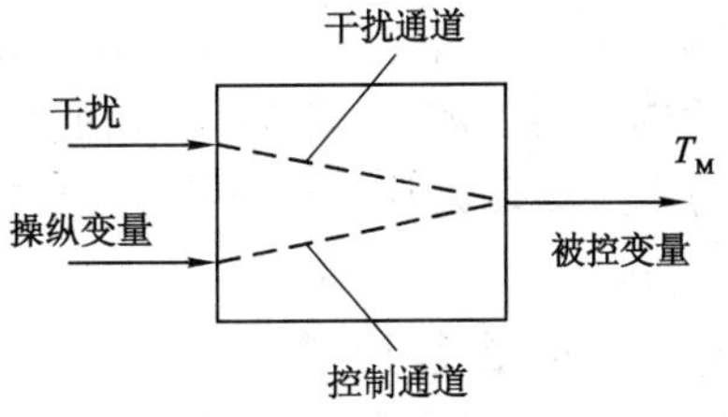

图 5-8　干扰通道与控制通道的关系

（1）对象静态特性的影响

在选择操纵变量构成的控制系统时，一般希望控制通道的放大系数K_o要大些。K_o的大小表征了操纵变量对被控变量的影响程度，K_o越大，表示操纵变量对被控变量的影响越显著，控制作用更有效。但要注意，并不是K_o越大越好，因为K_o过大，控制过于灵敏，会使控制系统不稳定。

对干扰通道来说，总是希望其放大系数K_f越小越好。K_f越小，表示干扰对被控变量的影响越小，过渡过程的超调量越小。

（2）对象动态特性的影响

操纵变量的矫正作用是通过控制通道施加于对象的，所以控制通道的时间常数不宜过大，否则操纵变量的矫正作用迟缓、超调量大、过渡时间长，对控制不利，甚至起不到矫正作用。而对干扰通道，若其时间常数越大，表示干扰对被控变量的影响越缓慢，有利于控制。

物料的输送或能量的传递需要一定时间，易造成纯滞后。对控制通道而言，纯滞后的存在会使控制器对被控变量的矫正作用推迟，由于不能及时矫正，任由被控变量继续偏离设定值，纯滞后也会使超调量增加、系统振荡加剧。对干扰通道而言，纯滞后只是推迟了干扰的作用时间，通常不会影响控制质量。

因此，一般情况下，应使被控对象的控制通道的放大系数较大，时间常数较小，纯滞后时间越小越好；应使被控对象的干扰通道的放大系数尽可能小，时间常数越大越好。

基于以上分析，操纵变量的选择原则主要有以下几个：

① 必须是工艺上允许调节的变量。

② 应该是系统所有输入变量中对被控变量影响最大的一个变量。也就是说，控制通道的放大系数 K_o 应尽量大一些，时间常数 T 应适当小一些，而滞后时间应尽量小。

③ 不宜选择代表生产负荷的变量作为调节变量，以免产品产量受到波动。如图 5-1 中，应选择蒸汽流量作为操纵变量，而不宜选用冷流体的流量作为操纵变量，虽然通过调节冷流体流量也可以使热流体的温度保持在设定值，但其作为生产负荷，不宜进行调节，否则造成产品产量波动。

5.2.4 测量与变送单元的选择

测量与变送单元是控制系统获取信息的装置，也是控制器发出控制信号的依据，选择的测量与变送单元要能够准确、及时地测量并向控制器提供被控变量的变化，以便控制器进行计算后发出控制信号（至执行器），产生控制作用。控制系统对测量与变送单元的基本要求是准确、快速和可靠。

（1）准确性

准确性是指测量与变送单元能够正确反映被控变量，误差小。仪表的精确度影响测量变送单元的准确性，应合理选择仪表的精确度，以满足工艺变量测量和控制要求。测量变送仪表的量程应满足读数误差的精确度要求。

（2）快速性

快速性是指测量与变送单元能够及时迅速地反映被控变量的变化。由于热量的传递需要时间，温度的测量通常较慢，即时间常数较大。若被控变量偏离设定值作阶跃变化，通常测量值并不能立即跟上被控变量的变化，而是慢慢靠近被控变量值，如图 5-9(a)所示；若被控变量作持续变化，测量值则一直跟不上去，两者总存在偏差，如图 5-9(b)所示；若被控变量作周期性变化，测量值则落后一个相位作周期性变化，但振荡幅值较小，如图 5-9(c)所示。

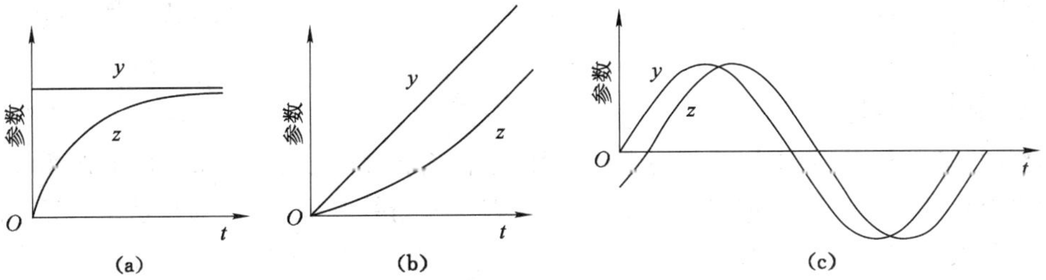

图 5-9　检测元件时间常数对测量的影响

检测元件的时间常数越大，图 5-9 所示现象越明显，当被控变量发生变化时，由于检测元件不能及时跟上被控变量的变化，测量值不等于被控变量的真实值，此时控制器收到的是一个失真信号，它不能发挥正确的矫正作用。因此，控制系统中，检测元件的时间常数不能太大。测温元件，由于存在热阻和热容，通常时间常数较大，当需要较小时间常数的测温元件时，可用快速热电偶代替工业用普通热电偶或温包等。通常，当检测元件的时间常数小于对象时间常数的 1/10 时，对系统的控制质量影响不大，这时就没有必要盲目追求时间常数小的检测元件。

(3) 可靠性

可靠性是指测量与变送单元能够在生产环境工况下长期稳定运行。由于检测元件与工艺介质接触，因此在选择测量变送单元时应首先考虑该仪表能否适应生产过程中的高温、低温、高压、腐蚀性和爆炸性环境，能否长期稳定运行。

此外，应合理选择测量点。测量仪表的安装位置不合理可能引起纯滞后，严重地影响控制质量。如图 5-10 所示的 pH 控制系统示意图，被控变量是中和槽出口溶液的 pH 值，但是测量电极却安装在了远离中和槽出口的管道上，而且测量引出管道也较长，这样一来，电极处溶液 pH 值变化就比出口处溶液 pH 值变化滞后了一段时间 τ_0：

$$\tau_0 = \frac{l_1}{v_1} + \frac{l_2}{v_2}$$

因此，要合理选择测量点位置，尽量缩短取样距离。

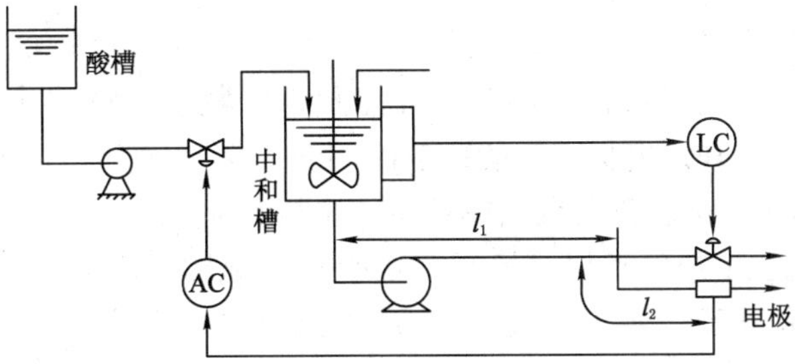

图 5-10　pH 控制系统示意图

图中 l_1、l_2 分别为中和槽出口至取样管口管段长度和取样管段长度，v_1、v_2 分别为两管段内介质平均流速。

还应注意信号传递滞后。测量信号送至控制器、控制信号送至执行阀，现已多采用电信号，没有传递滞后，但对气动薄膜调节阀，由于其膜头气室较大，有一定滞后，此时可采用阀门定位器予以克服。

5.2.5 控制器的选择

控制器的选择应主要根据被控对象的特性、工艺对控制品质的要求、系统的总体设计和经济性来综合考虑。对一个被控系统来说，被控对象的特性是固定不变的，当检测元件与变送器选择与安装完毕后，一般也是不可改变的，执行器配合阀门定位器虽可有一定程度的调整，但灵活性不大，此时，唯一可以改变参数的就是控制器了。表 5-1 总结了常用控制器及其适用范围。

5.2.5.1 控制器控制规律的选择

(1) 比例控制器(P)

比例控制器是具有比例控制规律的控制器，控制器的输出与偏差成比例。当负荷变化时，比例控制器克服干扰能力强，控制及时，过渡时间短。事实上，在常用控制规律中，比例作用是最基本的控制规律，不加比例作用的控制规律是很少采用的。但是，纯比例控制系统在过渡过程终了时存在余差，负荷变化越大，余差就越大，因此纯比例控制适应于控制要求不高、工艺上允许被控变量在一定范围内有余差的场合。

(2) 比例积分控制器(PI)

比例积分控制器是具有比例积分控制规律的控制器。由于在比例作用的基础上加上了积分作用，而积分作用的输出与偏差的积分成比例，只要偏差存在，控制器的输出就会不断变化，直至消除偏差为止。因此，比例积分控制适用于有“无余差”要求的系统。但是积分作用会使系统稳定性降低，虽然在加积分作用的同时，可以通过加大比例度，使稳定性基本保持不变，但超调量和振荡周期都相应增大，过渡过程的时间也加长。

(3) 比例微分控制器(PD)

比例微分控制器是具有比例微分控制规律的控制器。微分具有超前作用，使控制器的输出与输入偏差的变化速度成比例，因此，对于控制通道时间常数大或容量滞后较大的场合，如温度或成分控制系统，引入微分控制规律能提高系统的稳定性，减小动态偏差，改善动态性能指标。但对于纯滞后较大、测量信号有噪声或周期性扰动的系统，不宜采用微分作用。

(4) 比例积分微分控制器(PID)

比例积分微分控制器是具有比例积分微分控制规律的控制器，常称为三作用控制器。在比例的基础上加上微分作用能提高系统稳定性，再加上积分作用可以消除余差。所以，适当调整 δ、T_I、T_D参数，可以使控制系统获得较高的控制质量。

需要注意的是，目前生产的模拟式控制器一般都同时具有比例、积分、微分三种作用。将其中的微分时间 T_D 置于 0，就成了比例积分控制器，如果同时将积分时间 T_I 置于无穷大，便成了比例控制器。

5.2.5.2 控制器正、反作用的确定

控制器有正作用和反作用两种方式。正、反作用是关系到控制系统能否正常运行与安全操作的重要问题。要通过改变控制器的正、反作用，以保证整个控制系统是一个具有负反馈的闭环系统。

表 5-1　常用控制器及其适用范围

名称	调节参数	适用范围
P	比例度 δ	控制通道滞后较小、负荷变化不大、工艺上对余差无要求的系统
PI	比例度 δ 积分时间 T_I	控制通道滞后较小、负荷变化不大、工艺参数不允许有余差的系统
PD	比例度 δ 微分时间 T_D	控制通道容量滞后较大的系统
PID	比例度 δ 积分时间 T_I 微分时间 T_D	控制通道容量滞后较大、负荷变化大、控制质量要求较高的系统，应用最普遍的是温度、成分控制系统

当某个环节的输入增加时，其输出也增加，则称该环节为“正”作用方向。当环节的输入增加时，输出减少的称“反”作用方向。被控对象的特性也分正、反两种，随具体对象的不同而各不相同。检测元件及变送器的作用方向一般是“正”的。执行器的作用方向取决于是气开阀还是气关阀。对控制器，当给定值不变，被控变量测量值增加时，控制器的输出也增加的称为“正”作用方向，或者当测量值不变，给定值减小时，控制器的输出增加的称为“正”作用方向。反之，如果测量值增加时，控制器的输出减小的称为“反”作用方向。

在一个安装好的控制系统中，被控对象的作用方向由工艺机理可以确定，执行器的作用方向由工艺安全条件可以选定，而控制器的作用方向要根据对象及执行器的作用方向来确定，以使整个控制系统构成负反馈的闭环系统。

以图 5-11 所示加热炉出口温度控制系统为例，说明控制器正、反作用的确定。此例中，加热炉为被控对象，其出口温度为被控变量，燃料气流量为操纵变量。当操纵变量燃料气流量增加时，被控变量加热炉出口温度是增加的，故被控对象是“正”作用方向。从工艺安全角度出发，当气源突然中断时，为避免执行器（调节阀）打开烧坏炉子，执行器应是关闭的，因此执行器应为气开阀，即为“正”作用方向。为了保证由对象、执行器与控制器所组成的系统是负反馈的，控制器就应该选为“反”作用。

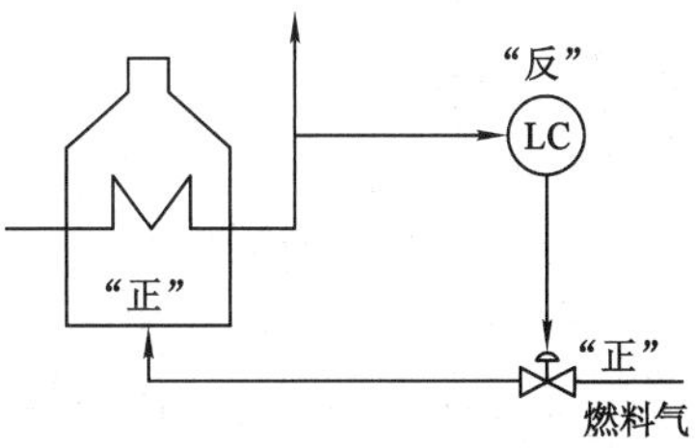

图 5-11　加热炉出口温度控制系统

5.2.6　调节阀的选择

现代过程工业多以气体或液体的流量作为操纵变量来实现控制作用，因此，执行器大多为调节阀。虽然调节阀结构简单，往往不受重视，但如果其流量特性选择不当、阀门动作不灵活、口径大小不合适，将会严重影响控制质量。实践经验表明，调节阀应根据生产过程的特点、被控介质的特性（如温度、压力、毒性、腐蚀性、黏度、是否易燃易爆与易结晶等）、安装地点和安全运行要求等，结合各种类型调节阀的特点，进行合理的选择。

调节阀按能源形式分为气动、电动和液动三大类。现阶段，过程工业中使用最多的是气动调节阀，其次是电动调节阀。液动调节阀使用较少，但由于其可以产生很大推力，会用于一些大型场合，如大型船闸等。表5-2总结了三类调节阀的优缺点。气动调节阀接收0.02～0.10 MPa的输入信号，广泛应用于化工、炼油、制药等工业中。电动调节阀接收直流4～20 mA或0～10 mA的输入信号，早期型号防爆性能差，在化工、炼油等工业中很少使用，目前随着性能提高，已成熟并推广。

表5-2 三类调节阀的优缺点

内容	类型		
	气动调节阀	电动调节阀	液动调节阀
结构	简单	复杂	较复杂
体积	较大	小	大
推力	较大	小	大
输入信号	0.02～0.10 MPa	直流4～20 mA 或0～10 mA	/
信号管线配置	较复杂	简单	复杂
动作灵敏度	小	大	大
维修	简单	复杂	较复杂
价格	低	高	高
适用场合	隔爆型，广泛应用于化工、炼油、制药等工业中	早期防爆性能差，在化工、炼油等工业中很少使用	要注意火花，多用于一些大型场合

(1) 调节阀的结构

调节阀的结构选择应首先考虑被控介质的特性，例如强腐蚀介质可选用隔膜阀，高温介质可选择带翅片易于散热的结构形式。结构形式确定以后，需要确定阀的流量特性。一般来说，阀的流量特性选择分两步，首先按照调节系统的要求，选择阀的工作流量特性，然后再考虑工艺配管情况来选择相应的理想流量特性，阀门安装在具体的管道系统中后，畸变的工作流量特性应能满足调节系统的要求。

(2) 调节阀的口径

在执行器一章中，已经介绍了调节阀口径的选择原则和方法。调节阀口径选择得是否适当将直接影响调节效果。如果调节阀的口径选择过小，在大的干扰下，调节阀可能运行在全开或接近全开的工作状态，因介质流量(操纵变量的数值)不足而使系统失控；如果口径选择过大，不仅浪费设备投资，还使系统运行过程中阀门常处于小开度工作状态，则调节不灵敏，调节性能变差，而且易造成介质对阀芯、阀座的严重冲蚀，甚至导致阀失灵。一般来说，在正常工况下，应使调节阀的开度处于15%～85%之间。

(3) 调节阀的气开式和气关式

当气源系统发生故障、信号压力中断时，应保证操作人员和设备的安全。因此，从工艺过程安全角度出发，调节阀分气开式和气关式两种类型。有压力信号时阀开，无压力信号时阀关为气开式；反之，为气关式。如果信号压力中断，阀门处于关闭状态较安全，则应选择气开式；如果信号压力中断，阀门处于打开状态较安全，则选择气关式。例如，锅炉进水阀门应选择气关式，因为当压力信号中断时阀门处于打开状态，可以保证锅炉汽包不烧干；加热炉燃料气的进气阀应选择气开式，这样当压力信号中断时，阀门关闭，切断燃料气的供给更安全；若所调节工艺介质易结晶，为了防止堵塞，应选择气关式。

5.3　单回路控制系统的投运与整定

单回路控制系统设计完成后，即可按设计要求进行正确安装。控制系统安装完毕、线路检查正确无误、仪表运行正常且符合精度要求后，即可着手进行控制系统的投运和控制器参数的整定工作。

5.3.1　控制系统的投运

在控制系统设计、仪表调校、安装就绪后，将其逐步投入生产的过程称为投运，即将系统由手动工作状态切换到自动工作状态。这一过程是通过将控制器上的手动/自动切换开关从手动位置切换到自动位置来完成的。为了保证过程控制系统顺利投运，要求操作人员在系统投运之前，必须做好以下准备工作：

① 校验检查构成系统的各种仪表设备(如控制器、调节阀、测量与变送单元等)并作记录，保证其精确度要求，确保仪表能正常使用；

② 检查连接管线、接线(如孔板上、下游导压管与变送器高、低压端的正确连接；导压管和气动管线必须畅通，不能中间堵塞；热电偶正负极与补偿导线极性、变送器、显示仪表的正确连接；三线制或四线制热电阻的正确接线等)，确保连接正确；

③ 全面检查和调校供电、供气情况等；

④ 设置好控制器的正反作用、内外设定开关等；并根据经验或估算，将控制器 PID 参数值设置在合适位置；

⑤ 检查调节阀的气开、气关形式的选择是否正确，关闭控制器的旁路阀，打开上、下游的截止阀，并使调节阀能灵活开闭。

控制系统中实际使用的仪表设备的原理、安装和使用方法虽不完全相同，手动/自动的切换顺序也不完全一样，但投运顺序大同小异。过程控制系统的各个组成部分投运的一般程序如下：

① 测量系统投入运行。根据工业生产过程的实际情况，将温度、压力、流量、液位等测量系统投入运行，观察测量指示是否正确。

② 调节阀手动操作。在手动遥控时应事先了解调节阀在正常工况下的开度。然后手动操作，使系统的被控量在给定值附近稳定下来，并使生产达到稳定工况，为切换到自动控制作好准备。

③ 控制器投运(手动→自动)。完成以上两步，待工况稳定后，即可将系统由手动操作切换到自动运行，实现自动控制。需要注意的是，在切换之前，必须保证被控量与给定值一致，即偏差为零，此时将调节器由手动切换到自动为无扰动切换，切换过程不能改变调节阀的原有开度。如果控制器在切换之前，被控量与给定值不一致，那么在切换过程中必然会给系统引入扰动，将破坏系统原先的平衡状态，这是不允许的。

5.3.2　控制系统的整定

控制系统投运后，观察被控量的记录曲线是否合乎工艺要求，若不够理想，则调整 PID

参数(调节器参数整定),直到满意为止。

应当指出,当系统正确投运、调节器参数经过整定后,其品质指标仍然达不到要求或系统出现异常时,需将系统由自动切换到手动,再行研究解决。

本章习题

1. 试简要概括单回路控制系统的各个组成部分及其作用。

2. 如图5-12所示,是一反应器温度控制系统示意图。试画出该系统的方框图,并指出各方框具体含义。

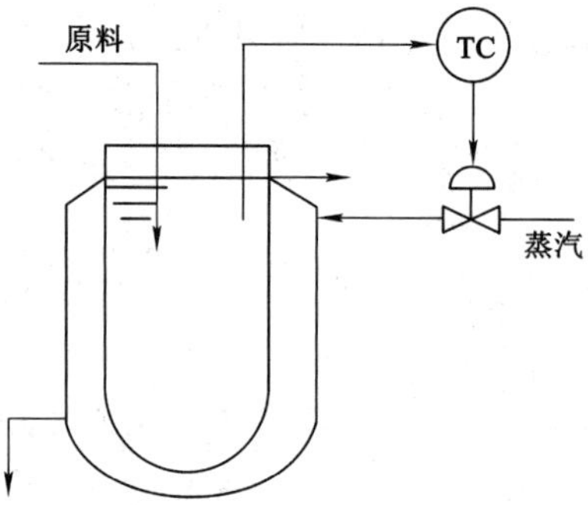

图5-12 反应器温度控制系统流程图

3. 评价一个控制系统优劣性的指标都有哪些?

4. 请说明被控变量的选择原则。

5. 试概括操纵变量的选择原则。

6. 控制系统对测量与变送单元的基本要求有哪些?

7. 请简要说明比例控制器、比例积分控制器、比例微分控制器、比例积分微分控制器的特点及使用场合。

8. 考虑控制器作用方向的依据是什么?如何选择?

9. 被控对象、执行器、控制器的正、反作用各是怎样规定的?

10. 请概述选择调节阀的原则。

11. 调节阀的类型及其各自优缺点是什么?

12. 过程控制系统的各个组成部分投运的一般程序是什么?

13. 请概述控制器参数整定的任务和工程上常用的控制器参数整定的方法。

第6章　复杂控制系统

在大多数情况下，上一章介绍的单回路控制系统已能够满足工艺生产的要求，它是一种广泛使用的、最基本的控制系统。但是如果被控对象的动态特性决定了它很难控制，而工艺对调节质量的要求又很高，如甲醇精馏塔的温度偏离要求在±1 ℃以内，石油裂解气的深冷分离中乙烯纯度要达到99.99%等，或者被控对象的动态特性虽然并不复杂，但控制的任务却比较特殊，如物料配比、前后生产工序协调等，此时单回路控制系统就显得无能为力了。随着生产过程向大型化、连续化、强化和智能化方向发展，对操作条件要求更加严格，参数间相互关系更加复杂，对控制系统的精度和功能提出了许多新的要求，对节能降耗和环境保护也更重视。为此，需要在单回路控制的基础上，设计开发一种复杂控制系统，以满足生产过程控制的要求。

复杂控制系统种类繁多，按任务分主要可分为如下两类：

① 为提高性能指标而开发的控制系统。开发这类系统的目的，主要是获得比单回路PID控制更满意的过渡过程质量，如串级控制系统、前馈控制系统等。

② 为满足特殊目的而开发的控制系统。这是为满足不同的生产工艺、操作方式乃至特殊的控制性能指标而开发的控制系统，如比值控制系统、分程控制系统等。

6.1　串级控制系统

串级控制系统是在单回路控制系统基础上发展起来的。当对象的滞后较大，干扰比较剧烈、频繁，简单控制满足不了工艺要求时，可考虑采用串级控制系统。

6.1.1　管式加热炉串级控制

管式加热炉是炼油化工生产中的重要装置之一，它的任务是把原油或重油加热到一定温度，以保证下一道工序（分馏或裂解）的顺利进行。控制好温度，既可延长炉子寿命，防止炉管烧坏，也可保证后续工艺的质量。加热炉的工艺流程图如图 6-1 所示。燃料油在炉膛中燃烧，被加热油料流过炉膛四周的排管后，就被加热到出口温度 T。在燃料油管道上装设了一个调节阀，用它来控制燃油量以达到控制被加热油料出口温度的目的。乍看起来，该系统没有什么问题，但实际上控制效果很差，原料油出口温度波动大，不能满足工艺要求（不超过±1%～±2%）。

引起油料出口温度 T 变化的扰动因素很多，包括：

① 原料油的流量和温度的扰动 f_1；

② 燃料油压力的波动、热值的变化 f_2；

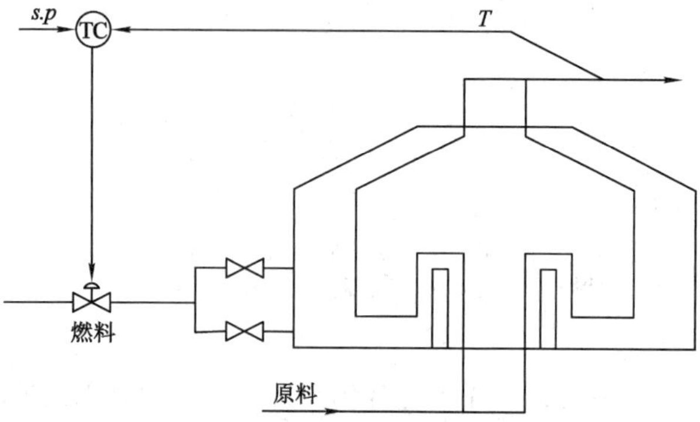

图 6-1 管式加热炉出口温度控制系统

③ 喷油用的过热蒸汽压力的波动 f_3；

④ 配风、炉膛漏风和大气温度方面的扰动 f_4 等。

从图 6-1 所示的控制系统中可以看出，从燃料油调节阀动作到出口温度 T 改变，这中间需要相继通过炉膛、管壁和被加热油料所代表的热容积，因此整个控制通道存在容量滞后、时间常数大(约 15 min)的现象，这就会导致控制系统的控制作用不及时，反应迟钝，最大偏差大，过渡时间长，抗干扰能力差，控制精度降低，必须寻求其他的控制方案。

除被加热油料的流量和温度外，f_2、f_3 和 f_4 的变化及燃料油进入系统的位置，都是首先影响炉膛温度 T_2，而后经过加热管管壁影响被加热油料的温度。而炉膛的惯性小，其温度变化很快就可以反映出来。如果以炉膛温度为被控变量、燃料油量为操纵变量构成单回路控制系统，则该系统控制通道的容量滞后大大减少(时间常数约 3 min)，对干扰 f_2、f_3 和 f_4 能够及时克服，减少它们对出口温度的影响。但炉膛温度并不等于原料油出口温度，由于干扰 f_1 并没有包含在内，即使炉膛温度恒定，原料油的流量和入口温度变化时，仍不能保证出口温度稳定在要求的值上，因此，仅仅考虑炉膛温度还不够。

实际上，可以在上述炉膛温度控制系统基础上再加上出口温度闭环控制。根据炉膛温度的变化，先调节燃油量(迅速实现“粗调”作用)，然后再根据被加热油料出口温度与设定值之间的偏差，进一步调节燃料油量(实现“细调”)，以保持出口温度稳定，这样就构成了出口温度调节器与炉膛温度调节器串联起来的串级控制系统，如图 6-2 所示。

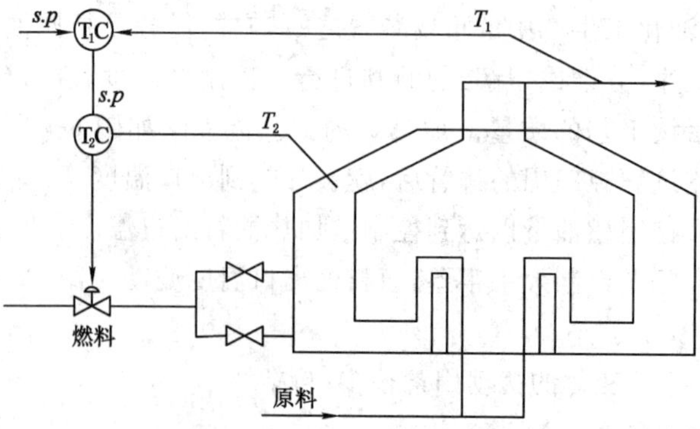

图 6-2 管式加热炉出口温度串级控制系统

图 6-3 为以上串级控制系统的方框图。被控对象中包括炉膛、管壁和油料等三个热容积，而诸如扰动 f_1、f_2、f_3 和 f_4 则作用于不同地点。由于热容积之间有相互作用，严格说来这个画法是不准确的，但可以近似地用来说明问题。从图中可以看出，扰动因素 F_2（f_2、f_3 和 f_4）包括在副环之内，因此可以大大减小这些扰动对出口油温 T_1 的影响。对于原料油方面的扰动 F_1（f_1），采用串级调节也可以得到一些改善。

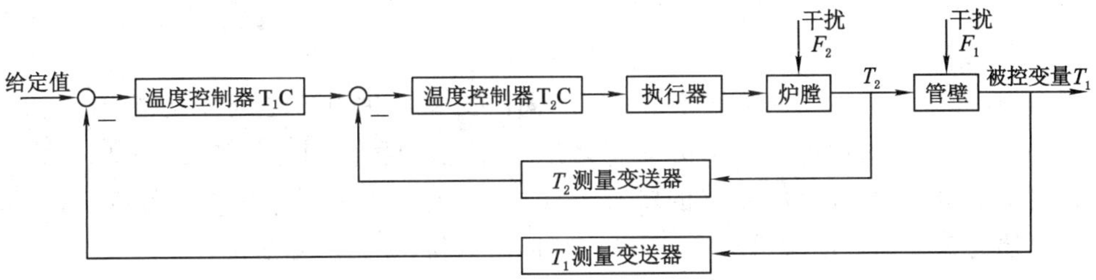

图 6-3　串级控制系统的方框图

在上述控制系统中，有两个控制器 T_1C 和 T_2C，接收来自对象不同部位的测量信号 T_1 和 T_2。T_1C 的输出作为 T_2C 的给定值，而后者的输出去控制执行器以改变操纵变量。从系统的结构看，这两个控制器是串接工作的。串级控制系统中常用的名词见表 6-1。

表 6-1　串级控制系统中常用的名词

变量名称	具体说明
主变量	工艺控制指标，在串级控制系统中起主导作用的被控变量，如 T_1
副变量	串级控制系统中为了稳定主变量或因某种需要而引入的辅助变量，如 T_2
主对象	为主变量表征其特性的生产设备，如管壁
副对象	为副变量表征其特性的工艺生产设备，如炉膛
主控制器	按主变量的测量值与给定值工作，其输出作为副变量给定值的那个控制器，如 T_1C
副控制器	其给定值来自主控制器的输出，并按副变量的测量值与给定值的偏差而工作的那个控制器，如 T_2C
主回路	由主变量的测量变送装置，主、副控制器，执行器和主、副对象构成的外回路
副回路	由副变量的测量变送装置、副控制器、执行器和副对象所构成的内回路

以管式加热炉为例，来说明串级控制系统是如何有效地克服滞后提高控制质量的。假定执行器采用气开形式（正作用），断气时关闭控制阀，以防止炉管烧坏而酿成事故，温度控制器 T_1C 和 T_2C 都采用反作用方向。

（1）干扰进入副回路

F_2 引起 T_2 变化，控制器 T_2C 及时进行控制，使其很快稳定下来。如果干扰量小，经过副回路控制后，F_2 一般影响不到温度 T_1；如果干扰量大，其大部分影响为副回路所克服，波及被控变量温度 T_1 再由主回路进一步控制，彻底消除干扰的影响，使被控变量回复到给定值。

由于副回路控制通道短，时间常数小，所以当干扰进入回路时，可以获得比单回路控制系统超前的控制作用，有效地克服燃料油压力或热值变化对原料油出口温度的影响，从而大大提高了控制质量。

(2) 干扰作用于主对象

若 F_1变化引起 T_1增大，则 T_1C 输出减少，即 T_2C 设定值减少，以致 T_2C 输出降低，即炉膛温度降低，T_1恢复给定值。可见，在串级控制系统中，如果干扰作用于主对象，由于副回路的存在，可以及时改变副变量的数值，以达到稳定主变量的目的。

(3) 干扰同时作用于副回路和主对象

① 在干扰作用下，主、副变量的变化方向相同。

比如燃料油压力增加使炉膛温度 T_2增加，同时原料油进口流量减少又使出口温度 T_1增加。这时主控制器的输出由于 T_1增加而减小，而副控制器由于测量值 T_2增加，给定值又减小，这时偏差更大，所以副控制器的输出大大减小，大大减少了燃料量。可见，由于此时主、副控制器的工作都是使阀门关小，所以控制作用加强，控制过程变快。

② 主、副变量的变化方向相反，一个增加，另一个减小。

比如燃料油压力增加使炉膛温度 T_2增加，同时原料油进口流量增加又使出口温度 T_1降低。这时主控制器的测量值 T_1降低，输出增大，使得副控制器的设定值也增大，而此刻副控制器的测量值 T_2也在增大，如果两者增量正好相等，则偏差不变，副控制器输出不变；如果两者增量不等，由于能互相抵消掉一部分，因而偏差也不大，只要控制阀稍稍动作一点，即可使系统达到稳定。

6.1.2 精馏塔塔釜温度串级控制

精馏塔塔釜温度是保证产品分离纯度的重要间接控制指标。由于温度对象滞后大，当蒸汽压力波动较大时，简单靠调节加热蒸汽量来保证塔釜温度稳定不理想，常采用塔釜温度与蒸汽流量串级控制，示意图如图 6-4 所示。温度控制器 TC 的输出作为蒸汽流量控制器 FC 的设定值。通过这套串级控制系统，在塔釜温度稳定不变时，蒸汽流量能保持恒定值。而当温度在外来干扰作用下偏离给定值时，又要求蒸汽流量能作相应的变化，以使能量的需要与供给之间得到平衡，从而保持釜温在要求的数值上。

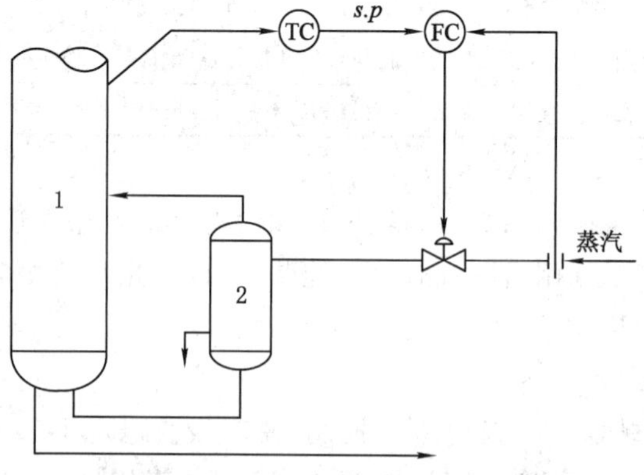

1—精馏塔；2—再沸器。

图 6-4 精馏塔塔釜温度串级控制系统

本例中，选择的副变量就是操纵变量(加热蒸汽量)本身。这样，当干扰来自蒸汽压力或流量的波动时，副回路能及时加以克服，大大减少这种干扰对主变量的影响，极大提高塔釜温度的控制质量。

6.1.3　串级控制系统特点及应用

一个通用的串级控制系统方框图如图 6-5 所示。从图中可以看出，串级控制系统由两套测量变送器、两个控制器、两个被控对象和一个执行器组成。其中的两个控制器串联起来工作，前一个控制器的输出作为后一个控制器的给定值。后一个控制器的输出送给执行器。串级控制系统与简单控制系统有一个显著的区别，它在结构上形成了两个闭环。一个闭环在里面，称为副环或副回路，在控制过程中起着“粗调”的作用；一个闭环在外面，称为主环或主回路，用来完成“细调”任务，以保证被控变量满足工艺要求。

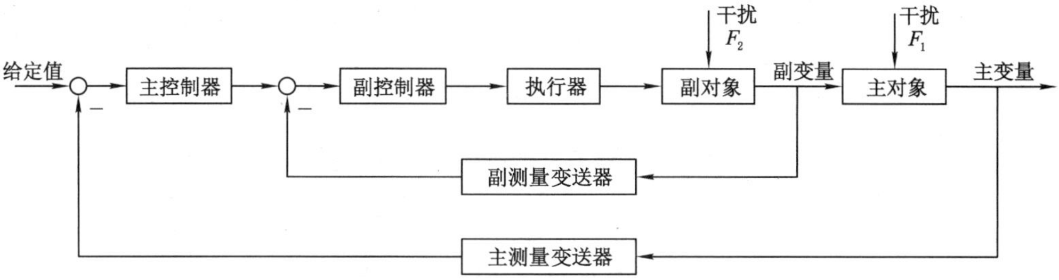

图 6-5　串级控制系统典型方框图

串级控制系统具有以下特点：

① 在系统结构上，串级控制系统有两个闭合回路，分别是主回路和副回路；有两个控制器，分别是主控制器和副控制器；有两个测量变送器，分别测量主变量和副变量。在串级控制系统中，主回路是个定值控制系统，而副回路是个随动控制系统。

② 在串级控制系统中，有两个变量：主变量和副变量。主变量是反映产品质量或生产过程运行情况的主要工艺变量。

③ 在系统特性上，串级控制系统由于副回路的引入，改善了对象的特性，使控制过程加快，具有超前控制作用，从而有效地克服滞后，提高了控制质量。

④ 串级控制系统由于增加了副回路，因此具有一定的自适应能力，可用于负荷和操作条件有较大变化的场合。

当对象的滞后和时间常数较大、干扰作用强烈频繁、负荷变化大、工艺要求高时，简单控制系统达不到理想的控制效果时，可采用串级控制系统。

设计时，根据生产工艺的具体情况，选择一个合适的副变量，从而构成一个以副变量为被控变量的副回路。串级控制系统中副回路的确定原则包括：

① 主、副变量间应有一定的内在联系。

可选择与主变量有一定关系的某一中间变量作为副变量，如管式加热炉串级控制系统中的炉膛温度；亦可选择操纵变量本身作为副变量，这样能及时克服它的波动，减少对主变量的影响，如精馏塔塔釜温度串级控制系统中的加热蒸汽流量。

② 要使系统的主要干扰被包围在副回路内。

图 6-6 为加热炉出口温度与燃料油压力串级控制系统示意图。在本系统中，由于选择了燃料油压力作为副变量，副对象的控制通道很短，时间常数很小，因此控制作用非常及时，

比起图 6-2 所示的控制方案，能更及时有效地克服由于燃料油压力波动对原料油出口温度的影响，从而大大提高了控制质量。

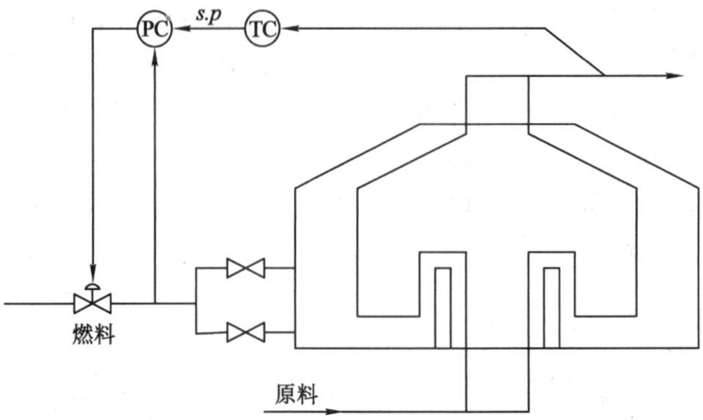

图 6-6　加热炉出口温度与燃料油压力串级控制系统

但如果管式加热炉的主要干扰来自燃料油组分（或热值）波动时，就不宜采用图 6-6 所示的控制方案，因为这时主要干扰并没有被包围在副环内，所以不能充分发挥副环抗干扰能力强的这一优点。

③ 在可能的情况下，应使副环包围更多的次要干扰。

如果在生产过程中，除了主要干扰外，还有较多的次要干扰，或者系统的干扰较多且难于分出主要干扰与次要干扰，在这种情况下，选择副变量应考虑使副环尽量多包围一些干扰，这样可以充分发挥副环的快速抗干扰能力，以提高串级控制系统的控制质量。然而，随着副回路包围干扰的增多，副环将随之扩大，副变量离主变量也就越近。这样一来，副对象的控制通道就变长，滞后也就增大，从而会削弱副回路的快速、有力控制的特性。因此，在选择副变量时，既要考虑到使副环包围较多的干扰，又要考虑到使副变量不要离主变量太近。

④ 副变量的选择应考虑到主、副对象时间常数的匹配，以防"共振"的发生。

在串级控制系统中，主、副对象的时间常数不能太接近。在选择副变量时，应注意使主、副对象的时间常数之比为 3～10，以减少主、副回路的动态联系，避免"共振"。当然，也不能盲目追求减小副对象的时间常数，否则可能使副回路包围的干扰太少，使系统抗干扰能力反而减弱了。

⑤ 当对象具有较大的纯滞后而影响控制质量时，在选择副变量时应使副环尽量少包含纯滞后或不包含纯滞后。

对于含有大的纯滞后的对象，可采用串级控制系统，并通过合理选择副变量将纯滞后部分放到主对象中去，以提高副回路的快速抗干扰功能，及时克服干扰的影响，将其抑制在最小限度内，从而可以使主变量的控制质量得到提高。

最后，在选择主、副控制器的调节规律时，为了高精度地稳定主变量，对于主控制器通常都选用比例积分控制规律，以实现主变量的无差控制。副变量的给定值是随主控制器的输出变化而变化的，当要求动作迅速时，一般采用比例控制规律。

6.2 前馈控制系统

反馈控制系统按偏差来进行调节，不论是什么干扰引起被控变量的变化，控制器均可根据偏差进行调节，这是反馈控制的优点，但反馈控制也有一些固有缺点：对象总存在滞后惯性，从扰动作用出现到形成偏差需要时间。当偏差产生后，偏差信号需要经过整个反馈环路才能产生调节作用去抵消干扰作用的影响，这个过程又需要时间。也就是说，反馈控制根本无法将扰动克服在被控变量偏离给定值之前，调节作用总不及时，从而限制了调节质量的进一步提高。另外，由于反馈控制是一个闭环系统，信号的传递要经过闭环中的所有储能元件，因而包含着内在的不稳定因素。前馈的概念很早就有，随着仪表及计算机技术的发展，前馈控制越来越受重视。

6.2.1 换热器前馈控制

如果假定影响换热器出口物料温度的主要干扰是进料流量的变化，则可测量进料流量，根据进料量的变化直接去调节加热蒸汽量，即采用前馈控制，如图 6-7 所示。

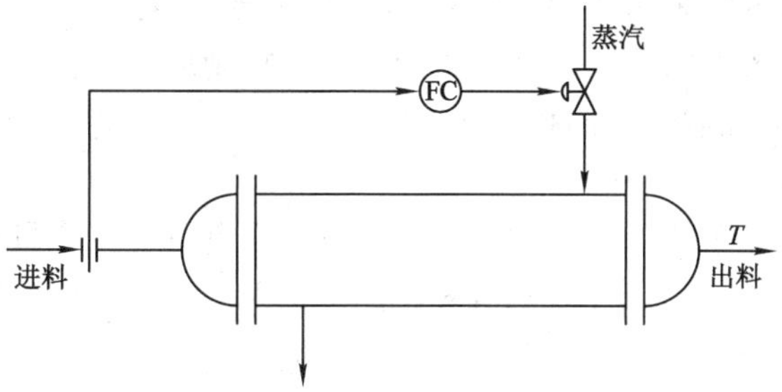

图 6-7 换热器的前馈控制

当进料流量发生扰动时，出口温度就会受到影响，产生偏差。如果用一般的反馈控制，控制器只根据被加热液体出口温度 T 的偏差进行调节，则当进料流量发生扰动后，要等到 T 变化后控制器才开始动作。而控制器控制调节阀，改变加热蒸汽的流量以后，又要经过热交换过程的惯性，才使出口物料温度 T 变化，体现出调节效果。这就可能使出口温度产生较大的动态偏差。如果根据进料流量的测量信号来控制调节阀，那么当进料量发生扰动后，就不必等到流量变化反映到出口温度以后再去进行操作，而是可以根据流量的变化，立即对调节阀进行操作，甚至可以在出口温度还没有变化前就及时将流量的扰动补偿了。这个自动装置就称为前馈控制器或扰动补偿器。

6.2.2 前馈控制特点

图 6-8 为前馈控制的方框图。与反馈比较，前馈控制具有如下特点：

① 前馈控制是基于不变性原理工作的，比反馈控制及时、有效。

前馈控制是根据干扰的变化产生控制作用的。反馈控制与前馈控制的检测信号与控制信号不同，反馈控制的依据是被控变量与给定值的偏差，检测的信号是被控变量，控制作用发生时间是在偏差出现以后，而前馈控制的依据是干扰的变化，检测的信号是干扰量的大小，控制作用的发生时间是在干扰作用的瞬间而不需等到偏差出现之后。

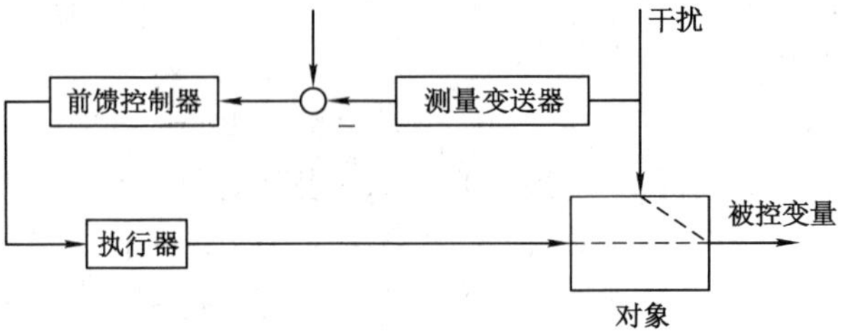

图 6-8 前馈控制方框图

② 前馈控制属于“开环”控制系统。

反馈控制系统是一个闭环控制系统，而前馈控制是一个“开环”控制系统。反馈控制由于是闭环系统，控制结果能够通过反馈获得检验，而前馈控制其控制效果并不通过反馈来加以检验。要想综合一个合适的前馈控制作用，必须对被控对象的特性作深入的研究和彻底的了解。

③ 前馈控制使用的是视对象特性而定的“专用”控制器。

一般的反馈控制系统均采用通用类型的 PID 控制器，而前馈控制要采用专用前馈控制器。前馈控制器的控制规律取决于干扰通道的特性与控制通道的特性。对于不同的对象特性，就应该设计具有不同控制规律的控制器。

④ 一种前馈作用只能克服一种干扰。

前馈控制是针对某一干扰工作的，并且系统开环，没有对被控变量进行检测来评估控制效果，因此前馈控制只能克服特定的干扰，对其他干扰无能为力。而反馈控制只用一个控制回路就可克服多个干扰的影响。

6.2.3 前馈控制的几种形式

(1) 静态前馈控制系统

在图 6-7 中，前馈控制器的输出信号是按干扰大小随时间变化的，它是干扰量和时间的函数。当干扰通道和控制通道动态特性相同时，可以不考虑时间函数，只按静态关系确定前馈控制作用。在条件允许时，可按静态方程式实现静态前馈。

图 6-9 中，冷料流量为 Q_1，入口温度为 T_1，出口温度为 T_2，同时它们也是被控变量。假设 Q_1 为主要干扰，只考虑对其进行静态补偿，根据热平衡原理，蒸汽冷凝放出的热量等于进料流体获得的热量，即

$$Q_2 r = Q_1 c_p (T_2 - T_1) \tag{6.1}$$

式中，r 为蒸汽冷凝热；c_p 为被加热物料的比热容；Q_1 为进料流量；Q_2 为蒸汽流量。

当进料增加后为 $Q_1 + \Delta Q_1$，为保持出口温度 T_2 不变，蒸汽流量需要相应地变化到 $Q_2 + \Delta Q_2$，列出这时的静态方程为

$$(Q_2 + \Delta Q_2) r = (Q_1 + \Delta Q_1) c_p (T_2 - T_1) \tag{6.2}$$

两式相减，得

$$\Delta Q_2 r = \Delta Q_1 c_p (T_2 - T_1) \tag{6.3}$$

即

$$\Delta Q_2 = \frac{c_p (T_2 - T_1)}{r} \Delta Q_1 \tag{6.4}$$

令

$$K=\frac{\Delta Q_2}{\Delta Q_1}=\frac{c_p(T_2-T_1)}{r} \tag{6.5}$$

因此，若能使 Q_2 与 Q_1 的变化量保持 K 的关系，就可以实现静态补偿。根据静态控制方程式(6.4)，构成换热器静态前馈控制实施方案，如图 6-9 所示。

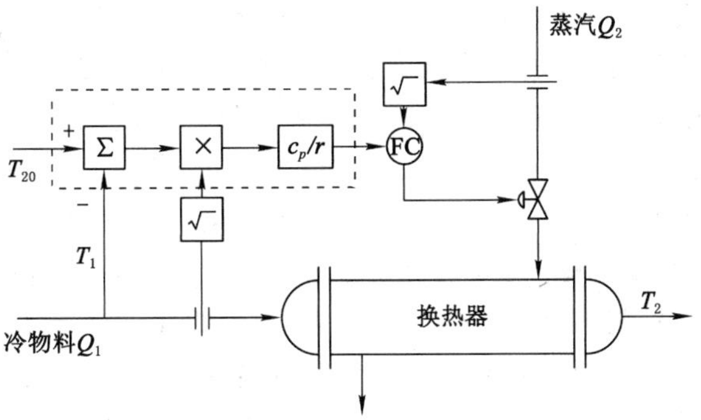

图 6-9　静态前馈控制实施方案

前馈控制在热交换器中应用较多，换热器有滞后大、时间常数大、反应慢的特性，前馈控制就是针对这种对象特性设计的，故能很好发挥作用。图 6-9 中虚线框内的环节，即前馈控制器。

(2) 动态前馈控制系统

静态前馈控制只能满足被控变量的静态偏差近似为零，其动态过程偏差得不到补偿。要考虑对象的动态特性，从而确定前馈控制器的规律，才能获得动态前馈补偿。在图 6-9 的基础上加上动态前馈补偿环节，就形成了图 6-10 所示的动态前馈控制实施方案。

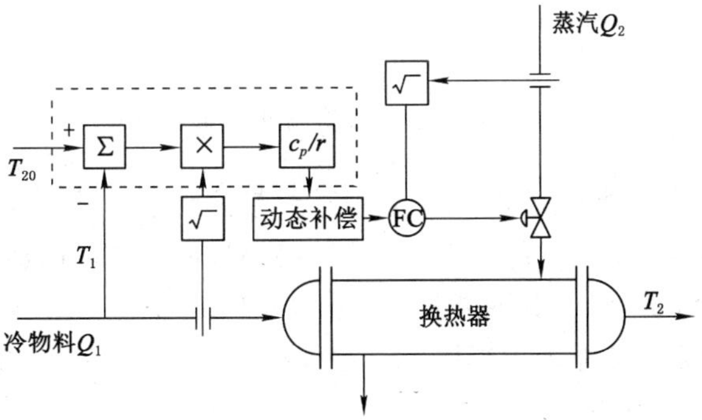

图 6-10　动态前馈控制实施方案

图中的动态补偿环节与被控对象的动态特性密切相关，由于工业对象千差万别，要想针对每一个对象都进行准确的动态补偿，这样的设计将会非常复杂，而且种类繁多，难以实现。可在静态前馈控制的基础上，加上延迟环节或微分环节，以近似补偿干扰作用。此类前馈控制器，有三个可以调整的参数 K、T_1、T_2。K 为放大倍数，是静态补偿用的。T_1、T_2 是时间常数，分别调节延迟作用和微分作用的强弱。与干扰通道比较，控制通道反应灵敏的给它加上延迟作用，反应迟缓的加上微分作用，通过调整 T_1、T_2 的大小，使两通道动态特性接近，反应合拍，以抑制动态偏差。

（3）前馈-反馈控制系统

实际上，工业对象会存在多个扰动，若均设置前馈通道，势必增加控制系统投资费用和维护工作量，因而一般仅选择几个主要干扰作为前馈通道，但这样设计的前馈控制器对其他干扰是丝毫没有校正作用的。同时，受前馈控制模型精度限制，模型的误差将导致非完全补偿，使被控变量最终存在偏差。最后，用仪表实现前馈控制时，往往作了近似处理，尤其当综合得到的前馈控制算式包含有纯超前环节或纯微分环节时，它们在物理上是不能实现的，构成的前馈控制器只能是近似的。

由于不存在被控变量的反馈，也即对于补偿的效果没有检验的手段。因此，如果前馈控制的结果无法消除被控变量的偏差，系统也无法获得这一信息而作进一步的校正。为了解决这一局限，在工程上往往将前馈与反馈结合起来应用，构成前馈-反馈控制系统，如图 6-11 所示。这样既发挥了前馈校正作用及时的优点，又保持了反馈控制能克服多种扰动及对被控变量最终检验的长处，两者协同配合、取长补短，能提高控制质量。从前馈控制角度，由于增加了反馈控制，降低了对前馈控制模型的精度要求，并能对未选作前馈信号的干扰产生校正作用；从反馈控制角度，由于前馈控制的存在，对干扰作了及时的粗调干预，极大降低了反馈控制的负担。

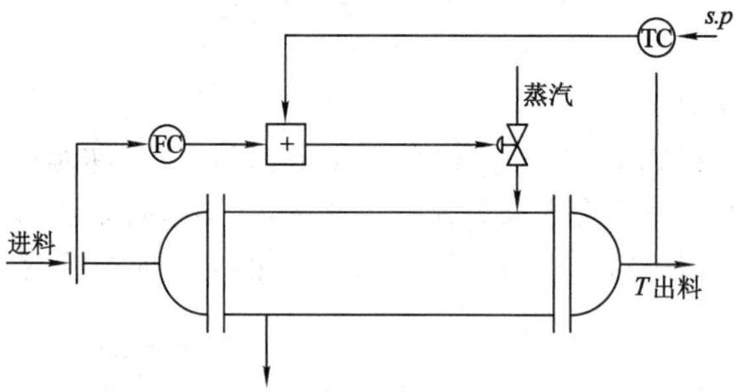

图 6-11 换热器的前馈-反馈控制系统

图中的控制器 FC 为前馈控制器，用来克服进料量波动这一主要干扰对 T 的影响。温度控制器 TC 为反馈控制器，用来克服其他干扰并检验控制效果。前馈、反馈控制作用相互叠加，共同改变加热蒸汽量，使得出料温度稳定在设定值上。

图 6-12 为前馈-反馈控制系统方框图，它也有两个控制器，但与前面所讲的串级控制截

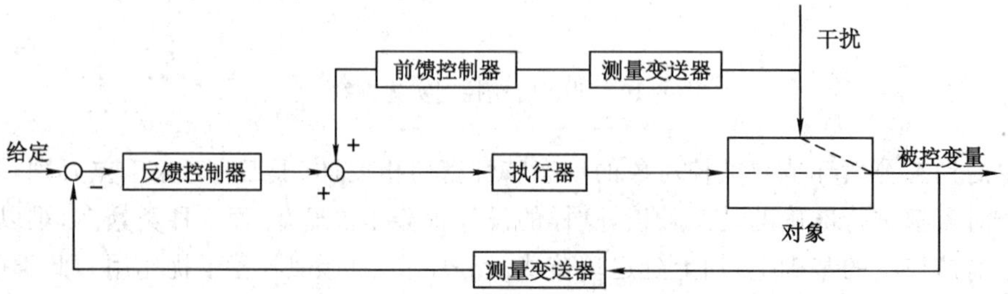

图 6-12 前馈-反馈控制系统方框图

然不同。串级控制系统是由内、外(或主、副)两个反馈回路所组成的,而前馈-反馈控制系统是由一个反馈回路和另一个开环的补偿回路叠加而成的。

6.2.4　前馈控制的应用场合

前馈控制的应用场合为:

① 干扰幅值大而频繁,对被控变量影响剧烈,仅采用反馈控制达不到要求的对象。

② 主要干扰是可测而不可控的变量。可测是指干扰量可以通过仪表变为标准信号。当前仍然有一些变量(如某些成分)还无法检测,也就无法实施前馈控制。不可控是指某些干扰难以通过单独的控制系统来稳定,包括一些虽能控制但生产上不允许调节的量,如负荷等。

③ 当对象的控制通道滞后大,反馈控制不及时,控制质量差,可采用前馈或前馈-反馈控制系统,以提高控制质量。

6.3　比值控制系统

工业生产经常需要将两种或两种以上的物料按特定比例混合或进行化学反应,一旦比例失调,轻则造成产品质量不合格,重则造成生产事故或发生危险。例如重油气化的造气过程中,进入气化炉的氧气和重油流量应保持一定的比例,如果氧量过高,会使炉温过高而烧坏喷嘴和耐火砖,甚至引起炉子爆炸,反之如果氧量过低,会导致炭黑增多,发生堵塞。聚乙烯醇生产中,树脂和氢氧化钠必须按一定比例进行混合,否则树脂将发生自聚而影响生产的正常进行。又如稀硝酸生产中的氧化炉,氨和空气应保持一定的比例,否则将使反应不能正常进行,而氨和空气比超过一定极限将会引起爆炸。比值控制的目的,就是为了实现几种物料符合一定的比例关系,以使生产能安全正常地进行。

稳定两个或两个以上参数,使其符合一定比例关系的控制系统,称为比值控制系统。在这两种需要维持比例关系的物料中,那种处于主导地位的物料称为主物料,其流量称为主流量,记作 Q_1。另外一种物料按主物料配比,随主物料变化而变化,称为从物料,其流量称为从流量或副流量,记作 Q_2。一般以生产中主要物料和不可控物料作为主物料。比值控制系统就是要实现副流量与主流量成一定比值关系 K,即

$$K = \frac{Q_2}{Q_1} \tag{6.6}$$

6.3.1　开环比值控制

图 6-13 为某工厂使用的 6%～8%NaOH 溶液配比工艺,由电化厂提供的 30%NaOH 溶液加水稀释配制。若按反馈原理,出口浓度为被控变量,入口水或碱流量为操纵变量,但浓度测量不便。而根据前馈不变性原理,若某一物料变化时,另一物料按比例随之变化,则可以实现对出口浓度完全补偿。通过简单的化学计算,就可以将浓度控制问题变为流量比值控制问题。当流量 Q_1 随高位槽液面变化时,通过测量变送使控制器 RC 的输出按比例变化,调节阀的流量特性选线性,则 Q_2 也就跟随 Q_1 按比例变化,以满足最终质量要求。

在图 6-13 所示的控制系统中,控制器 RC 只起比例作用,可用比值器代替。改变控制器的比例度或比值器的比值系数,就可以改变两流量的比值。由于该系统的副流量 Q_2 无反

馈校正,所以副流量本身无抗干扰能力。因此对于开环比值控制方案,只有当副流量较平稳且流量比值要求不高的场合才适用,如果水阀前压力不稳定,就无法获得满意的效果,因此实际使用不多。图 6-14 为开环比值控制简图,图 6-15 为开环比值控制方框图。

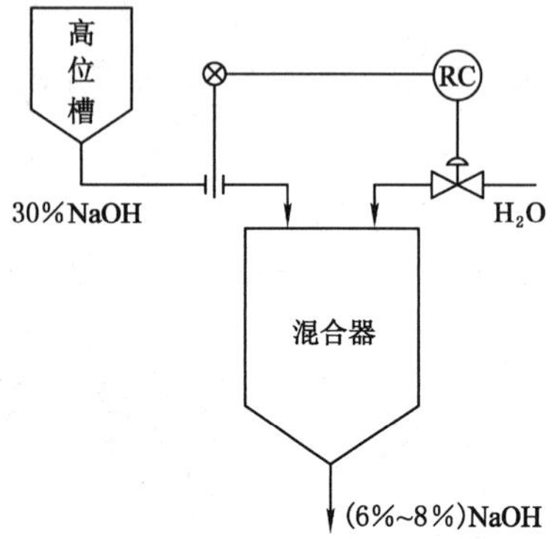

图 6-13 某 NaOH 溶液开环配比工艺

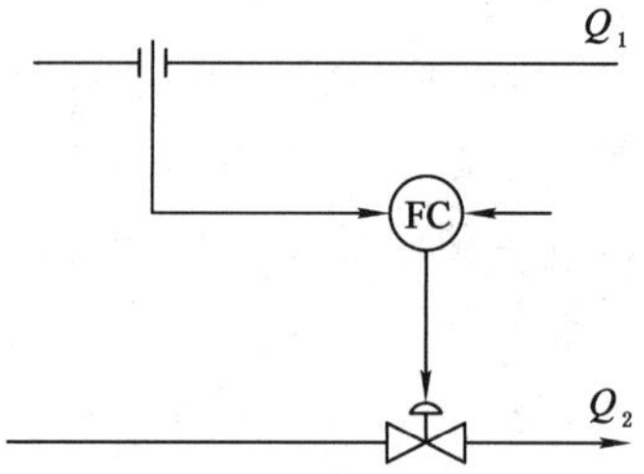

图 6-14 开环比值控制简图

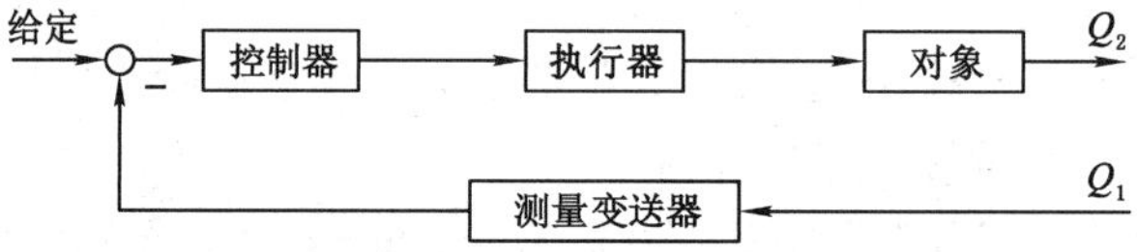

图 6-15 开环比值控制方框图

6.3.2 单闭环比值控制

单闭环比值控制系统是为了克服开环比值控制方案的不足,在开环比值控制系统的基础上,通过增加一个副流量的闭环控制系统而组成的,如图 6-16 所示。单闭环比值控制系统的优点是两种物料流量的比值较为精确,结构简单,实施也比较方便,所以其在工业中得到了广泛的应用,尤其是主物料在工艺上不允许进行控制的场合。它能实现副流量随主流量的变化而变化,还可以克服副流量本身干扰对比值的影响。然而,其缺点是两物料的流量比值虽然可以保持一定,但由于主流量是可变的,所以进入的总流量是不稳定的。这对于直

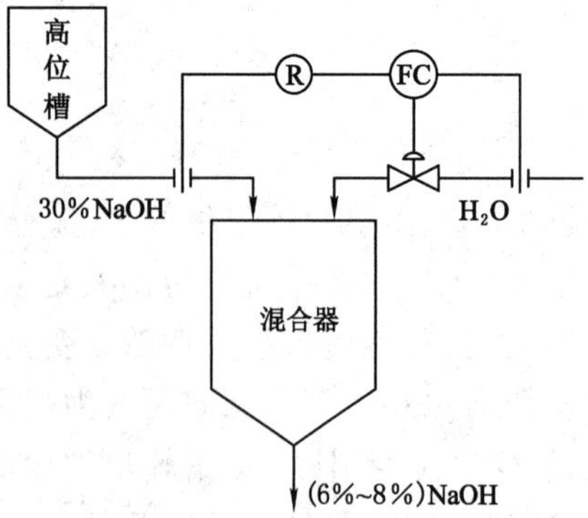

图 6-16 某 NaOH 溶液单闭环配比工艺

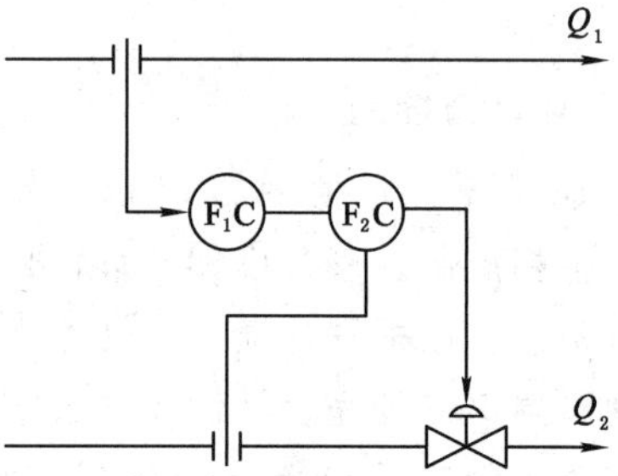

图 6-17 单闭环比值控制简图

接去化学反应器的场合是不太合适的，因为负荷波动会给反应过程带来不好的影响，会导致整个反应器的热平衡遭到破坏，甚至造成严重事故。图 6-17 为单闭环比值控制简图，图 6-18为单闭环比值控制方框图。

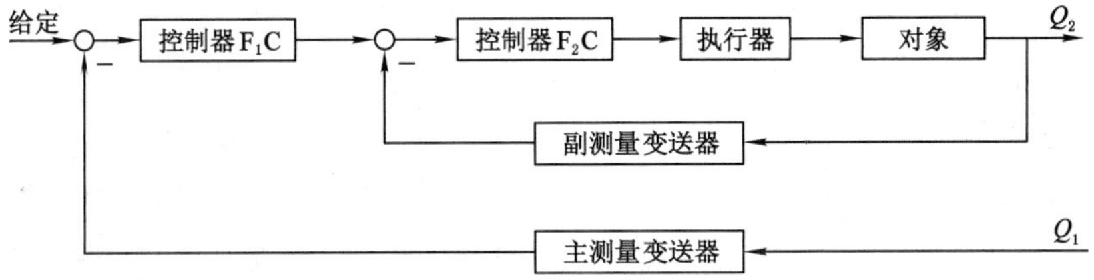

图 6-18　单闭环比值控制方框图

6.3.3　双闭环比值控制

为了能实现两流量的比值恒定，又能使进入系统的总负荷平稳，在单闭环比值控制的基础上又形成了双闭环比值控制。它与单闭环比值控制系统的差别在于主流量也构成了闭合回路。图 6-19 为某 NaOH 溶液双闭环比值控制工艺。图 6-20 为双闭环比值控制简图，图 6-21为双闭环比值控制方框图。

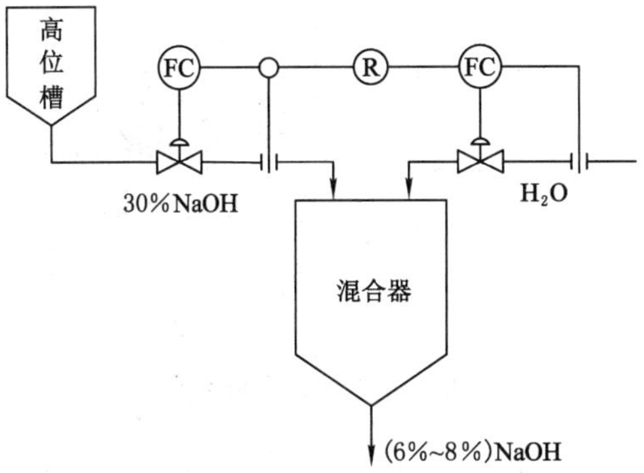

图 6-19　某 NaOH 溶液双闭环比值控制工艺

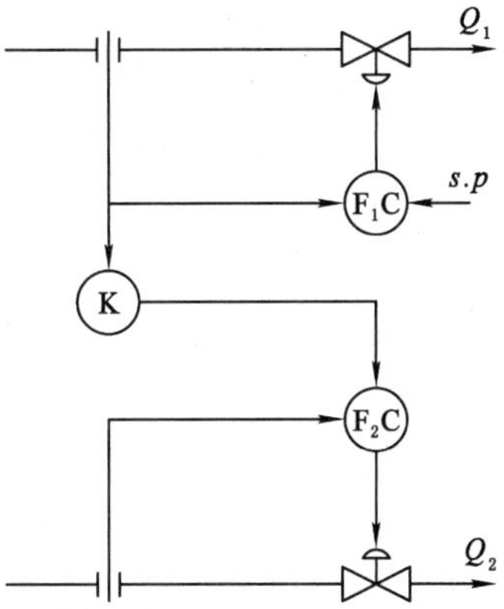

图 6-20　双闭环比值控制简图

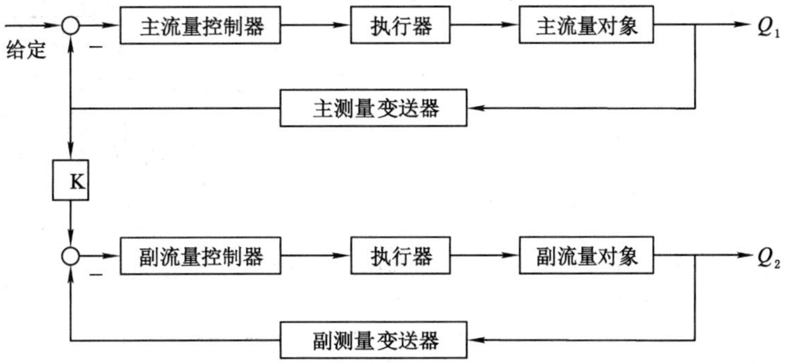

图 6-21　双闭环比值控制方框图

双闭环比值控制实现了比较精确的流量比值，也确保了两物料总量基本不变。提降负荷比较方便，只要缓慢地改变主流量控制器的设定值，就可以提降主流量，同时副流量也就自动跟踪提降，并保持两者比值不变。其缺点是结构较复杂，使用的仪表较多，投资较大，系统调整较麻烦。双闭环比值控制主要适用于主流量干扰频繁、工艺上不允许负荷有较大波动或工艺上经常需要提降负荷的场合。

6.3.4 变比值控制

流量间保持一定比例的目的仅仅是保证产品质量的一种手段，而定比值控制的各种方案只考虑如何来实现这种比值关系，没有考虑按定值配比的两种物料混合或反应后最终质量是否达标。因此，从最终质量的角度来看，定比值控制系统是开环的。由于工业生产过程中的影响因素很多，固定的比值器系数在多变的复杂工况下，不一定能保证产品的最终质量，需不断修正。要求两种物料的比值能灵活地随第三变量的需要而加以调整，这样就形成了变比值控制系统。

图 6-22 为变换炉的半水煤气与水蒸气的变比值控制系统示意图。在变换炉生产过程中，半水煤气与水蒸气的量需维持一定的比值，但其比值系数要能随一段触媒层的温度变化而调整，才能在较大负荷变化下始终保持良好的控制质量，保证出口一氧化碳浓度达到所要求的范围。

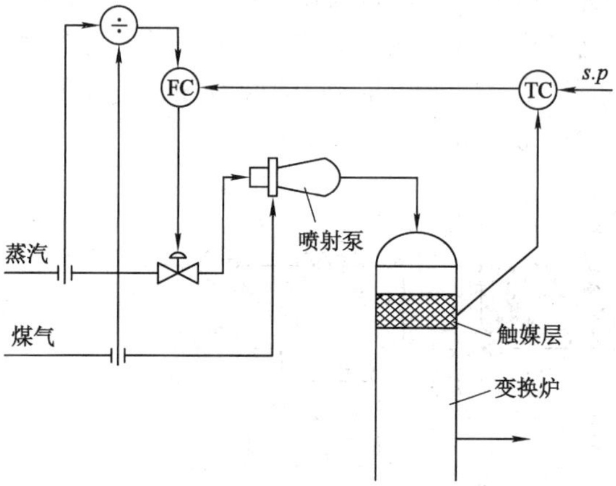

图 6-22 变换炉变比值控制系统

图 6-23 为变比值控制方框图。蒸汽与半水煤气的流量经测量变送后，送给除法器运算出它们的实际比值，作为比值控制器 FC 的测量值，而 FC 的设定值来自于温度控制器 TC，最后通过调节蒸汽量来实现变换炉触媒层温度稳定。从系统结构来说，实际上它也是一种变换炉触媒层温度与蒸汽/半水煤气比值的串级控制系统。

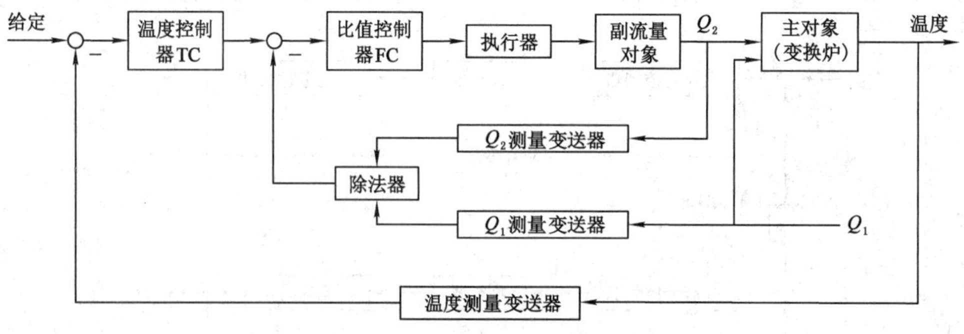

图 6-23 变比值控制方框图

6.4　选择性控制系统

通常的自动控制系统只能在正常工况下工作，保证生产工艺过程的安全操作。如遇到不正常工况，则往往要退出自动控制而切换为手动控制，待工况恢复正常后才能再切换进入自动控制状态。然而，现在过程工业中，越来越多的生产装置要求控制系统既能在正常工况下发挥自动控制作用，也能在不正常工况下发挥自动控制作用，使生产过程尽快恢复到正常工况，或者至少有助于工况恢复正常。在不正常工况时发挥作用的控制系统属于安全保护措施，包括两大类，即硬保护和软保护。

硬保护措施通常指连锁保护控制系统。当生产过程工况超出一定范围进入不正常状态时，连锁保护系统采取一系列的措施，如报警、自动到手动操作、连锁动作等，使生产过程处于相对安全的状态。但这种硬保护措施对生产的影响较大，甚至使生产停车，造成经济上的严重损失。于是，为有效地防止生产事故的发生，减少开、停车次数，人们在实践中逐渐探索出许多更为安全和经济的软保护措施来减少损失。

软保护即指当生产过程工况超出一定范围时，不是消极地连锁保护甚至停车，而是自动地切换到一种新的控制系统中，这个新的控制系统取代了原来的控制系统对生产过程的控制，当工况恢复时，又自动地切换到原来的控制系统中。由于需要对工况是否正常进行判断，并在两个控制系统中进行选择，因此，这类控制系统称为选择性控制系统，通常也称为取代控制或超弛控制。

6.4.1　选择性控制的基本原理

选择性控制在结构上的特点是使用选择器，可以在两个或多个调节器的输出端，或在几个变送器输出端对信号进行选择，以适应不同的工况需要。在选择性控制系统中，有两个调节器（“正常”调节器和“取代”调节器或“超弛”调节器），它们的输出信号通过一个选择器后送往调节阀。当生产过程处于正常情况时，系统在“正常”调节器的控制下运行，而“取代”调节器则处于开环状态备用；一旦发生不正常情况，通过选择器使原来备用的“取代”调节器投入自动运行，而“正常”调节器处于备用状态。

与自动连锁保护系统不同，选择性控制可以在工艺过程不停车的情况下解决生产中的不正常状况，但在“取代”控制器运行期间控制质量会有所降低，所以这种系统保护方式称为“软保护”。

6.4.2　选择性控制的类型

（1）选择器位于两个调节器与执行器之间

如图 6-24 所示，在锅炉燃烧系统中一般以锅炉的蒸汽压力为被控变量，控制燃料量（在此为燃料气）以保证蒸汽压力恒定。但在燃烧过程中，调节阀阀后压力过高会造成脱火现象（炉膛熄火后若燃料气继续进入，则在一定的

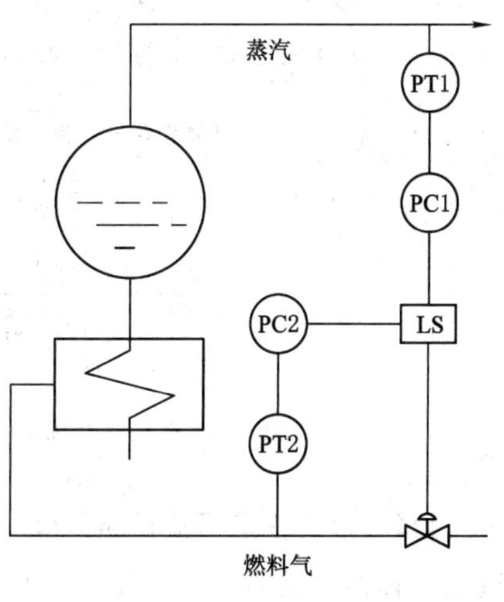

图 6-24　锅炉燃烧系统选择性控制流程图

燃料气、空气混合浓度下,遇火种极易爆炸),燃料气压力过低会造成回火现象。为此,设置了一个选择性控制系统以防脱火。

选择器为低值选择器 LS,蒸汽压力调节器 PC1 为正常调节器,燃料气阀后压力调节器 PC2 为超弛调节器。在正常工况下,蒸汽压力调节器的输出总是小于超弛调节器的输出,蒸汽压力调节器的输出通过低值选择器去控制燃料气阀,以使蒸汽压力满足工艺需要。当蒸汽压力下降时,由于蒸汽压力调节器的作用,调节阀逐渐打开,增加燃料气量以提高蒸汽压力。如果阀门打开过大,阀后压力达到极限状态,再增加压力就会产生脱火现象。此时,由于阀后压力调节器是反作用,其输出立即减小,通过低值选择器取代了蒸汽压力调节器的工作,关小阀门,使燃料气压力脱离极限状态,防止了脱火事故发生。回到正常工况后,蒸汽压力调节器自动重新切换上去,以维持正常的蒸汽压力。方框图如图 6-25 所示。

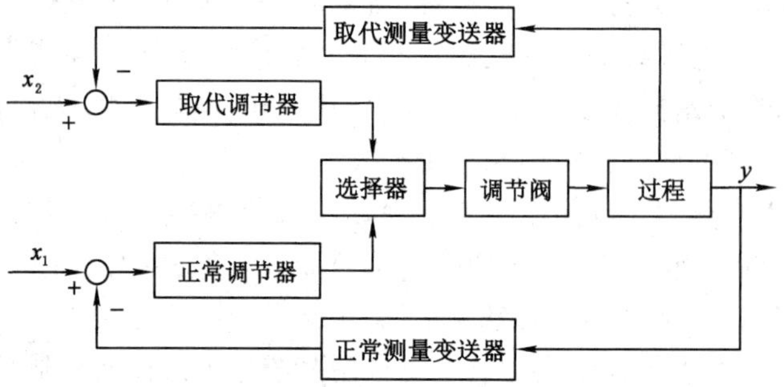

图 6-25 锅炉燃烧系统选择性控制方框图

(2) 选择器位于变送器与调节器之间

这类选择性控制系统的特点是多个变送器共用一个调节器,其任务是实现被控变量的选点(选出最高或最低测量值,选出可靠或中间测量值)。比如固定床反应器中,为了防止温度过高烧坏催化剂,导致其失效,在反应器的固定催化剂床层的不同位置上,设置了多个温度检测点,各点温度测量信号通过高值选择器,选出其中最高的温度信号作为测量值,进行温度自动控制,以保证反应器催化剂层总体的安全。方框图如图 6-26 所示,不同点的测量值经过选择器取最大值后,作为最终测量值送给调节器,选择器在变送器与调节器之间。

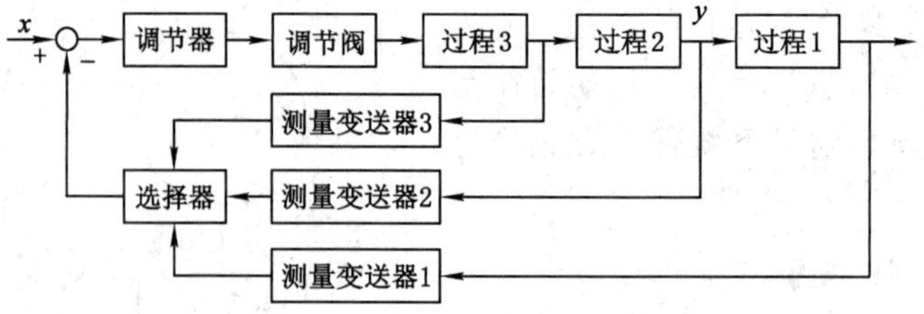

图 6-26 固定催化剂床层温度控制方框图

6.4.3 选择性控制中选择器性质的确定

确定选择器性质的步骤是首先从工艺安全出发确定调节阀的气开、气关形式,然后确定调节器的正反作用方式,最后确定选择器的类型。对于上面锅炉燃烧系统选择性控制的例子，当调节阀的气源中断时，为了使锅炉安全，应该截断燃料，因此选气开阀。相应的蒸汽压力调节器和燃料阀后压力调节器都选择反作用。选择器的性质只取决于超弛调节器。由于阀后压力调节器为反作用，当阀后压力过高时，调节器输出信号减小。该信号减小后要求被选中，显然选择器应为低值选择器。

6.5　分程控制系统

一般来说，一台控制器的输出仅操纵一台调节阀。若一台控制器的输出可以同时控制两台甚至两台以上的调节阀，并且控制器的输出信号被分割成若干个信号范围段，由每一段信号去控制一台调节阀，这称为分程控制系统。

6.5.1　分程控制系统的原理

以图 6-27 控制系统为例说明分程控制系统的原理。

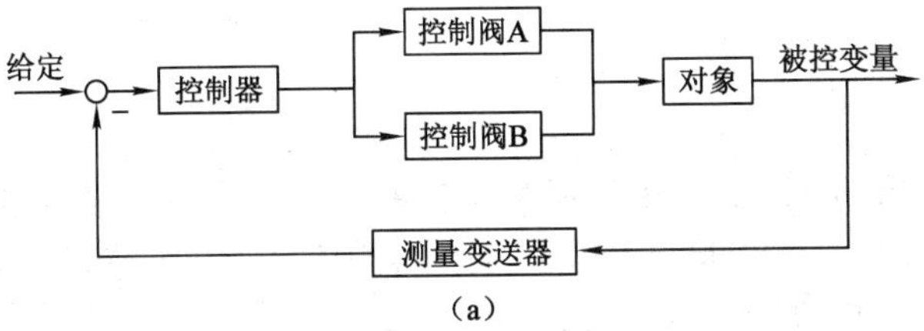

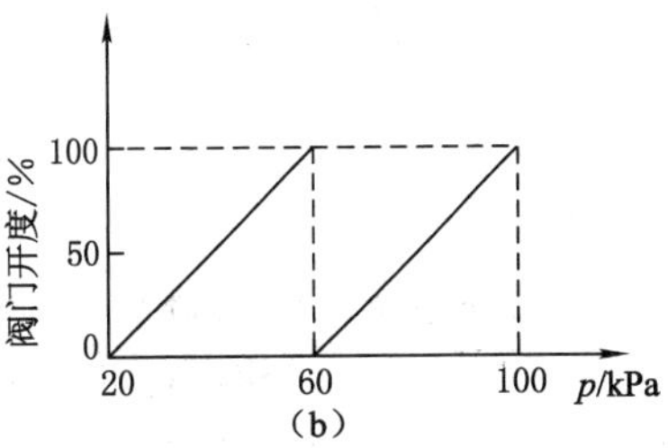

图 6-27　分程控制系统

(a) 方框图；(b) 阀门特性

在图 6-27(a)中，控制系统中有两个气动调节阀 A 和 B，且均为气开阀，工作特性如图 6-27(b)所示，其中 A 在控制器输出信号为 20～60 kPa 范围内时工作，B 在控制器输出信号为 60～100 kPa 范围内时工作，控制器的输出信号同时送给 A、B 两个调节阀。当控制信号 p 为 20 kPa 时，阀 A 全关，随着 p 的增加，阀门开度增加，当 p 增加至 60 kPa 时，阀门全部打开；p 继续增加，阀门开度不变，保持为全开的极限状态；阀 B 在 p 为 20～60 kPa 范围内时保持全关，但从 60 kPa 开始，阀门逐步打开，p 增加至 100 kPa 时，阀 B 全开。可见，两个阀门在控制信号的不同区间从全关到全开，走完整个行程，构成分程控制。

事实上，由于阀门具有气开和气关两种特性，图 6-27 中的 A、B 两阀可以有四种不同组合，如图 6-28 所示，其中图 6-28(a)和(b)为两个阀门同时为气开阀和气关阀，图 6-28(c)和(d)为其中一个阀为气开阀而另一个阀为气关阀。

分程控制系统本质上仍是一个单回路控制系统，可以参照单回路控制系统选取控制器的控制规律及参数整定，但分程控制系统在结构上有两个调节阀，阀门特性也不完全相同，所以只能兼顾两种情况，选取一组比较合适的整定参数。

6.5.2　分程控制系统的应用

(1) 扩大调节阀的可调比

大多数国产调节阀的可调比 R 为 30，在某些需要更大可调比的场合，不能满足需求。

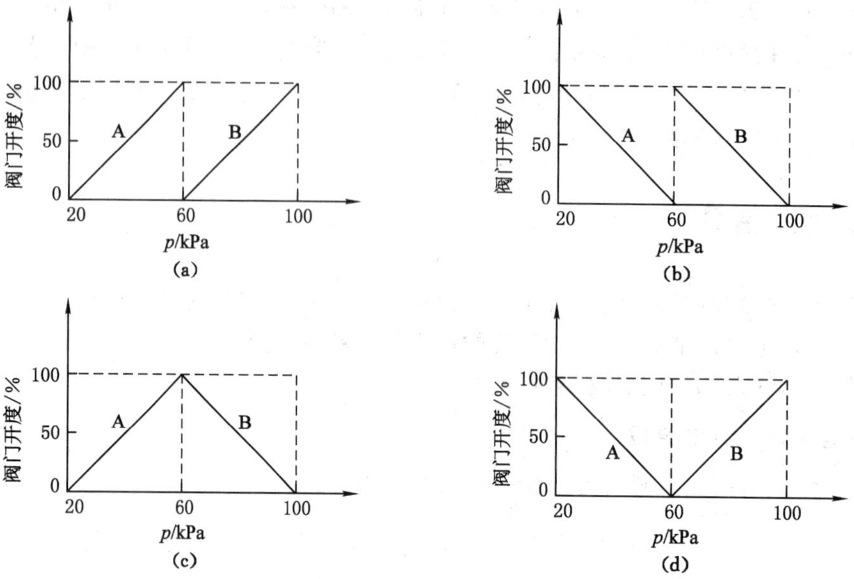

图 6-28 两个阀门的分程控制特性

如废水处理中 pH 值的控制，对可调比的要求特别大，废液流量变化可达 4～5 倍，酸碱含量变化可达几十倍，此时使用可调比 R 为 30 的调节阀显然是达不到控制要求的。分程控制系统能扩大调节阀的可调范围，适应负荷的大范围变化，提高控制质量。

对图 6-27(a)中 A、B 两调节阀，假设其可控制的最大流量分别为 $Q_{\max A}=30$，$Q_{\max B}=150$，可调比 $R_A=R_B=30$，当两阀以分程方式工作时，将两个阀当作一个调节阀使用，则可控制的最小流量为

$$Q'_{\min}=30/30=1$$

可控制的最大流量为

$$Q'_{\max}=30+150=180$$

则可调比

$$R=180/1=180$$

可见，可调比 R 提高了 6 倍。这样既能满足生产上的需求，又能改善调节阀的工作特性，提高控制质量。

(2) 节能控制

某些生产过程使用换热器对物料进行加热，加热介质为热水和热蒸汽。当热水加热不能够满足物料出口温度要求时，再同时补充蒸汽加热，从而减小能耗。此时，采用图 6-29 所示温度分程控制系统。图中，控制器为反作用式，热水和蒸汽调节阀均选为气开式，在正常情况下，控制器输出信号使热水阀工作，此时蒸汽阀全关，节省蒸汽；当热水阀全开也不足以满足物料出口温度要求时，控制器输出信号同时使蒸汽阀打开，以满足出口温度的工艺要求。

(3) 交替控制

在有些工业生产场合，有时需要交替使用不同的控制方式，以保证生产过程的安全和稳

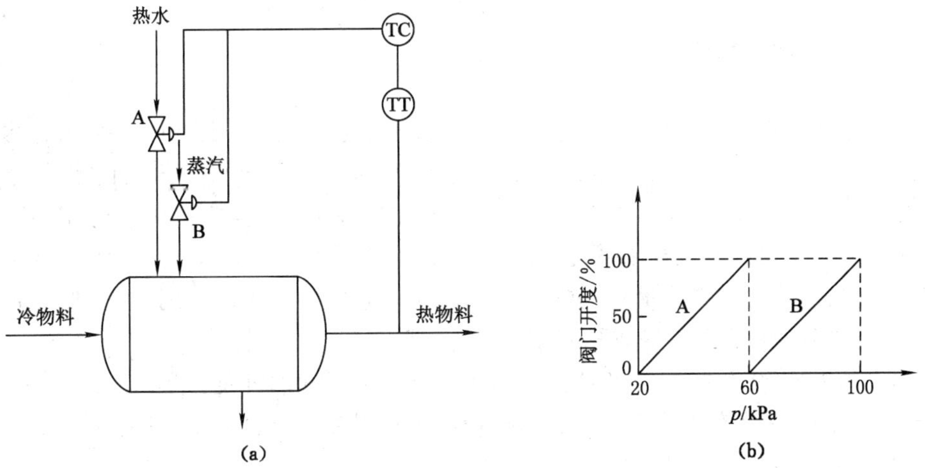

图 6-29　温度分程控制流程图

(a) 流程图；(b) 特性图

定。如对建于室外的石油化工原料或产品贮存罐，罐顶需要充填氮气以隔绝空气防止氧化乃至发生爆炸危险，称之为氮封。氮封技术要求罐内压力 p 保持微正压。然而，在生产过程中，当罐内液位下降导致罐内压力下降时，需要补充氮气防止罐体被吸瘪损坏罐体，当罐内液位升高导致罐内压力升高时，需要排出部分氮气防止罐体破裂，造成浪费或引发危险。

为了保证贮存罐的安全，采用图 6-30 所示分程控制系统。控制器为反作用式，阀门 A 选气关阀，阀门 B 选气开阀。当液位下降时，阀门 A 关闭，阀门 B 打开，将氮气补充入罐体顶部，维持罐顶压力不变；当液位上升时，阀门 B 关闭，阀门 A 打开，将罐顶氮气排出至大气中，维持罐顶压力不变。此外，当压力 p 在 0.058～0.062 MPa 之间时，两个阀门均处于关闭状态，控制系统不采取任何行动，这个区间为安全区间，以避免阀门频繁开启，使系统更加稳定。

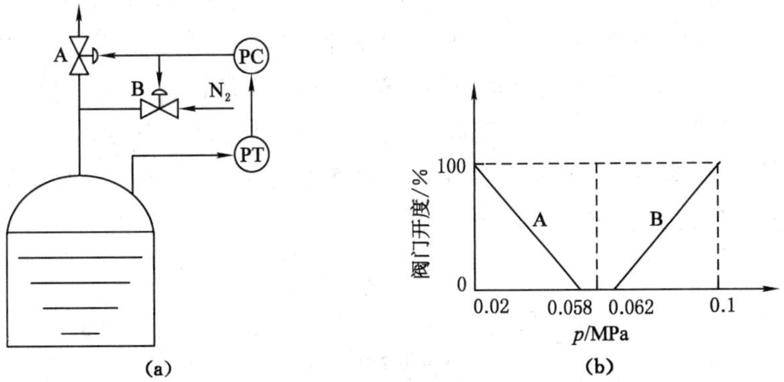

图 6-30　室外贮存罐罐顶氮封压力分程控制系统

(a) 流程图；(b) 特性图

6.6 均匀控制系统

在过程工业生产中，各生产装置都是紧密联系在一起的，前一装置的出料，往往是后一装置的进料。在如图 6-31 所示的连续精馏双塔系统中，A 塔的出料是 B 塔的进料，为稳定两塔的操作，对 A 塔来说需要保持塔釜液位稳定，对 B 塔来说则需要进料稳定，这两个要求是相互矛盾的。A 塔的液位控制系统，其调节参数是 A 塔的塔底出料流量，显然，稳定了 A 塔的液位，A 塔塔底的出料流量必然要波动。而 B 塔进料控制系统，为了稳定进料流量，需要经常改变阀门的开度，使流量保持不变。显然，要使这两个控制系统都正常工作，是不可能的。如果 A 塔的液位下降，则液位控制器 LC 减小出料阀的开度，这将引起 B 塔进料量降低，于是 B 塔的流量控制器 QC 增加进料阀的开度，其结果又会使 A 塔液位降低，如此下去，将顾此失彼，无法稳定两塔的操作。

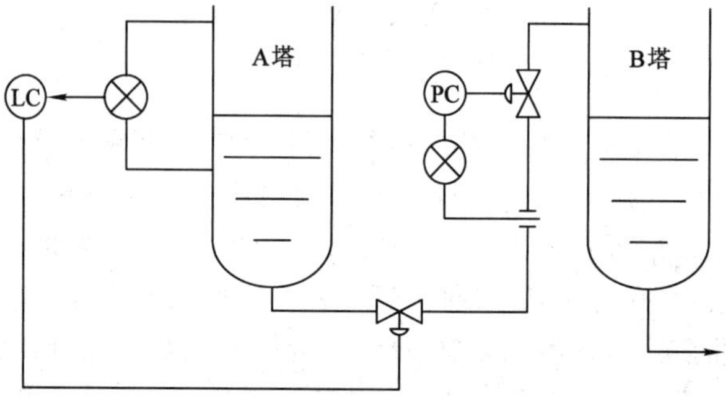

图 6-31 前后精馏塔相互矛盾的控制系统

均匀控制的思想是既然理想状态不能实现，只有冲突的双方各自降低要求，以保证共存。从工艺和设备上分析可知，A 塔塔釜有一定的容量，因此液位并不要求保持在定值上，而是允许在一定的范围内波动，B 塔的进料，如不能做到定值控制，能使其缓慢变化对 B 塔的稳定操作也是有益的，较之前进料流量的剧烈波动则改善了很多。因此，调整控制目标为图 6-32 所示，该目标体现了均匀控制的思想。当干扰使 A 塔液位升高时，不是迅速有力地调整，使液位几乎不变，而是允许有一定幅度的上升，同时 B 塔流量也适当增加一些，分担 A 塔液位受到的干扰；同理，当 B 塔流量受到干扰而变化时，A 塔液位也分担流量受到的干扰，如此均匀地互帮互助，互相共存。

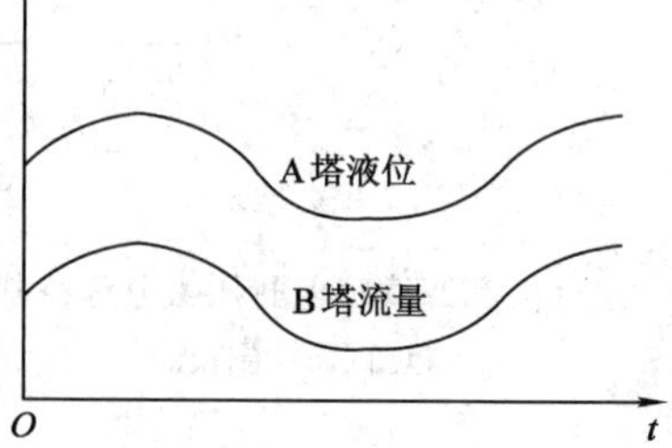

图 6-32 均匀控制系统的控制目标

图 6-33 所示为双塔的简单均匀控制系统方案，其外表看起来与简单的定值液位控制系统一样，但系统的目的不同。对 A 塔来说，液位定值控制是通过改变出料流量来保持液位恒定的，而简单均匀控制，在整定控制器参数时，按均匀控制思想进行。通常采用纯比例控制器，且比例度取较大数值，整定参数时同时观察两个被控变量的过渡过程来调整比例度，以达到满意的“均匀”。这样，通过协调液位与出料流量之间的关系，允许它们都在各自允许的范围内作缓慢变化，从而实现基本满足 A 塔液位和 B 塔进料流量的控制要求。

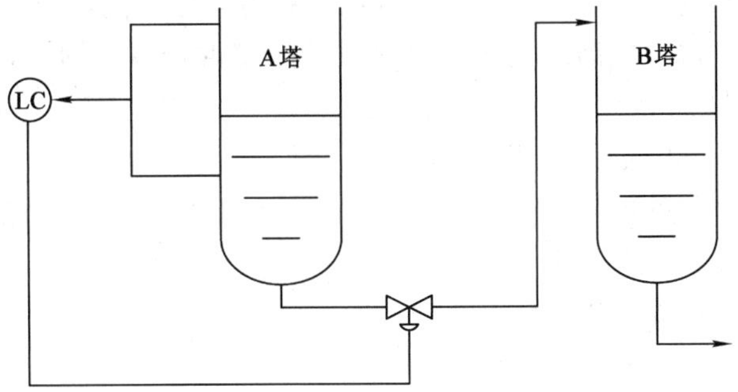

图 6-33　简单均匀控制系统

本章习题

1. 说明串级控制的定义，并画出一般串级控制系统的典型方框图。

2. 试概述串级控制系统的主要特点及使用场合。

3. 简述串级控制系统中主、副变量的确定原则。

4. 说明串级控制系统中的主控制器大多选择 PI 或 PID 作用，而副控制器选择 P 作用的理由。

5. 图 6-34 所示为串级均匀控制系统示意图，试画出该系统的方框图，并分析该系统与普通串级控制系统的异同点。

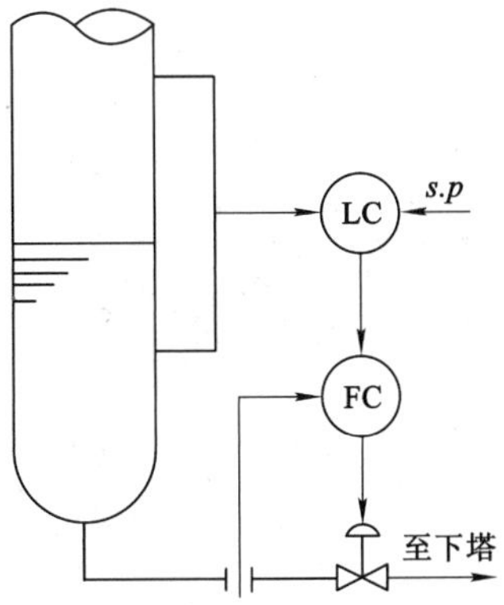

图 6-34　某精馏塔塔底串级均匀控制系统流程图

6. 什么是前馈控制系统？其特点和使用场合分别是什么？

7. 在什么情况下要采用前馈-反馈控制系统？试画出它的方框图，并指出在该系统中，前馈和反馈各起什么作用？

8. 请简述比值控制系统的概念及其类型。

9. 试画出单闭环比值控制系统的原理图，并分析为什么说单闭环比值控制系统的主回路是不闭合的？

10. 单闭环比值控制系统与开环比值控制系统相比有什么优点？

11. 试画出双闭环比值控制系统的原理图，并简要说明与单闭环比值控制系统相比，它有什么特点和使用场景？

12. 变比值控制系统的定义是什么？

13. 什么叫生产过程的软保护措施？其与硬保护措施相比有什么优点？

14. 请说明选择性控制的基本原理。

15. 分程控制系统主要使用场景都有哪些？

16. 请简要概述均匀控制的目的和特点。

第 7 章　计算机控制系统

7.1　概述

计算机控制系统是应用计算机参与控制并借助一些辅助部件与被控对象发生联系，以获得预定控制目的的系统。随着计算机技术的迅速发展，以及在结构、功能、可靠性等方面的显著体现，以计算机为核心的控制系统在工业控制、交通运输、航空航天、国防军事、农业等领域得到广泛应用。一般说来，计算机主要以工业应用计算机为主，也可以是通用计算机或商用计算机，辅助部件主要指输入/输出接口、检测装置、转换装置、存储装置和执行装置等。计算机与被控对象、辅助部件之间的联系可以采用有线方式（如信号电缆、专用通讯电缆、网线），也可以采用无线方式（如无线通信模块）。控制系统通过检测装置从被控对象获得采集信号，经过转换装置进行信号转换，经过输入接口进入计算机中，通过数据计算处理，进行显示、存储，控制信号经输出接口传输到执行装置中，执行装置根据接收到的控制信号，完成控制操作，实现计算机控制。

7.1.1　计算机控制系统的发展历程

20 世纪 60 年代，计算机在控制领域开始应用，当时计算机的作用是控制调节器的设定点，具体的控制则由电子调节器来执行，系统中既有计算机又有调节器，系统较为复杂，投资也很大。在 60 年代末期出现了用一台计算机直接控制一个机组或一个车间的控制系统。在这种控制系统中，计算机不但可完成操作处理，还可直接根据给定值、过程变量和过程中其他测量值，通过某种运算，实现对执行机构的控制，以使被控量达到理想的工作状态。这种控制系统就是常说的直接数字控制系统（direct digital control），其基本思想是使用一台计算机代替若干个调节控制回路功能，对于小规模、自动化程度不高的系统，特别是对具有大量顺序控制和逻辑判断操作的控制系统，直接数字控制系统具有良好效果。

1969 年，美国数字设备公司（DEC 公司）研制出了基于集成电路和电子技术的控制装置，首次采用程序化的手段应用于电气控制，用于通用汽车公司以代替传统的继电器控制系统，这就是第一代可编程序控制器，标志着可编程序控制器（programmable logical controller）的诞生。随后日本、德国等工业发达国家也先后研制出用于工业控制的 PLC 控制系统。1987 年，国际电工委员会颁布的 PLC 标准草案中对 PLC 定义为：“PLC 是一种专门为在工业环境下应用而设计的数字运算操作的电子装置，它采用可以编制程序的存储器，用来在其内部存储执行逻辑运算、顺序运算、计时、计数和算术运算等操作的指令，并能通过数字式或模拟式的输入和输出，控制各种类型的机械或生产过程。PLC 及其有关的外围设备都应该按易于与工业控制系统形成一个整体，易于扩展其功能的原则而设计。” PLC 控制系统是基于集成芯片技术、计算机技术发展而来的，体现出众多优点，一经出现就引起轰动，在各个领域广泛应用，即使在自动化技术非常发达的今天，PLC 控制系统仍然是中小型控制系统的首选。

对于生产过程复杂、规模庞大、运算要求高的控制，DDC 控制系统、PLC 控制系统就显得力不从心，亟需计算能力更强、信息处理规模更大、可靠性更高的控制系统。在 20 世纪 70 年代，随着电子技术和计算机技术的迅速发展，大规模集成电路的出现为集散控制系统的产生和应用奠定了基础。1975 年，美国 Honeywell 公司首先推出了以微处理器为核心的分散型控制系统，其含义是集中管理、分散控制，因而称之为集散控制系统(distributed control system)。DCS 系统的出现使工业控制系统的控制方式发生了质的变化，是工业控制发展历史上的重要里程碑。DCS 系统基于综合自动化的设计思想，按功能分散、协调集中的原则设计，具有高可靠性、高实时性，是用于生产管理、数据采集和各种过程控制的计算机控制系统。

在广泛的工业应用过程中，在集散控制系统的基础上发展了分布式控制系统。分布式控制系统更强调各子系统间的协作关系，有明确的分解策略和算法。它是一个由过程控制级和过程监控级组成的以通信网络为纽带的多级计算机系统，综合了计算机(computer)、通讯(communication)、显示(CRT)和控制(control)等 4C 技术，其基本思想是分散控制、集中操作、分级管理、配置灵活、组态方便。目前，集散控制系统和分布式控制系统都统称为分布式控制系统。

在 20 世纪 90 年代，一种更为先进、被行业认为是 DCS 控制系统的更新换代产品——现场总线控制系统(fieldbus control system，FCS)兴起，将网络通信与管理的观念引入工业控制领域，成为工业生产自动化领域新的热点。国际电工委员会和美国仪表学会将现场总线定义为："现场总线是连接智能现场设备和自动化系统的数字式、双向传输、多分支结构的通信网络，它的关键标志是能支持双向、多节点、总线式的全数字通信"。从本质上说，现场总线是一种数字通信协议，是连接智能现场设备和自动化系统的数字式、全分散、双向传输、多分支结构的通信网络。现场总线技术是控制技术、仪表工业技术和计算机网各技术三者的结合，具有现场通信网络、现场设备互联、互操作性、分散的功能块、通信线供电和开放式互联网络等技术特点。这些特点不仅保证了它完全可以适应目前工业界对数字通信和自动控制的需求，而且使它与 Internet 网络互联构成不同层次的复杂网络成为可能。简而言之，现场总线把控制系统最基础的现场设备变成网络节点连接起来，实现自下而上的全数字化通信，可以认为其是通信总线在现场设备中的延伸，把企业信息沟通的覆盖范围延伸到了工业现场，代表了工业控制体系结构发展的一种方向。

1999 年，美国首先提出了物联网(the internet of things)的概念，认为物联网是建立在统一物品编码、RFID(射频识别)技术和互联网的基础上的，让所有能够被独立寻址的普通物理对象实现互联互通的网络，具有普通对象设备化、自治终端互联化和普适服务智能化 3 个重要特征。2010 年，中国提出了物联网的定义为：通过信息传感设备，按照约定的协议，把任何物品与互联网连接起来，进行信息交换和通信，以实现智能化识别、定位、跟踪、监控和管理的一种网络，是在互联网基础上延伸和扩展的网络。2012 年，中国工业和信息化部正式发布《物联网"十二五"发展规划》，明确在包括智能工业、智能农业、智能物流、智能交通、智能电网、智能环保、智能安防、智能医疗、智能家居在内的九大领域开展物联网示范工程建设。

按照国际上普遍认可的定义，物联网可以将无处不在的末端设备和设施，包括具备“内在智能”的传感器、移动终端、工业系统、楼控系统、家庭智能设施、视频监控系统等，通过各种无线或有线的长距离或短距离通信网络实现互联互通、应用大集成以及基于云计算的营运等模式，在内网、专网或互联网环境下，采用适当的信息安全保障机制，提供安全可控乃至个性化的实时在线监测、定位追溯、报警联动、调度指挥、预案管理、远程控制、安全防范、远程维保、在线升级、统计报表、决策支持等管理和服务功能，实现对网内设备的“管、控、营”一体化。

综上所述，随着科学技术飞速发展，计算机控制系统正向网络化、数字化、智能化方向发展，基于计算机技术的控制系统应用也越来越广泛，前景也越来越美好，在推动控制技术进步和经济发展方面发挥更加重要的作用。

7.1.2 计算机控制系统的组成及分类

计算机控制系统由控制部分和被控对象组成，其中控制部分主要包括硬件系统和软件系统，被控对象范围广泛，通常指被控制的生产过程及其设备。硬件系统主要指计算机本身及相关外围设备，包括主机、过程输入/输出接口、人机接口、外部存储器及通信设备。软件系统是能完成各种功能计算机程序的总和，通常包括系统软件和应用软件。

7.1.2.1 硬件系统

(1) 计算机主机

主机由中央处理器(CPU)和内部存储器(ROM，RAM)组成。中央处理器是一块超大规模的集成电路，是计算机的运算核心和控制核心，其功能是解释计算机指令以及处理计算机软件中的数据。中央处理器经历了从处理字长8位到64位的发展，功能已经非常强大，主要制造商有Intel公司、AMD公司、Motorola公司。

内部存储器分为ROM和RAM两种。系统的启动、基本输入输出、自检等监控程序一般都固化在ROM中，也常将各种控制运算模块、检测及数据处理模块、通信模块、系统管理等应用程序模块固化于此。ROM容量视系统大小和复杂程度而定，小的几十千字节，大的数百千字节到兆字节。有些系统一通电，CPU马上从ROM中读取程序代码，系统就能投入运行。RAM用于存放或取得运行数据文件。现场采集的实时数据以及运算的中间变量、用户在线操作时修改的参数(如设定值、手动操作值、过程变量的上下限报警值、PID控制的参数值等)均在RAM中存取。

(2) 过程输入/输出(I/O)接口通道

在计算机控制系统中，被控对象及生产过程与计算机之间的信号传输是通过过程输入/输出(I/O)通道完成。一般来说，被控对象与计算机之间传递的信号类型有模拟量信号、开关量信号、数字量信号、脉冲量信号几类，不同类型的信号通过不同的电路(或设备)输入或输出。

模拟量信号(如温度、流量、压力、位移、电流、电压等)通常经测量传感器或变送器变换之后，以标准信号进入计算机，通过信号滤波、采样及A/D转换之后变为数字量信号，为CPU所接受，经过运算处理后进行显示、存储或者打印。需要执行控制动作的模拟量信号经D/A转换再重变回模拟量，以标准信号形式输出至执行机构。模拟量输入/输出通道部分的硬件，是计算机控制系统中除主机之外重要的组成部分之一，其可靠性、准确性、稳定性直接影响整个计算机控制系统的性能。

开关量信号是只有 0 和 1 两种状态的信号，生产设备中电气开关的断开与闭合（如光电开关、限位开关、断路器、继电器、接触器等）或者传感器反馈的高低信号电平均属开关量信号。开关量信号通过输入通道进入主机，经过运算处理后，对需要进行执行控制动作的开关量信号，通过输出通道输出至执行机构（如接触器、电磁阀等），执行启动（停止）或合闸（分闸）动作。

某些数字传感器的输出为二进制编码信号（如测量转角或转速的光电编码盘），某些仪表的测量值以 BCD 码输出至计算机接口，也有些仪表以脉冲量形式输出（如脉冲电度表）给计算机，还有经 V/F 变换器变换的脉冲量信号。计算机的输出也有以开关量或数字量形式输出的，如步进电机的驱动信号就属于数字量输出，更多的则是通过继电器、晶闸管、三极管等的通断来控制外部设备。

外部输入信号与计算机的输入/输出接口，一般经光电耦合器隔离，切断外部电路与计算机电路在电气上的联系，这样既有足够高的隔离电压水平，又保证了信号的可靠传输。

(3) 人机接口设备

人机接口设备通常包括显示器、触摸屏、文本显示器、打印机、编程器、外部存储器等，主要有以下作用：① 直观显示生产过程状态信息，如生产过程动态模拟、过程参数显示、工艺流程图、各种棒图、参数实时曲线或历史曲线、报警及故障信息等，可通过显示器或触摸屏显示；② 供操作人员发布操作控制命令，设置与修改参数，设置与修改用户信息，查询数据、报警、登录信息的历史记录；③ 存储，打印各类报表、报警信息、登录信息。

在 DCS 集散控制系统中，人机操作设备常分为 2 套，一套是供操作运行人员使用的操作员站，只做监视、运行操作之用；另一套是供系统管理人员用的所谓工程师站，除具有操作员站的所有功能之外，还有系统管理、修改程序、系统设置、系统组态等功能。

(4) 通信设备

对于简单的控制系统，一台计算机或一个微处理器就可以实现需要的控制功能；对于规模庞大、功能复杂、要求严格的复杂控制系统，用一台计算机实现采集、监视、处理与控制等功能则冒着较大风险，一旦计算机出现故障，整个控制系统将瘫痪，影响生产过程。因此，控制功能分散、管理集中、分层分布式结构的设计思想在现代的控制系统中广泛应用。比如，在 DCS 控制系统中，过程级、操作级、管理级之间需要数据通信要求，在同级的不同设备之间也有数据通信要求。计算机通信与计算机网络技术渗透到计算机控制系统之中，成为不可缺少的一部分。此外，现代控制系统中，现场设备与计算机的数据交换、不同系统计算机之间的数据交换、硬件设备之间的数据交换非常频繁，需要合适的通信方式实现。

计算通信方式多种多样，按照通信是否同步可分为同步通信和异步通信，按照传输方式可分为直接式和间接式，按照信息传输方向与时间的关系可分为单工通信、半双工通信及全双工通信，按照覆盖程度可分为局域式、城域式和广域式，按照传输介质形态分为有线介质通信（有线网）和无线介质通信（无线网）。其最基本的数据通信方式是并行通信和串行通信。并行通信方式是数据所有位同时传送，传送速度快，但是因为数据每一位都需要一条传输线，所以通信成本高，只适用于近距离计算机或设备之间的数据通信。串行通信方式使用一条数据线，将数据一位一位地依次传输，每一位数据占据一个固定的时间长度。其只需要少数几条线就可以在系统间交换信息，全双工的 RS232、RS422 信号，半双工的 RS485 信号，都是采用的串行通信。在计算机控制系统中，计算机与计算机之间、计算机与仪表、计算机与 PLC、DCS 及其他智能终端之间常使用串行通信。在远距离通信的情况下，还必须采用调制解调器（Modem），在需要通信的两端均需加装这个设备。

7.1.2.2 软件系统

计算机控制系统中的软件是指完成各种计算机功能的程序总和，是计算机控制系统的中枢神经，对控制系统的综合性能有至关重要的影响，整个控制系统都是在软件的协调指挥下运行的。计算控制系统的软件包括系统软件和应用软件 2 大类。

系统软件是专门用来使用和管理计算机本身的程序，支持应用软件开发、生成、测试、运行和维护，一般包括操作系统、数据库系统、汇编语言、高级算法语言、通信网络软件和诊断程序等，一般为面向计算机的通用软件。应用软件是针对生产或管理而编制的、针对具体对象的控制和管理的程序，从软件功能讲包括以下几部分：① 实时监测与控制软件：包括过程输入/输出程序，如对 A/D 和 D/A 变换，对开关量和数字量（脉冲量）采集或者输出，对采样数据的处理，对控制规律的运算、控制输出等。② 人机界面软件：操作台及键盘各种命令处理程序、打印程序、显示程序等，典型的如上位机组态软件、触摸屏软件。③ 数据通信与网络管理软件。④ 系统维护、测试、自检软件。⑤ 实时及历史数据库软件。

计算机系统的软件应当具有如下功能：

① 实时数据采集功能：完成现场过程参数的采集与处理。

② 控制运算功能：包括模拟控制、顺序控制、逻辑控制和组合控制等功能。

③ 控制输出功能：根据设计的控制算法所计算的结果输出控制信号，以跟踪输入信号的变化。

④ 报警监视功能：完成过程参数越界报警及设备故障报警等功能。

⑤ 画面显示和报表输出：实时显示过程参数及工艺流程，并提供操作画面、报表显示和打印功能。

⑥ 可靠性功能：包括故障诊断、冗余设计、备用通道切换等功能。

⑦ 流程画面制作功能：用来生成应用系统的各种工艺流程画面和报表等功能。

⑧ 管理功能：包括文件管理、数据库管理、趋势曲线、统计分析等功能。

⑨ 通信功能：包括控制单元之间、操作站之间、子系统之间的数据通信功能。

⑩ OPC 接口：通过 OPC Server 实现与上层计算机的数据共享和远程数据访问功能。

7.1.2.3 计算机控制系统的分类

计算机控制系统按照其功能分为以下几种典型系统。

（1）数据采集与处理系统

数据采集与处理系统（data acquisition system）是计算机应用于生成过程控制的最早、最基本的一种系统，目的是将被控对象或过程的参数进行巡回检测与采集，如图 7-1 所示为水务数据远程采集系统。系统的主要功能是对过程参数进行数据采集、数据处理（计算、统计、整理）、数据存储记录、实时数据分析以及数据越限报警等，可以用来建立或改善过程的数学模型。这种系统，计算机不直接参加对过程的控制，对过程不产生直接的影响。

（2）直接数字控制系统

直接数字控制（direct digital control）系统简称 DDC 控制系统，通过输入通道采集实时数据，按照一定的规律进行计算，最后发出控制信号，直接控制生产过程，是计算机在工业生

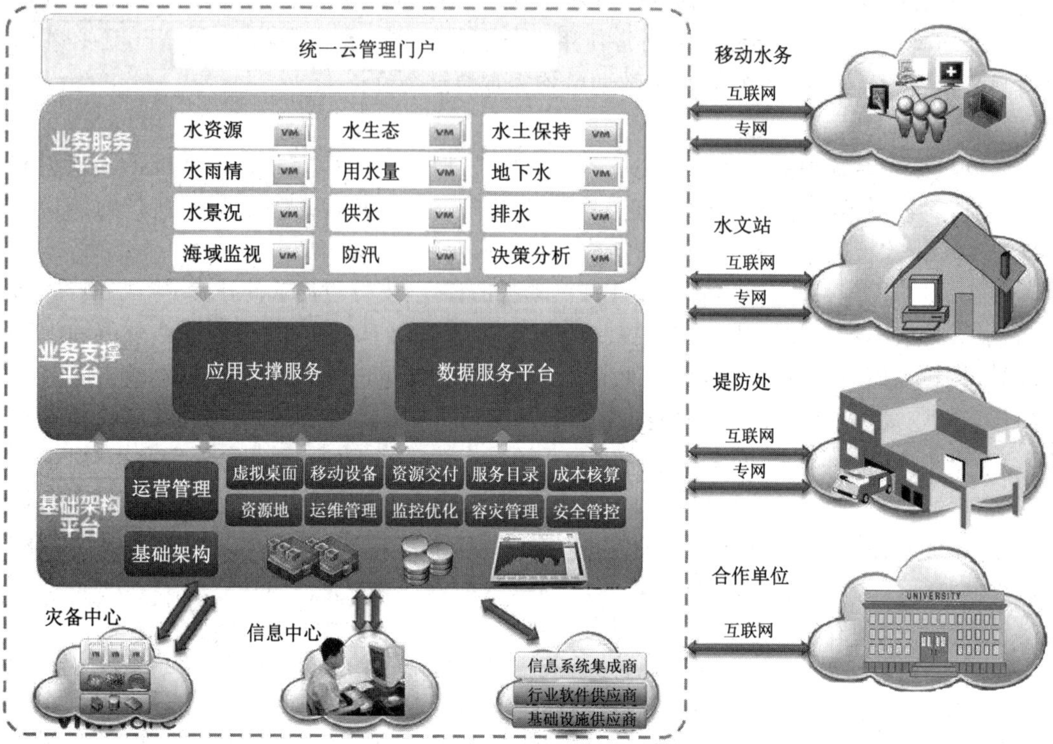

图 7-1　水务数据远程采集系统

产过程中最普遍的一种应用方式。DDC 系统的最大特点是从参数的采集、传输到控制等各个环节均采用数字控制功能来实现，同时一个数字控制器可实现多个常规仪表控制器的功能，可有多个不同对象的控制环路。

(3) 监督控制系统

计算机监督控制(supervisory computer control)系统简称监督控制(SCC)系统。该系统对测量的数据，按照系统的数学模型进行运算，求得合适的或最优的设定值，送给模拟控制器或 DDC 计算机，由模拟控制器或 DDC 计算机对过程进行控制，使系统处于最优工况。监督控制系统有“监督控制＋模拟调节器”和“监督控制＋DDC 控制”两种结构形式，如图 7-2和图 7-3 所示，监督计算器测量被控变量 2，给出被控变量 1 的优化值，作为调节器的设定值。两者不同处在于“监督控制＋模拟调节器”结构采用模拟调节器，它接收现场的模拟量信号，控制信号也是模拟量，而“监督控制＋DDC 控制”采用的是数字调节器，与现场信号的联系是通过模数转换器和数模转换器来实现的。

(4) 可编程控制系统

可编程控制器(programmable logic controller)系统简称 PLC 控制系统，是专门为工业生产设计的一种数字运算操作的电子装置，采用可编程的存储器，用于其内部存储程序、执行逻辑运算、顺序控制等面向用户的指令，并通过数字或模拟信号输出对被控对象实现控制。

(5) 集散控制系统

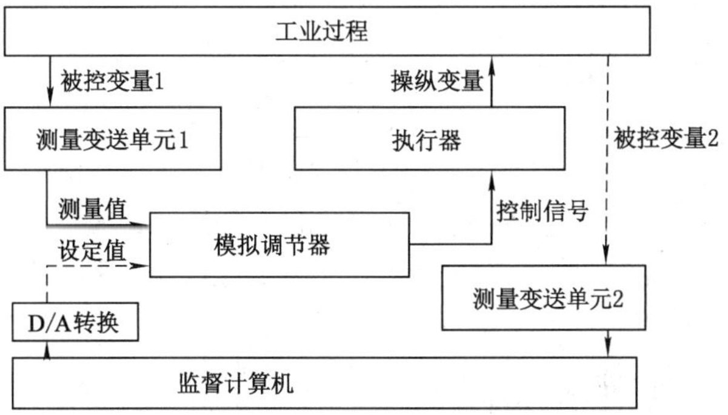

图 7-2　监督控制＋模拟调节器

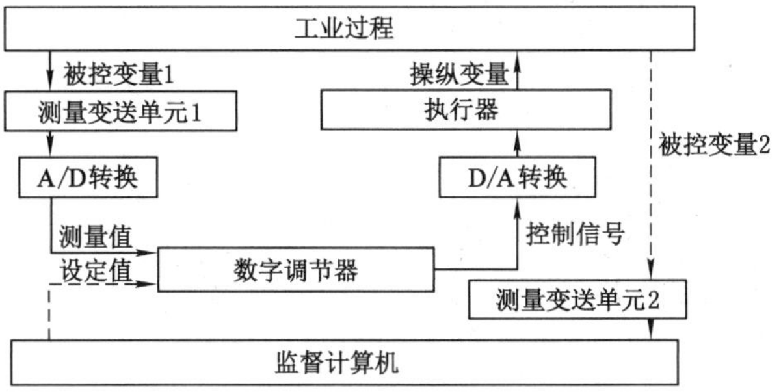

图 7-3　监督控制＋DDC 控制

集散控制系统也称为分布型计算机控制系统(distributed control system)，简称 DCS 控制系统。集散控制系统是以微处理技术为基础，集成了控制技术、计算机技术、通信技术和屏幕显示技术(简称“4C”技术)，实现了地理和功能上分散的控制，又通过高速数据通道，把分散的信息集中起来，进行集中监视和操作，可以实现复杂的控制规律，构成了全新的控制系统。

(6) 现场总线控制系统

现场总线控制系统(fieldbus control system)简称 FCS 控制系统，将网络通信与管理技术引入工业控制领域，本质上是一种数字通信协议，连接智能现场设备和自动化系统的数字式、全分散、双向传输、多分支结构的通信网络。它是控制技术、仪表工业技术和计算机网络技术高度融合发展而来的一种开放式新型控制系统。

7.2　直接数字(DDC)控制系统

7.2.1　DDC 控制系统的基本结构及工作原理

7.2.1.1　DDC 控制器的基本结构

DDC 控制器通常包括中央控制计算机(集中控制电脑、显示器、键盘、打印机、不间断电源、通信接口等)、现场 DDC 控制器、通信网络以及相应的传感器、执行器、调节阀等元器件，典型的 DDC 控制系统如图 7-4 所示。

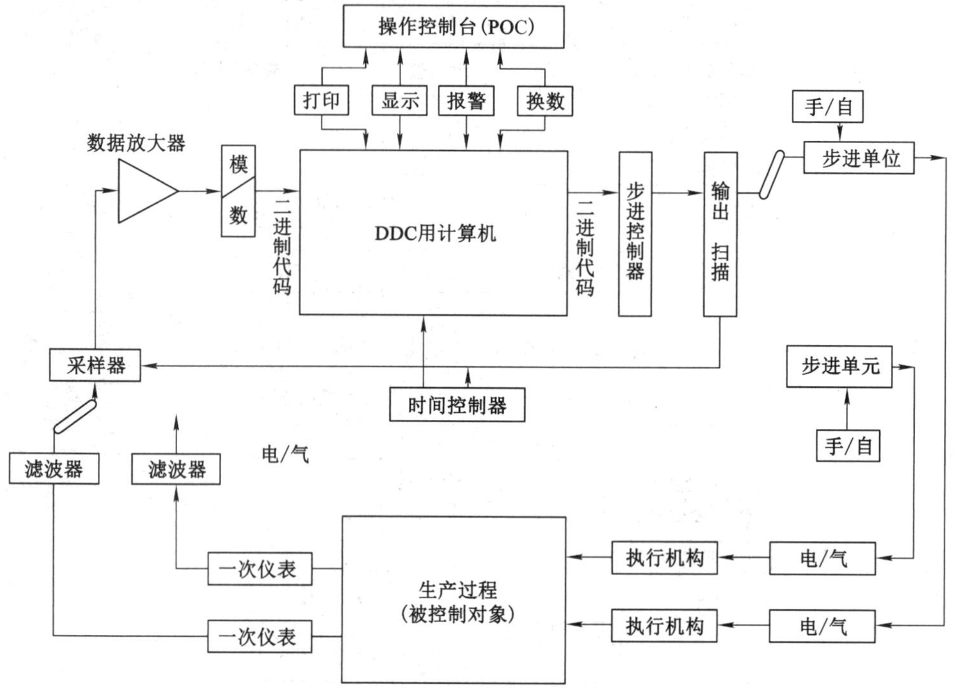

图 7-4　DDC 控制系统组成框架图

中央管理计算机设置在中央监控室内，它将来自现场设备的所有信息数据集中提供给监控人员，并接至室内的显示设备、记录设备和报警装置等。

可编程序的微处理器是 DDC 控制器的核心设备，是系统实现控制功能的关键部件，通常采用模块化的硬件结构，针对不同控制要求，通过对模块进行不同的组合来执行不同的控制功能。DDC 控制器的输入/输出信号主要有模拟量输入、开关量输入、模拟量输出、开关量输出 4 类，通过模拟量输入通道(AI)和开关量输入通道(DI)采集实时数据，并将模拟量信号转变成计算机可接受的数字信号(A/D 转换)，在处理器中根据编写的程序进行运算，最后发出控制信号，并将数字量信号转变成模拟量信号(D/A 转换)，并通过模拟量输出通道(AO)对被控对象(如气动执行器、电动执行器)进行调节，或通过开关量输出通道(DO)对被控对象(如变频器、接触器、电磁阀、指示灯)进行起停控制。

目前 DDC 控制系统常采用的网络结构有 2 种，即 Bus 总线结构和环流网络结构。其中 Bus 总线结构是所有 DDC 控制器均通过一条 Bus 总线与集中控制电脑相连，其最大优点就是系统简单、通信速度较快，对一些中、小型工程较为适用；但对于大型工程就会导致布线复杂。因此，工业应用中又推出了支路 Bus 总线结构网络，它是通过一个通信处理设备(NCU)后产生支路 Bus 总线，这样各支路又可带数个现场 DDC 控制器，对一个大区域而言，只需几个 NCU 与系统 Bus 总线相连即可，大大简化了系统。对于环流网络结构，它是利用 2 根总线形成一个环路，每一个环路可带数个 DDC 控制器，多个环路之间通过环路接口相连，因此这种系统最大的优点就是扩充能力较强。

通信网络是用于完成集中控制电脑与现场 DDC 控制器以及现场 DDC 控制器之间的信息交换，其连接材料通常采用信号电缆或专用通信电缆。现场 DDC 控制器与现场设备（如传感器、阀、断路器等）之间通常采用 1.5～2.5 mm^2 的聚氯乙烯绝缘铜芯电缆连接，是否需要采用屏蔽线应根据具体设备而定。

DDC 控制器的软件通常包括基础软件、自检软件和应用软件 3 部分。其中基础软件是作为固定程序固化在模块中的通用软件，通常由 DDC 制造商直接写在微处理芯片上，不需要也不能由其他人员进行修改。自检软件是由制造商开发、检测程序和输入/输出信息、保证 DDC 控制器正常运行的软件，周期性对系统程序和相关信号进行检测，判断其运行故障，便于技术人员维修。应用软件是技术人员针对具体控制内容编写的程序，可以根据具体技术需求和现场实际进行修改。应用软件具有以下功能：

① 数据处理功能：完成采集信息的数据处理、运算、显示。

② 控制功能：提供不同功能（如 P、PI、PID）的模拟算法调节控制特性。

③ 管理和通信功能：对可控制参数以及运行状态进行管理与再设定，与集中控制电脑可进行各种相关的通信。

④ 报警与连锁功能：在接到报警信号后可根据已设置程序连锁有关设备的启停，同时向集中控制电脑发出警报。

7.2.1.2 DDC 控制系统的主要功能和特点

DDC 控制系统在生产实践中广泛应用，其主要功能包括以下几个方面：

① 对现场数据采样设备进行周期性的数据采集。

② 对采集的数据进行调整和处理。

③ 对现场采集的数据进行分析，确定现场设备的运行状态。

④ 对现场设备运行状况进行检查对比，并对异常状态进行报警处理。

⑤ 根据现场采集的数据执行预定的控制算法而获得控制数据。

⑥ 通过预定控制程序完成各种控制功能，包括比例控制、比例积分控制、比例积分微分控制、开关控制、平均值控制、最大/最小值控制、焓值计算控制、逻辑运算控制和连锁控制。

⑦ 向现场的数据控制和执行设备输出控制和执行命令。

⑧ 通过数据网关或网络控制器连接第一层的设备，与各上级管理计算机进行数据交换，向上传送各项采集数据和设备运行状态信息，同时接收各上级计算机下达的实时控制指令或参数的设定与修改的指令。

DDC 控制系统有如下优点：

① 数字输入，集成度较高。

② 软件有较为丰富的控制模块。

③ 构建较为大型的控制系统网络时，成本较低。

④ 运算处理速度较快。

⑤ 程序修改及调试比较方便快捷。

同时，DDC 控制系统也有一些不足之处：

① DDC 控制系统本身的抗干扰能力有待加强，并且其分级、分布式结构具有一定的局限性，无法适用于规模较大、控制精度要求高、干扰严重的场合，应用范围受到限制。

② 程序模式相对固定，特殊功能程序模块不够多，在选择上有一定的局限性。

7.2.2 典型DDC控制系统及其工业应用

DDC控制系统在建筑、楼宇、机械行业广泛应用，提高了生产控制和管理水平。国际上工业自动化领域著名的大公司都有开发自己的DDC控制系统产品，如西门子(Siemens)、霍尼韦尔(Honeywell)等公司的DDC控制系统产品有良好的市场占有率和广泛的工业应用。

(1) 西门子(Siemens)PXC系列DDC控制器

西门子开发的DDC控制器主要有MBC、MEC、PXC、TEC等几种类型，其中，PXC系列是该公司开发的一款技术先进、结构紧凑、组合灵活、扩展方便的DDC控制器组合。作为西门子楼宇自动化系统的重要组成部分，PXC系列控制器包括模块化可编程控制器(PXC modular)和紧凑型可编程控制器(PXC compact)两大类，前者自身不带输入/输出点，需要通过总线进行扩展，后者自身带有输入/输出点，不能扩展，如图7-5所示。该系列控制器可支持TCP/IP或RS485通信协议，还具有PID闭环调节整定功能和自适应控制功能。

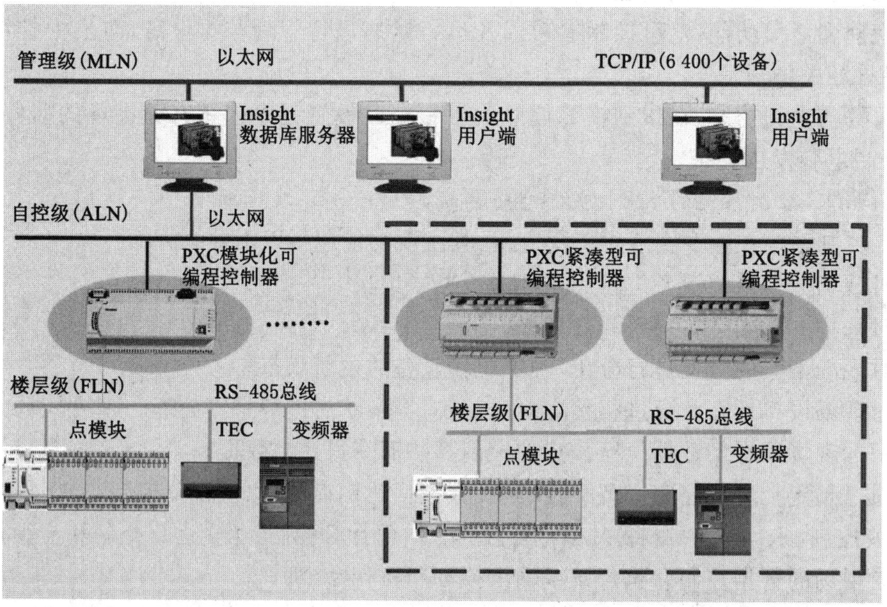

图7-5 西门子PXC控制器在楼宇管理系统中的应用拓扑图

(2) 霍尼韦尔(Honeywell)Excel系列DDC控制器

霍尼韦尔公司开发了Excel50、Excel100C、Excel800、Excel5000、Excel8000、Excel Webs等多种型号的DDC控制器，该公司DDC系列控制系统全球市场占有率稳居第一。以霍尼韦尔Excel5000 DDC控制器为例(图7-6)，该型号基于总线的系统架构，系统为两层网络结构，管理网采用TCP/IP协议，通过以太网/局域网连接；下层控制网采用C+Lon总线，支持C-Bus及LonWorks协议，该产品面世早，使用时间长，成熟稳定，应用广泛。

(3) 江森自控(Johnson Controls)系列DDC控制器

江森公司是世界上第一个恒温器制造商，是世界上最主要的建筑设备自动化管理系统生产商之一，综合设置自动管理系统领域的领导者，其DDC控制器产品主要有DX、FX、FEC系列，在楼宇管理服务系统、暖通空调系统、消防与安防系统、弱电系统领域颇有建树，

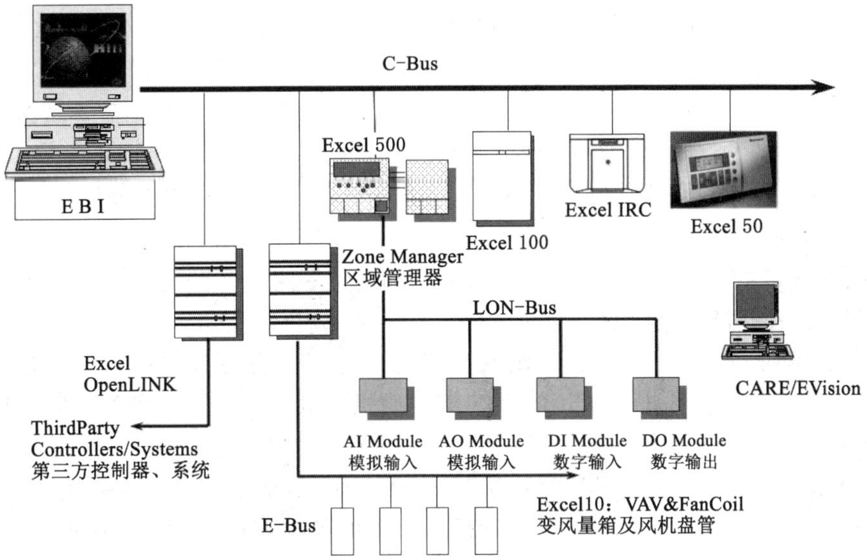

图 7-6 霍尼韦尔 Excel5000 DDC 控制系统拓扑图

在全球接近 90%的高层建筑物有所应用，其典型 DDC 控制系统拓扑结构如图 7-7 所示。与其他主流 DDC 控制器一样，设备之间采用 RS485 通信网络，将每台 DDC 控制器设备连接至对应的网络控制器，再通过网络控制器上的通信接口与其他设备或上级网络进行通信，网络控制器可提供的通信接口方式有以太网接口、串行接口（RS485、RS232、USB 3 种类型）及 Lonworks 兼容接口，方便以各种方式进行通信。

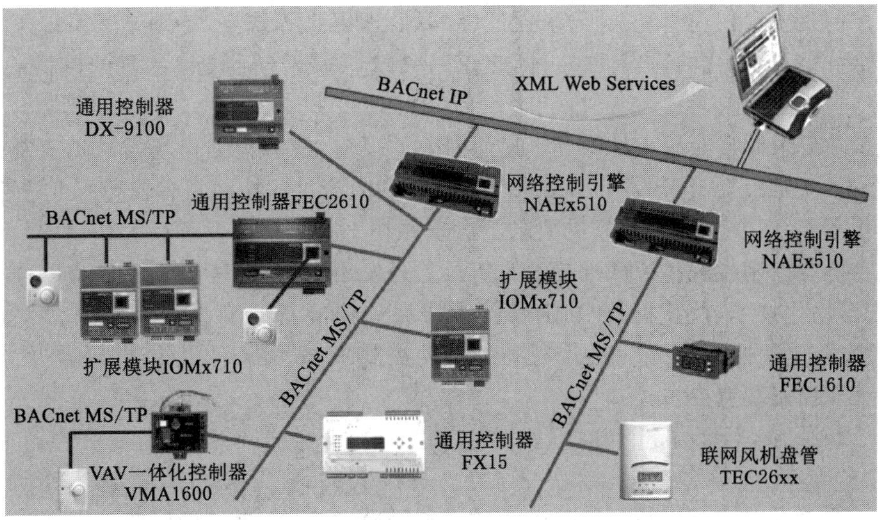

图 7-7 江森自控 DDC 控制系统拓扑图

DDC 控制系统最重要的应用之一就是其在建筑物及楼宇中的应用，对建筑物（群）的各种附属系统进行监视、控制与管理。DDC 系统可适用现在多数建筑，包括办公大楼、学校、医院、宾馆以及工业建筑。DDC 控制系统可安装于各种规格的建筑中，在小型建筑中，其优点是其遥控显示器可装于管理服务公司中，在大型建筑中，其优点是可通过中心管理系统管理，从而比单个管理更节省人力和能源。

此外，DDC 控制系统可用于建筑改造。大多数建筑可用 DDC 控制系统进行改造，通常高效率地改造应在改进和整修机械系统时进行。有时也可能由于原控制系统已陈旧或由于客户对舒适性要求的影响等而改造控制系统，多数场合，旧控制系统中部分设备可被重新使用并发挥更高的效率，最新的 DDC 控制系统允许在改造一个系统时，安装一个系统而不必安装中心控制室，各个系统可独自操作，直至将末端设备联网至工作或安装中心控制室。这就使改造和设计具有高度灵活性。

DDC 控制系统也适合于大部分机械系统，典型的有变风量系统、热泵、风机盘管、新风机组空调箱、空气处理系统、通风机系统和建筑中心机械设备及附加设备等，其均可连接到 DDC 控制系统，提供安全保护、使用寿命保护、显示、指示灯等信号。

DDC 控制系统可用于多种建筑间的联网。在中心控制室可通过 ADSL 利用宽带网络调节控制多栋大楼，中心计算机可接收到远距离往来的各种警报、信号，并在中心控制室操作而在各处完成各种必要功能。相距不远的几栋大楼可通过以太网络联网，操作终端可置于其中一栋建筑，系统操作信号可传送至网络的其他终端，这对于办公大楼群和学校十分有用。

7.3 可编程控制器(PLC)控制系统

7.3.1 PLC 控制系统的基本结构和工作原理

在可编程控制器出现前，在工业电气控制领域中，继电器控制占主导地位，应用广泛，但是继电器控制系统存在线路复杂、可靠性低、故障处理困难等缺点，特别是其系统不易更改的缺点，对生产工艺变化的适应性差。因此，工业制造领域对新的更高水平的控制系统需求强烈。

现代工业要求制造业对市场做出迅速而高效的反应，能够根据市场需求迅速制造出低成本、高质量、满足市场需求的产品，要求生产设备和生产过程控制具有较高的可靠性、灵活性和自动化程度，PLC 正是在这样的要求下出现并在工业生产中发挥巨大作用的。可编程控制器是在电器控制技术和计算机技术的基础上开发出来的，并逐渐发展成为以微处理器为核心，把自动化技术、计算机技术、通信技术融为一体的新型工业控制装置。目前，PLC 已被广泛应用于各种生产机械和生产过程的自动控制中，成为一种最重要、最普及、应用场合最多的工业控制装置。

7.3.1.1 PLC 的基本结构

1. PLC 的硬件组成

PLC 是自动化技术、计算机技术、通信技术相结合的产物，是一种以微处理器为核心的用于控制的特殊计算机，因此 PLC 的基本组成与微机系统有相似之处，主要由中央处理器模块、输入/输出模块、通信模块、特殊功能模块、存储装置、电源装置及编程装置等组成，如图 7-8 所示。

(1) 中央处理器(CPU)模块

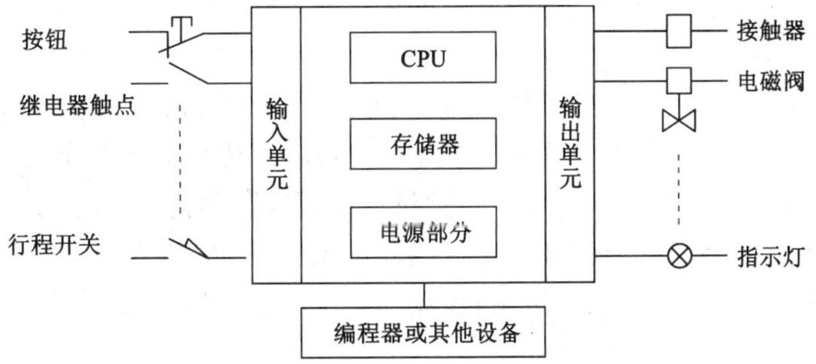

图 7-8　典型 PLC 控制系统构成示意图

与通用微机一样，中央处理器(CPU)是 PLC 系统的核心，相当于人的大脑和心脏，不断地扫描输入信号，执行相关应用程序，刷新系统输出，并根据需要对其他程序进行中断、调用处理。PLC 中所配置的 CPU 随机型不同而不同，具有不同的数据处理、计算和存储能力。CPU 的作用归纳起来有以下几个方面：

① 收集从编程器或微机输入的用户程序和数据；

② 诊断电源、内部电路的工作故障和编程中的语法错误等；

③ 从程序存储器中读取用户程序，经编译程序解释后转化为相应的机器码，按机器码产生相应的控制信号完成用户程序规定的运算任务和控制任务；

④ 主要用扫描方式，也用中断方式，接收现场输入设备的状态信息，并存入相应的存储单元；

⑤ 执行程序，按要求输出相应的运算结果和控制信号；

⑥ 根据需要完成显示、打印、数据通信等功能。

(2) 输入/输出模块

输入/输出模块通常也称为 I/O 模块，是 PLC 与工业生产现场之间的连接部件，其作用相当于人的眼、耳、手等，用于接收外部信息或输出动作用于操控外部装置。PLC 通过输入接口可以检测被控对象的各种数据，数据经 CPU 扫描处理，并通过输出接口将处理结果送给被控制对象，实现控制。一般说来，外部输入设备和输出设备所需的信号电平多样，而 PLC 内部 CPU 的处理信息只能是标准电平，所以 I/O 接口要实现这种转换。I/O 模块一般都具有光电隔离和滤波功能，以提高 PLC 的抗干扰能力。另外，I/O 模块上通常还有状态指示，工作状况直观，便于维护。

I/O 接口的主要类型有开关量输入(DI)、开关量输出(DO)、模拟量输入(AI)、模拟量输出(AO)、特殊功能模块等。

开关量输入/输出模块按其使用的电源不同有直流输入、交流输入和交/直流输入 3 种类型。直流输入模块的延迟时间较短，还可以直接与接近开关、光电开关等的电子输入设备连接；交流输入模块可靠性好，适合于恶劣环境下使用。开关量输入模块的输入信号电压等级有：直流 5 V、12 V、24 V、48 V、60 V 等；交流 110 V、220 V 等。一般 5 V、12 V、24 V 级模块用于传输距离较近场合，距离较远的应该选用输入电压等级较高的模块。

常用的开关量输出接口按输出开关器件不同有继电器输出、晶体管输出和双向晶闸管输出 3 种类型。继电器输出接口可驱动交流或直流负载，但其响应时间长，动作频率低；而晶体管输出和双向晶闸管输出接口的响应速度快,动作频率高,但前者只能用于驱动直流负载,后者只能用于交流负载。

模拟量输入/输出模块主要完成对现场输入的诸如压力、流量、温度、电压、电流等模拟量信号的处理。模拟量输入模块又称 A/D 模块,将现场由传感器检测而产生的连续的模拟量信号转换成 CPU 可以接收的数字量。模拟量输出模块又称为 D/A 模块,把 CPU 送往模拟量输出模块的数字量转换成外部设备可以接收的模拟量(电压或电流)。模拟量输入/输出模块的信号一般多为 12~14 位二进制数,数字量位数越多的模块,分辨率就越高。

(3) 存储器

PLC 的存储器有 2 种:一种是可读/写操作的随机存储器 RAM,另一种是只读存储器 ROM、PROM、EPROM 和 EEPROM。在 PLC 中,存储器主要用于存放系统程序、用户程序及工作数据。

系统程序是由 PLC 的制造厂家编写的,和 PLC 的硬件组成有关,完成系统诊断、命令解释、功能子程序调用管理、逻辑运算、通信及各种参数设定等功能,提供 PLC 运行的平台。系统程序在 PLC 使用过程中不会变动,由制造厂家直接固化在只读存储器 ROM、PROM 或 EPROM 中,用户不能访问和修改。

用户程序是用户根据对象生产工艺的控制要求而编制的应用程序。为了便于读出、检查和修改,用户程序一般存于 CMOS 静态 RAM 中,用锂电池作为后备电源,以保证掉电时不会丢失信息。为了防止干扰对 RAM 中程序的破坏,当用户程序运行正常,不需要改变,则可将其固化在只读存储器 EPROM 中。现在有许多 PLC 直接采用 EEPROM 作为用户存储器。由于系统程序及工作数据与用户无直接联系,所以在 PLC 产品样本或使用手册中所列存储器的形式及容量是指用户程序存储器。当 PLC 提供的用户存储器容量不够用,许多 PLC 还提供有存储器扩展功能。

(4) 通信模块

PLC 配有各种带有通信处理器(communication processor)的通信模块,通过这些通信 I/O 接口可与监视器、打印机、其他 PLC、智能装置、计算机等设备实现通信。PLC 与打印机连接,可将过程信息、系统参数等输出打印;与监视器连接,可将控制过程图像显示出来;与其他 PLC 连接,可组成多机系统或连成网络,实现更大规模控制;与计算机连接,可组成多级分布式控制系统,实现控制与管理相结合;与现场智能设备(如微机综合保护装置)相连,可以以通信的方式读取智能设备数据,经过数据处理后向智能设备发出控制指令。

(5) 特殊功能模块

工程实践中经常遇到一些特殊情况,因此各 PLC 厂家开发了具有特殊功能的模块,如高速计数模块、称重模块、闭环控制模块、定位模块、运动控制模块、中断控制模块,这些模块专门用于处理一些特殊需求。

(6) 编程装置

编程装置的作用是编辑、调试、输入用户程序,也可在线监控 PLC 内部状态和参数,与 PLC 进行人机对话,是开发、应用、维护 PLC 不可缺少的工具。编程装置可以是专用编程器,也可以是配有专用编程软件包的通用计算机系统。专用编程器是由 PLC 厂家生产,专供该厂家生产的某些 PLC 产品使用,它主要由键盘、显示器和外存储器接/插口等部件组成。专用编程器有简易编程器和智能编程器 2 类。

专用编程器只能对指定厂家的几种 PLC 进行编程，使用范围有限，价格较高。同时，由于 PLC 产品不断更新换代，所以专用编程器的生命周期也十分有限。因此，现在的趋势是使用以个人计算机为基础的编程装置，用户只要购买 PLC 厂家提供的编程软件和相应的硬件接口装置。这样，用户只用较少的投资即可得到高性能的 PLC 程序开发系统。

(7) 电源

PLC 配有开关电源，以供内部电路使用。与普通电源相比，PLC 电源的稳定性好、抗干扰能力强。PLC 电源模块提供多种供电，如直流 5 V 的总线电源给背板总线提供电压，保证模块之间通信，直流 24 V 电压的开关电源给模块供电，保证各模块的输入输出负载电源。

2. PLC 的软件组成

PLC 的软件由系统程序和用户程序组成。系统程序由 PLC 制造厂商设计编写，并存入 PLC 的系统存储器中，用户不能直接读写与更改。系统程序一般包括系统诊断程序、输入处理程序、编译程序、信息传送程序、监控程序等。

用户程序是用户利用 PLC 的编程语言，根据控制要求编制的程序。在 PLC 的应用中，最重要的是用 PLC 的编程语言来编写用户程序，以实现控制。由于 PLC 是专门为工业控制而开发的装置，其主要使用者是广大电气技术人员，为了满足他们的传统习惯，提高他们的掌握能力，PLC 的主要编程语言采用比计算机语言相对简单、易懂、形象的专用语言。

PLC 编程语言是多种多样的，对于不同生产厂家、不同系列的 PLC 产品采用的编程语言的表达方式也不相同，国际电工委员会制定的关于 PLC 的标准(IEC 61131-3)规定了 PLC 的 5 种编程语言：① 顺序功能图(sequential function chart)；② 功能块图(function block diagram)；③ 梯形图(ladder diagram)；④ 指令表(instruction list)；⑤ 结构文本(structured text)。

3. PLC 的分类

(1) 按 I/O 点数分类

① 小型机。小型 PLC 的功能一般以开关量控制为主，小型 PLC 输入、输出点数一般在 256 点以下，用户程序存储器容量在 4 kB 左右。现在的高性能小型 PLC 还具有一定的通信能力和少量的模拟量处理能力。这类 PLC 的特点是价格低廉，体积小巧，适合于控制单台设备和开发机电一体化产品。

② 中型机。中型 PLC 的输入、输出总点数在 256 到 2 048 点之间，用户程序存储器容量达到 8 kB 左右。中型 PLC 不仅具有开关量和模拟量的控制功能，还具有更强的数字计算能力，它的通信功能和模拟量处理功能更强大，比小型机更丰富，适用于更复杂的逻辑控制系统以及连续生产线的过程控制系统场合。

③ 大型机。大型 PLC 总点数在 2 048 点以上，用户程序存储器容量达到 16 kB 以上。大型 PLC 的性能已经与大型 PLC 的输入、输出工业控制计算机相当，它具有计算、控制和调节的能力，还具有强大的网络结构和通信联网能力，有些 PLC 还具有冗余能力。它的监视系统采用 LCD 显示，能够表示过程的动态流程，记录各种曲线、PID 调节参数等；它配备多种智能板，构成一台多功能系统。大型机适用于设备自动化控制、过程自动化控制和过程监控系统。

(2) 按结构形式分类

① 整体式结构。如图 7-9 所示，整体式结构的特点是将 PLC 的基本部件，如 CPU 板、

输入板、输出板、电源板等紧凑地安装在一个标准的机壳内，构成一个整体，组成 PLC 的一个基本单元(主机)或扩展单元。基本单元上设有扩展端口，通过扩展电缆与扩展单元相连，配有许多专用的特殊功能的模块，如模拟量输入/输出模块、热电偶模块、热电阻模块、通信模块等，以构成 PLC 不同的配置。

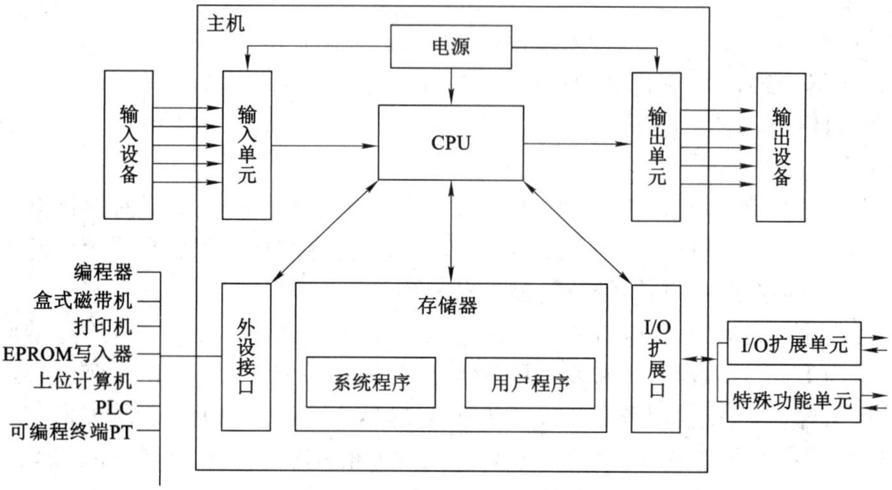

图 7-9 整体式 PLC 的典型结构

② 模块式结构。如图 7-10 所示，模块式结构的 PLC 是由一些模块单元构成的，这些标准模块有 CPU 模块、输入模块、输出模块、电源模块和各种功能模块等，将这些模块插在框架和基板上即可。各个模块功能是独立的，外形尺寸是统一的，可根据需要灵活配置。目前大、中型 PLC 都采用这种方式。

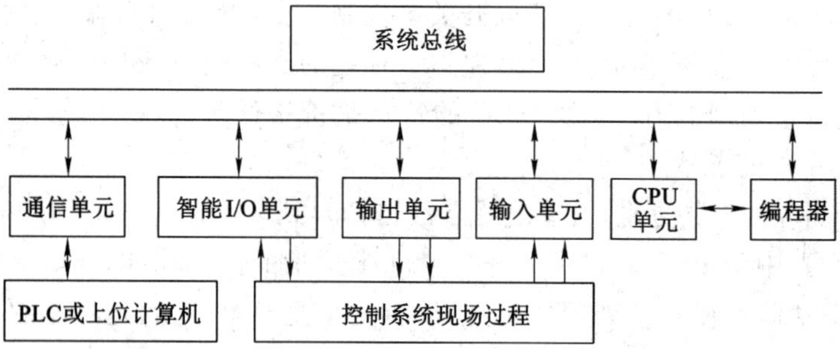

图 7-10 模块式 PLC 的典型结构

7.3.1.2 PLC 的工作原理

1. PLC 的操作模式

PLC 有两种基本的工作模式，即运行(RUN)模式与停止(STOP)模式。在运行模式，PLC 通过反复执行反映控制要求的用户程序来实现控制功能。为了使 PLC 的输出能及时地响应随时可能变化的输入信号，用户程序不是只执行一次，而是不断地重复执行，直至 PLC 停机或切换到 STOP 模式。

在 STOP 模式，CPU 不执行用户程序，可以通过编程软件创建、修改、编辑用户程序，设置 PLC 硬件功能（如设置 I/O 模块量程），并编译下载用户程序到 PLC 中。

如果 PLC 在 RUN 模式下发生致命错误，PLC 将会从 RUN 模式自动切换到 STOP 模式，并在 CPU 模块上报警，在消除该致命错误前，一般不允许将 PLC 从 STOP 模式切换到 RUN 模式运行。如果 PLC 在 RUN 模式下发生非致命错误，PLC 操作系统将调用相关的错误处理功能模块进行处理，此时虽然 CPU 模块有错误报警，但是不会将 PLC 切换到 STOP 模式。

2. PLC 的扫描过程

当 PLC 运行时，是通过执行反映控制要求的用户程序来完成控制任务的，需要执行众多的操作，但 CPU 不可能同时去执行多个操作，它只能按分时操作（串行工作）方式，每次执行一个操作，按顺序逐个执行。由于 CPU 的运算处理速度很快，所以从宏观上来看，PLC 外部出现的结果似乎是同时（并行）完成的。这种串行工作过程称为 PLC 的扫描工作方式。用扫描工作方式执行用户程序时，扫描是从第一条程序开始，在无中断或跳转控制的情况下，按程序存储顺序的先后，逐条执行用户程序，直到程序结束。然后再从头开始扫描执行，周而复始重复运行。

PLC 的扫描工作方式与继电器控制的工作原理明显不同。继电器控制装置采用硬逻辑的并行工作方式，如果某个继电器的线圈通电或断电，那么该继电器的所有常开和常闭触点不论处在控制线路的哪个位置上，都会立即同时动作；而 PLC 采用扫描工作方式（串行工作方式），如果某个软继电器的线圈被接通或断开，其所有的触点不会立即动作，必须等扫描到其时才会动作。但由于 PLC 的扫描速度快，通常 PLC 与继电器控制装置在 I/O 的处理结果上并没有什么差别。

PLC 的扫描工作过程除了执行用户程序外，在每次扫描工作过程中还要完成内部处理、通信服务工作。如图 7-11 所示，整个扫描工作过程包括内部处理、通信服务、输入采样、程序执行、输出刷新 5 个阶段。整个过程扫描执行一遍所需的时间称为扫描周期。扫描周期与 CPU 运行速度、PLC 硬件配置及用户程序长短有关，典型值为 1～100 ms。

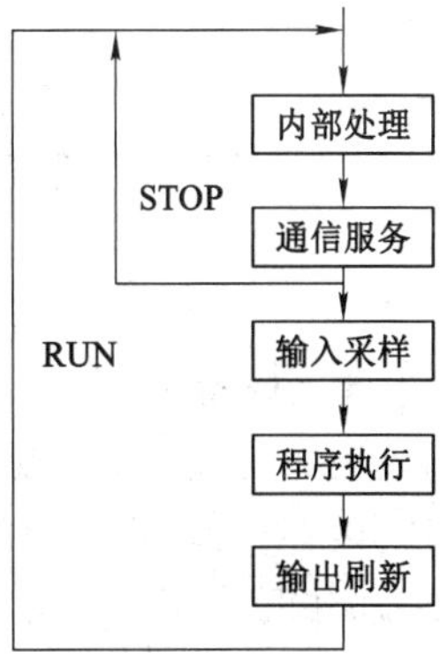

图 7-11　PLC 扫描过程示意图

① 在内部处理阶段，进行 PLC 自检，检查内部硬件是否正常，对监视定时器（WDT）复位以及完成其他一些内部处理工作。

② 在通信服务阶段，PLC 与其他智能装置实现通信，响应编程器输入的命令，更新编程器的显示内容等。

当 PLC 处于停止（STOP）模式时，只完成内部处理和通信服务工作。当 PLC 处于运行（RUN）模式时，除完成内部处理和通信服务工作外，还要完成输入采样、程序执行、输出刷新工作。

③ 在输入处理阶段，PLC 把所有外部输入电路的接通、断开状态读入输入映像寄存器。外部输入电路接通时，对应的输入映像寄存器为 1 状态。外部输入触点电路断开时，对应的输入映像寄存器为 0 状态。

④ 在程序执行阶段，PLC 对由若干条指令组成的用户程序进行处理。在没有跳转指令时，CPU 从第一条指令开始，逐条顺序地执行用户程序，直到用户程序结束之处。在执行指令时，从输入映像寄存器或别的元件映像寄存器中读出结果，并根据指令的要求执行相应的逻辑运算，把运算的结果写入到对应的元件映像寄存器中。

⑤ 在输出处理阶段，CPU 将输出映像寄存器的 0/1 状态传送到输出模块并锁存起来。梯形图中某一输出继电器的线圈"通电"时，对应的输出映像寄存器为 1 状态。信号经输出模块隔离和功率放大后，继电器型输出模块中对应的硬件继电器的线圈通电，其常开触点闭合，使外部负载通电工作。若梯形图中输出继电器的线圈"断电"，对应的输出映像寄存器为 0 状态，在输出处理阶段之后，继电器型输出模块中对应的硬件继电器的线圈断电，其常开触点断开，外部负载断电，停止工作。

若 CPU 操作模式从 RUN 变为 STOP 时，数字量输出被置为系统块中输出表定义的状态，在某些情况下也可以保持为当前状态，其默认设置是将所有的数字量输出清零。

3. PLC 执行程序的过程

PLC 执行程序的过程分为 3 个阶段，即输入采样阶段、程序执行阶段、输出刷新阶段，如图 7-12 所示。

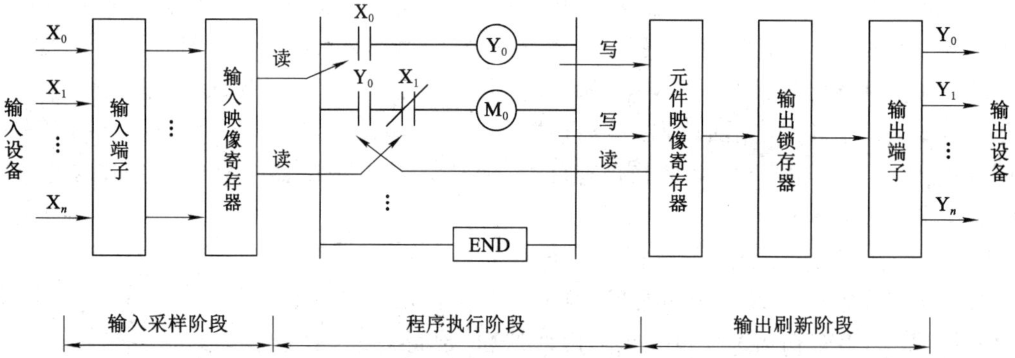

图 7-12 PLC 执行程序过程示意图

(1) 输入采样阶段

在输入采样阶段，PLC 以扫描工作方式按顺序对所有输入端的输入状态进行采样，并存入输入映像寄存器中，此时输入映像寄存器被刷新。接着进入程序处理阶段，在程序执行阶段或其他阶段，即使输入状态发生变化，输入映像寄存器的内容也不会改变，输入状态的变化只有在下一个扫描周期的输入处理阶段才能被采样到。

(2) 程序执行阶段

在程序执行阶段，PLC 对程序按顺序进行扫描执行。若程序用梯形图来表示，则总是按"从上到下，从左至右"的顺序进行。当遇到程序跳转指令时，则根据跳转条件是否满足来决定程序是否跳转。当指令中涉及输入、输出状态时，PLC 从输入映像寄存器和元件映像寄存器中读出，根据用户程序进行运算，运算的结果再存入元件映像寄存器中。对于元件映像寄存器来说，其内容会随程序执行的过程而变化。

(3) 输出刷新阶段

当所有程序执行完毕后，进入输出处理阶段。在这一阶段里，PLC 将输出映像寄存器中与输出有关的状态（输出继电器状态）转存到输出锁存器中，并通过一定方式输出，驱动外部负载。

PLC 在一个扫描周期内，对输入状态的采样只在输入采样阶段进行。当 PLC 进入程序执行阶段后输入端将被封锁，直到下一个扫描周期的输入采样阶段才对输入状态进行重新采样。这种方式称为集中采样，即在一个扫描周期内，集中一段时间对输入状态进行采样。

在用户程序中如果对输出结果多次赋值，则最后一次有效。在一个扫描周期内，只在输出刷新阶段才将输出状态从输出映像寄存器中输出，对输出接口进行刷新。在其他阶段里输出状态一直保存在输出映像寄存器中。这种方式称为集中输出。

对于小型 PLC，其 I/O 接口点数较少，用户程序较短，一般采用集中采样、集中输出的工作方式，虽然在一定程度上降低了系统的响应速度，但使 PLC 工作时大多数时间与外部输入/输出设备隔离，从根本上提高了系统的抗干扰能力，增强了系统的可靠性。

而对于大中型 PLC，其 I/O 接口点数较多，控制功能强，用户程序较长，为提高系统响应速度，可以采用定期采样、定期输出方式，或中断输入/输出方式以及采用智能 I/O 接口等多种方式。

因此，从 PLC 的输入端输入信号发生变化到 PLC 输出端对该输入变化作出反应，需要一段时间，这种现象称为 PLC 输入/输出响应滞后。对一般的工业控制，这种滞后是完全允许的。值得注意的是，这种响应滞后不仅是 PLC 扫描工作方式造成的，更主要的是 PLC 输入接口的滤波环节带来的输入延迟，以及输出接口中驱动器件的动作时间带来输出延迟，同时还与程序设计有关。

7.3.3 PLC 的特点与应用领域

7.3.3.1 PLC 的主要特点

（1）可靠性高、抗干扰能力强

可靠性高、抗干扰能力强是 PLC 最重要的特点之一。与传统的继电器控制系统相比，PLC 控制系统的接线大幅减少，仅有外部输入的 I/O 模块接线与现场设备相连，用软件代替了大量的继电器工作，没有继电器之间接线的环节。据估计接线可以减少到同等控制规模的继电器接线量的十分之一，大大提高了系统可靠性。主流厂家的 PLC 模块的平均无故障时间可达几十万个小时。

硬件方面：I/O 接口采用光电隔离，有效地抑制了外部干扰源的影响；对供电电源及线路采用多种形式的滤波，从而消除或抑制了高频干扰；对 CPU 等重要部件采用良好的导电、导磁材料进行屏蔽，以减少空间电磁干扰；对有些模块设置了连锁保护、自诊断电路等。

软件方面：采用扫描工作方式，减少了外界的干扰；设有故障检测和自诊断程序，能对系统硬件电路等故障实现检测和判断；当由干扰引起故障时，能立即将当前重要信息加以封存，禁止任何不稳定的读写操作，一旦正常后，便可恢复到故障发生前的状态，继续原来的工作。

（2）编程简单、操作使用方便

目前，在 PLC 规定的五种编程语言中，应用最为广泛的是梯形图编程语言。广大 PLC 制造商和使用技术人员都把梯形图语言作为第一编程语言，它是一种面向生产、面向用户的编程语言。

梯形图与继电器控制线路图相似，形象、直观，不需要掌握计算机知识，很容易让广大工程技术人员掌握。当生产流程需要改变时,可以现场修改、完善程序,使用方便灵活。

同时,PLC 编程器的操作和使用也很简单。这也是 PLC 获得普及和推广的主要原因之一。许多 PLC 还针对具体问题,设计了各种专用编程指令及编程方法,进一步简化了编程。

(3) 硬件配套齐备,功能完善,便于使用

现代 PLC 不仅具有逻辑运算、定时、计数、顺序控制等功能,而且还具有 A/D 和 D/A 转换、数值运算、数据处理、PID 控制、通信联网等许多功能。同时,由于 PLC 产品的系列化、模块化,有品种齐全的各种硬件装置供用户选用,可以组成满足不同需求、不同规模、不同功能的控制系统。

(4) 设计安装简单、维护方便

PLC 用软件功能代替了大量的中间继电器、时间继电器、计数器等元件,全模块化配置减少了大量的接线,同时控制柜的设计、安装使接线工作量大大地减少。PLC 的用户程序大部分可在实验室进行模拟调试,缩短了应用设计和调试周期。

(5) 故障率低,维护维修方便

PLC 的故障率极低,维修工作量很小;PLC 具有很强的自诊断功能,可根据故障信息,迅速查明原因;采用模块化设计、插槽式连接器,维修、更换极为方便。

(6) 体积小、重量轻、能耗低

与继电器控制系统相比,PLC 结构紧凑、体积小,大大减少了继电器及接线,PLC 控制柜的体积远远小于同等控制规模的继电器控制柜。同时,大多数 PLC 模块的能耗低于 5 W,有的模块的能耗只有 1～2 W,能耗低,是实现各类工艺及机械设备控制的首选。

7.3.3.2 PLC 的主要应用领域

(1) 开关量的逻辑控制

这是 PLC 最基本、最广泛的应用领域,它取代传统的继电器电路,实现逻辑控制、顺序控制,既可用于单台设备的控制,也可用于多机群控及自动化流水线。目前 PLC 的开关量控制功能已经远远超出了工业控制的范畴,在各行各业得到广泛应用,如农业灌溉、家用设施、医疗卫生设置等行业的设备起停控制。

例 7-1 图 7-13 所示为电机启停继电器-接触器控制电路图,其中(a) 为一次回路,(b) 为二次回路(控制回路),(c) 为按钮开关工作时序图,KM 为接触器,FR 为热继电器,SB1 为电机启动按钮,SB2 为电机停止按钮。试用 PLC 实现此功能。

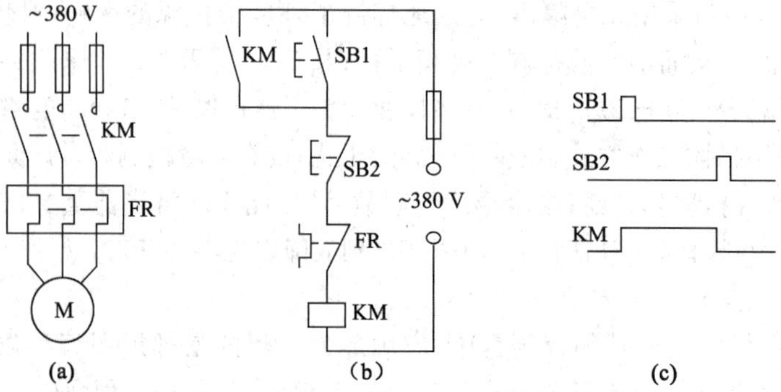

图 7-13 电机启停继电器-接触器控制电路图

(a) 一次回路;(b) 二次回路;(c) 工作时序图

解　继电器-接触器控制系统，又称为接线程序控制系统，是通过电器元器件的固定接线来实现控制逻辑、完成控制任务的。在 PLC 控制系统中，用户根据控制要求编制出相应的控制程序，并写入 PLC 的程序存储器中。系统运行时，PLC 将程序执行结果输出给相应的输出设备，控制被控对象工作，可用图 7-14 所示的 PLC 接线图（左）、输入映像寄存器图（中）和梯形图（右）来描述。这种控制称为存储程序控制。

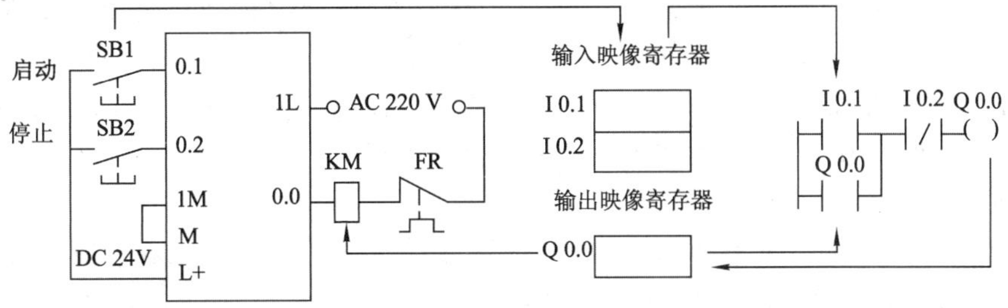

图 7-14　电机启停存储程序控制示意图

图中，SB1 按下后，I/O 接点的电压变化使得输入映像寄存器中 I0.1 置 1，梯形图中 I0.1接通，由于 I0.2 常闭，所以 Q0.0 接通，梯形图中与 I0.1 并联的 Q0.0 副接点接通，使得即使 I0.1 复位断开后，Q0.0 仍处于逻辑接通状态。梯形图运算的结果改变输出映像寄存器中 Q0.0 的值，进而接通接线图中的由 1L 和 0.0 构成的输出回路，电机开始运转。当停止按钮按下时，也是经过接点电压变化→输入映像寄存器置位→梯形图逻辑输出改变→输出映像寄存器置位→输出电路断开的过程。

PLC 编程除了上图中的梯形图外，常用的还有指令表语言，上例可以用指令表表示，两者功能一致。

```
LD    I0.1
O     Q0.0
AN    I0.2
=     Q0.0
```

（2）模拟量控制

在工业生产过程当中，有许多连续变化的量，如温度、压力、流量、液位和速度等都是模拟量。为了使可编程控制器能处理模拟量，必须实现模拟量（analog）和数字量（digital）之间的 A/D 转换及 D/A 转换。PLC 厂家都生产配套的 A/D 和 D/A 转换模块，使可编程控制器用于模拟量控制。

（3）运动控制

PLC 可以用于圆周运动或直线运动的控制。从控制机构配置来说，早期直接采用开关量 I/O 模块连接位置传感器和执行机构，现在一般使用专用的运动控制模块。如可驱动步进电机或伺服电机的单轴或多轴位置控制模块。世界上各主要 PLC 厂家的产品几乎都有运动控制功能，广泛用于各种机械、机床、机器人、电梯等场合。

（4）过程控制

过程控制是指对温度、压力、流量等模拟量的闭环控制。作为工业控制计算机，PLC 能编制各种各样的控制算法程序，完成闭环控制。PID 调节是一般闭环控制系统中用得较多的调节方法。大中型 PLC 都有 PID 模块，目前许多小型 PLC 也具有此功能模块。PID 处理一般是运行专用的 PID 子程序。过程控制在冶金、化工、热处理、锅炉控制等场合有非常广泛的应用。

(5) 数据处理

现代 PLC 具有数学运算(含矩阵运算、函数运算、逻辑运算)、数据传送、数据转换、排序、查表、位操作等功能，可以完成数据的采集、分析及处理。这些数据可以与存储在存储器中的参考值比较，完成一定的控制操作，也可以利用通信功能传送到别的智能装置，或将它们打印制表。数据处理一般用于大型控制系统，如无人控制的柔性制造系统；也可用于过程控制系统，如造纸、冶金、食品工业中的一些大型控制系统。

(6) 通信及联网

PLC 通信含 PLC 间的通信及 PLC 与其他智能设备间的通信。随着计算机控制的发展，工厂自动化网络发展得很快，各 PLC 厂商都十分重视 PLC 的通信功能，纷纷推出各自的网络系统。现在各厂家的 PLC 都具有通信接口，如 CP 通信处理模块或 GPRS/GSM 通信模块，通信非常方便。

总之，PLC 主要用来实现工业现场自动化程序控制，但是现在因为其软硬件的功能越来越强大，成本也越来越低，其应用不仅限于工业，而是深入到国民经济中的各行各业，应用越来越广泛。

7.3.4 主流 PLC 控制系统

目前，世界上有 200 多家 PLC 厂商，400 多品种的 PLC 产品，按地域可分成美国、欧洲、和日本三个流派产品，主要有美国的 A-B(Allen-Bradley)公司、通用电气(GE，General Electric)公司，日本的三菱电机(Mitsubishi Electric)公司、欧姆龙(Omron)公司，德国的 AEG 公司、西门子(Siemens)公司，法国的 TE(Telemecanique)公司等。欧洲和美国的 PLC 技术是在相互隔离情况下独立研究开发的，因此美国和欧洲的 PLC 产品有明显的差异性，而日本的 PLC 是进口的美国技术，并对美国的 PLC 产品有一定的继承性，但日本的主推产品定位在小型 PLC 上。美国和欧洲以大中型 PLC 而闻名，而日本则以小型 PLC 著称。

7.3.4.1 美国流派 PLC 控制系统

美国是 PLC 生产大国，有 100 多家 PLC 厂商，著名的有 A-B 公司、通用电气(GE)公司、莫迪康(Modicon)公司、德州仪器(Texas Instrument)公司、西屋(Westhouse Electric)公司等。其中 A-B 公司是美国最大的 PLC 制造商，其产品约占美国 PLC 市场的一半，此处仅介绍 A-B 公司的可编程控制器系统。

A-B 公司产品规格齐全、种类丰富，研发了小型 PLC，如 MicroLogix 系列，中端 PLC，如 SLC500 系列、CompactLogix 系列、FlexLogix 系列，高端 PLC，如 ControlLogix 系列、PLC5 系列。

(1) PLC-5 系列可编程控制器

该系列 PLC 为 A-B 公司的早期大型可编程控制器，应用广泛，性能稳定，适用的编程软件为 RSLogix5。PLC-5 系列的 CPU 模块型号多种多样，主要分为以下 5 种：

① 标准型：如 PLC-5/10、PLC-5/15、PLC-5/25 等；

② 增强型：提供 DH＋或远程输入输出接口，如 PLC-5/20、PLC-5/30、PLC-5/40、PLC-5/60 等；

③ 控制网通信型：提供内置控制网通信（ControlNet）功能，如 PLC-5/20C、PLC-5/40C 等；

④ 以太网通信型：提供标准以太网通信接口，如 PLC-5/20E、PLC-5/40E 等；

⑤ 保护型：提供对部分程序、内存的访问和操作限制功能，如 PLC-5/16、PLC-5/46 等。

（2）Logix5000 系列可编程控制器

Logix5000 系列是 A-B 公司开发的多功能可编程控制器，适用范围广，编程灵活，功能强大，适合的编程软件为 RSLogix5000，该 PLC 按照规模大小主要包括有以下几种：

① ControlLogix 大型可编程控制器，功能最强；

② CompactLogix 紧凑型可编程控制器，主要用于取代 SLC 系列 PLC；

③ FlexLogix 分布式控制器；

④ DriveLogix 驱动控制器。

（3）MicroLogix 系列可编程控制器

该系列可编程控制器为 AB 公司开发的面对小型控制规模的可编程控制器，功能较为简单，编程方便灵活，适用的编程软件为 RSLogix500。

（4）SLC 系列可编程控制器

该系列可编程控制器主要适用于中小型控制规模，适用的编程软件为 RSLogix500，主要的类型有：

① SLC5/01、SLC5/02：支持 DH485 通信方式；

② SLC5/03：支持 RS232 和 DH485 通信方式；

③ SLC5/04：支持 RS232 和 DH＋通信方式；

④ SLC5/05：支持 RS232 和 Ethernet 通信方式。

A-B 公司的 PLC 系列可编程控制器擅长于顺序控制、过程控制、驱动控制和运动控制，在交通、能源、医疗、化工、生物、电力等行业广泛应用，在长期的应用实践中得到不断的完善、升级，成为业内公认的 PLC 第一品牌。

7.3.4.2 欧洲流派 PLC 控制系统

德国西门子公司、法国的 TE 公司是欧洲著名的 PLC 制造商，也是欧洲流派的主要代表。其中德国的西门子的电子产品以性能精良而久负盛名，在中、大型 PLC 产品领域与美国的 A-B 公司齐名，此处以西门子公司的 PLC 为例进行介绍。

西门子（Siemens）公司的 PLC 产品丰富，包括 LOGO、S7-200、S7-1200、S7-300、S7-400 等，具有体积小、速度快、标准化、功能强、可靠性高等优点，进入中国市场早，应用广泛，在冶金、化工、印刷、机械制造等领域广泛应用。S7 系列 PLC 产品可分为微型 PLC（如 S7-200），小规模性能要求的 PLC（如 S7-300）和中、高性能要求的 PLC（如 S7-400）等。

（1）S7-1200 系列 PLC

SIMATIC S7-1200 是一款紧凑型、模块化、功能全面的小型 PLC 系统，可完成简单逻辑控制、高级逻辑控制、HMI 和网络通信等任务，由于该控制器具有可扩展的灵活设计，符合工业通信最高标准的通信接口，具有支持小型运动控制系统、过程控制系统的高级应用功能，在微型及小型控制系统中广泛应用。

① SIMATIC S7-1200 系统有五种不同模块，分别为 CPU 1211C、CPU 1212C、CPU 1214C、CPU1215C 和 CPU1217C；

② 集成的 PROFINET 接口可用于编程、HMI、PLC 之间的通信，方便快捷；

③ 具有进行计算和测量、闭环回路控制和运动控制的集成技术；

④ 具有 6 个高速计数器和 2 个高速脉冲输出。

(2) S7-1500 系列 PLC

SIMATIC S7-1500 PLC 是一款高度集成化的可编程控制器，集成了多种创新技术，设定了新标准，以最大程度提高生产效率，其主要特点如下：

① 背板总线技术采用高波特率和高效传输协议，信号处理速度更为快速，极大缩短系统响应时间；

② 带有 3 个 PROFINET 接口，2 个可用于现场级通信，1 个可用于上级通信；

③ 集成 Web Server 技术，无须亲临现场，即可通过 Internet 浏览器随时查看信息；

④ 采用模块化结构，可扩展性强；

⑤ 具有信息安全集成及保护机制，具有访问保护、防拷贝保护、操作保护等功能。

(3) S7-200 系列 PLC

SIMATIC S7-200 PLC 是一款针对小型控制规模的可编程控制器，主要控制点数为 248 点数字量 I/O 或者 38 路模拟量 I/O，提供 4 种基本型号的 8 种 CPU 供选择使用，其主要特点如下：

① 结构紧凑，扩展性能良好；

② 指令功能强大，虽然处理规模较小，但可以实现功能复杂的控制要求；

③ 扩展与兼容性好，可以十分方便地组成不同规模的 PLC-PLC、微机-PLC 控制系统；

④ 性价比高，使用成本低。

(4) S7-300/400 系列 PLC

SIMATIC S7-300 PLC 是处理中等规模控制的可编程控制器。S7-400 PLC 是处理较大规模的可编程控制器，功能强大，可靠性高，是处理大规模复杂控制系统的理想设备，也是与 A-B 公司齐名的典型产品，广泛应用于通用机械工程、汽车工业、过程控制、控制技术与仪表、控制设备制造等领域。与 S7 系列其他 PLC 比较，其主要特点如下：

① 扩展能力强，以 S7-300 为例，一个 CPU 最多可连接 4 个机架，扩展 32 个模块，最多可以处理 1 024 个数字量，258 个模拟量。

② 指令功能强大，拥有超过 350 条指令，除了基本的数据处理功能外，也能完成比较复杂的三角函数、指数和 PID 运算，部分产品还可以完成矩阵运算。

③ 通信功能强大，具备点对点通信(PTP)、多点通信(MPI)、工业以太网通信(TCP/IP)及 PROFIBUS 总线通信等灵活多样的通信方式，实现 PLC 与现场设备、其他 PLC、上位机及其智能设备的通信功能。

7.3.4.3 日本流派 PLC 控制系统

日本的 PLC 技术源于美国，在引进美国技术后加以消化升级，形成了自身特色。日本的 PLC 主要定位在小型规模领域，在小型机领域中颇具盛名，某些用欧美的中型机或大型机才能实现的控制，日本的小型机就可以解决。在开发较复杂的控制系统方面日本的小型机明显优于欧美的小型机，颇受市场欢迎。日本有许多 PLC 制造商，如三菱(Mitsubishi)、欧姆龙(Omron)、松下(Panasonic)、富士(Fuji)、日立(Hitachi)、东芝(Toshiba)等，在世界小型 PLC 市场上，日本产品约占有 70%的份额。

（1）三菱 PLC 控制器

三菱公司生产的 PLC 是日本流派可编程控制器的典型代表，与欧美流派的 PLC 相比，其显著特点是指令丰富，编程简单易学，特别擅长于离散控制和运动控制。三菱公司的 PLC 主要有以下一些类型。

① FX1 系列 PLC。主要包括 FX1S 和 FX1N 两类，FX1S 是集成型小型单元式 PLC，具有完整的性能和通信功能，FX1N 是三菱公司研发的一款功能强大的普及型 PLC，具有扩展输入输出，模拟量控制和通信、链接功能等扩展性，广泛应用于顺序控制系统。

② FX2 系列 PLC。主要包括 FX2 和 FX2N，是 FX1 系列的升级版，其中 FX2N 是 FX2 的增强版，代表了 FX 系列 PLC 的最高水平，在小型化、高速化、集成化、高性能等方面达到了小型 PLC 的极致。

③ FX3U 系列 PLC。FX3U 是三菱公司开发的第三代小型化 PLC 产品，其性能相当于 FX 系列的最高水平，采用了基本单元加扩展功能模式，其中基本单元完全兼容 FX2N 系列的全部功能，在 I/O 点数、编程指令、处理速度、通信功能方面有扩展和提升，采用了更先进的 CPU 处理器，并增加了多种特殊功能模块。

④ A 系列 PLC。A 系列是三菱公司早期开发的中大型 PLC 控制器，主要有 AnS 和 AnA 两类，两者除了 AnA 系列体积大、支持的 I/O 点数更多外，其他性能基本一致。A 系列 PLC 是介于 FX 系列和 Q 系列之间的过渡产品，目前已经被 Q 系列逐步替代。

⑤ Q 系列 PLC。Q 系列 PLC 是三菱公司在 A 系列 PLC 基础上发展起来的中大型 PLC 系列产品，模块化是其典型特征。按照不同的性能，Q 系列 PLC 的 CPU 可以分为基本型、高性能型、过程控制型、运动控制型、计算机型、冗余型等多种系列。基本型 CPU 包括 Q00J、Q00、Q01 三个基本型号，最大的 I/O 点数在 256～1 024 点不等。高性能型 CPU 包括 Q02、Q02H、Q06H、Q12H、Q25H 等，最大的 I/O 点数为 4 096 点，适用于中大规模的控制系统。运动控制型 CPU 包括 Q172、Q173 两种基本型号，分别可以用于 8 轴与 32 轴的定位控制。冗余型 CPU 有 Q12PRH 与 Q25PRH 两种规格，用于对控制系统可靠性要求极高、不允许控制系统出现停机的场合。

⑥ L 系列 PLC。L 系列是三菱公司近几年的明星产品，其显著特点是高性能、多功能集成和大容量。L 系列有 4 种不同规格的 CPU，最高 I/O 点数可达 4 096 点。

（2）欧姆龙 PLC 控制器

欧姆龙公司的 PLC 产品也是日本流派的典型代表，在日本的市场占有率仅次于三菱，居于第二位。该公司的 PLC 产品门类齐、型号多，涵盖大、中、小、微型，规格齐全，其主要特点是结构灵活、传输质量高、范围广、成本低。主要有以下几类：

① 微型 PLC，以 SP 机型为代表，主要包括 SP10、SP16、SP20 等，具有整体式或紧凑型结构，具有超小型、运行速度快的特点。

② 小型 PLC，主要包括 P 型、CPM1A、CPM2A/2C、CQM1、CQM1 H 系列。P 型系列已经不再应用，被 CPM 系列取代，后者是欧姆龙公司应用最为广泛系列的小型 PLC 产品。小型 PLC 均采用坚固整体型结构，体积更小，指令更丰富，性能更优越，通过 I/O 扩展可实现 10～140 个 I/O 点数的灵活配置。

③ 中型 PLC，主要有 C200H/HS/HX/HG/HE、CS1、CS1D 等，可实现 256～2 048 个 I/O 点数的灵活配置。中型机在程序容量、扫描速度和指令功能等方面都优于小型机，除具

备小型机的基本功能外，它同时可配置更完善的接口单元模块，如模拟量 I/O 模块、温度传感器模块、高速记数模块、位置控制模块、通信连接模块等，可以与上位计算机、下位 PLC 机及各种外部设备组成具有各种用途的计算机控制系统和工业自动化网络。

④ 大型 PLC，主要有 CVM1/1D、CV500/1000/2000、C1000H/2000H 等，可实现 2 048～8 096个 I/O 点数的灵活配置。C1000H、C2000H 可单机或双机热备运行，安装带电插拔模块，C2000H 可在线更换 I/O 模块；CV 系列均可采用结构化编程，易读、易调试，并具有更强大的通信功能。

7.4 集散(DCS)控制系统

7.4.1 集散控制系统的基本结构和工作原理

7.4.1.1 集散控制系统概述

分布式控制系统又名集散控制系统，是利用计算机技术对生产过程进行集中监测、操作、管理和分散控制的一种控制技术，是由计算机技术、信号处理技术、测量控制技术、通信网络技术、图形显示技术及人机接口技术相互融合、渗透发展而来的，弥补了当时 PLC 控制系统无法处理大规模流程控制的空白。

DCS 控制系统既不同于普通的分散仪表控制系统，又不同于集中式计算机控制系统，而是在杜绝两者的弊端的基础上又集中了两者的优势，在分散仪表的基础上实现了计算机集中控制功能。它具有控制功能完善、数据处理方便、显示操作集中、人机界面友好、可靠性高等特点，广泛应用于石油、化工、冶金、电力、建材、轻工、造纸等各种流程性生产过程。DCS 控制系统在提高产品质量、提高劳动生产率、促进生产自动化水平和管理水平进步方面，发挥了重要作用。

1975 年美国霍尼韦尔(Honeywell)公司推出世界上第一套 DCS 控制系统，标志着 DCS 控制系统进入工业自动化领域。从诞生至今，DCS 系统的发展大致经历了以下几个阶段：

第一代 DCS(初创期)：1975—1980 年，以 Honeywell 公司 1975 年推出的 TDC2000 等为代表。第一代 DCS 是由过程控制单元、数据采集单元、CRT 操作站、上位管理计算机及连接各个单元和计算机的高速数据通道这五个部分组成的，这也奠定了 DCS 的基础体系结构。

第二代 DCS(成熟期)：1980—1985 年，以 Honeywell 公司的 TDC3000 等为代表。第二代 DCS 与第一代 DCS 产品相比增加了控制算法，包含常规控制、逻辑控制、批量控制结合的混合控制，管理范围也大大扩大，功能增加。通信方式为总线式和环式，并支持局域网协议。

第三代 DCS(扩展期)：20 世纪 80 年代中期到 90 年代初。第三代以 Foxboro 公司 1987 年推出的 I/A Series 系统为代表，主要是在局域网技术上实现 10 Mbit/s 的宽带网和 5 Mbit/s 的窄带网，并符合 OSI 互联参考模型标准。另外，还增加了自适应和自整定等控制算法。

第四代 DCS(集成期)：20 世纪 90 年代初到 90 年代中期。第四代 DCS 产品的主要标志是集成化、开放化、信息化。DCS 的功能包括过程控制、PLC 和 RTU 远程采集发送器、多回路调节器、智能采集和控制单元等功能集成，以及组态软件、I/O 组件、PLC 单元等产品集成。其核心标志为 2 个 I，即：Information（信息）和 Integration（集成）。

第五代 DCS（合成期）：20 世纪 90 年代中期到 21 世纪初是集散控制系统的合成阶段。随着现场总线技术研究的深入，现场总线控制系统问世，并得到成功应用，标志着集散控制系统进入合成阶段，即集散控制系统和现场总线控制系统的合成。两者在过程控制、离散控制和批量控制中发挥着重要作用。DCS 的出现是工业控制的一个里程碑，它在 80 多年的应用发展中取得了辉煌的成绩。目前，DCS 已逐渐进入稳定成熟期，也正向着智能化、开放化、网络化的方向不断发展。

7.4.1.2　集散控制系统的基本结构

(1) DCS 控制系统功能分层体系

DCS 按功能分层的层次结构充分体现了其分散控制和集中管理的设计思想，DCS 从下至上依次分为现场控制层、操作监控层、生产管理层和决策管理层，如图 7-15 所示。各家 DCS 控制系统分级略有不同，但一般都包括现场级、控制级、监控级和管理级，有的厂家还细化增加了通信控制级和服务器级。

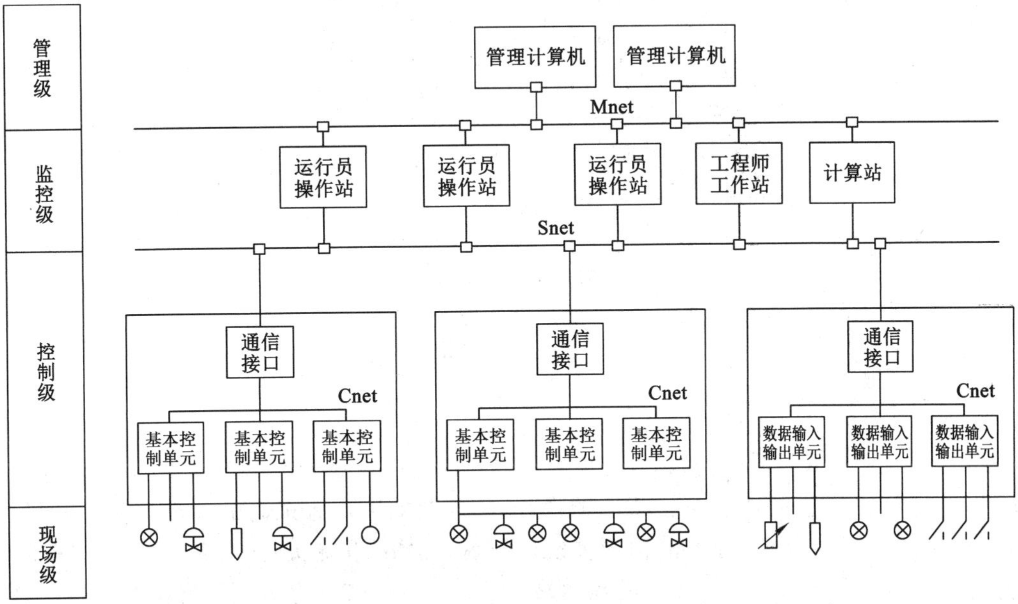

图 7-15　DCS 控制系统拓扑结构图

① 现场装置直接控制层（过程控制级）

在这一级上，过程控制计算机直接与现场各类装置（如变送器、执行器、记录仪表等）相连，对所连接的装置实施监测与控制，同时它还向上与第二层的计算机相连，接收上层的管理信息，并向上传递实时数据。

② 过程管理层（操作监控层）

在这一级上的过程管理计算机主要有监控计算机、操作站、工程师站。它综合监视过程各站的所有信息，集中显示操作，控制回路组态和参数修改，以及优化过程处理等。

③ 生产管理层（产品管理级）

在这一级上的管理计算机根据产品各部件的特点，协调各单元级的参数设定，是产品的总体协调员和控制器。

④ 决策管理层(管理级)

这一级居于中央计算机上，并与办公室自动化连接起来，担负起全厂的总体协调管理，包括各类经营活动、人事管理等。

(2) DCS控制系统的基本结构

基本的DCS应包括四个大的组成部分：至少一台现场控制站，至少一台操作员站、一台工程师站(也可由操作员站兼做工程师站)，一路系统网络，通常称为“三站一线”。典型的DCS体系结构如图7-16所示，表明了DCS各主要组成部分和各部分之间的连接关系。

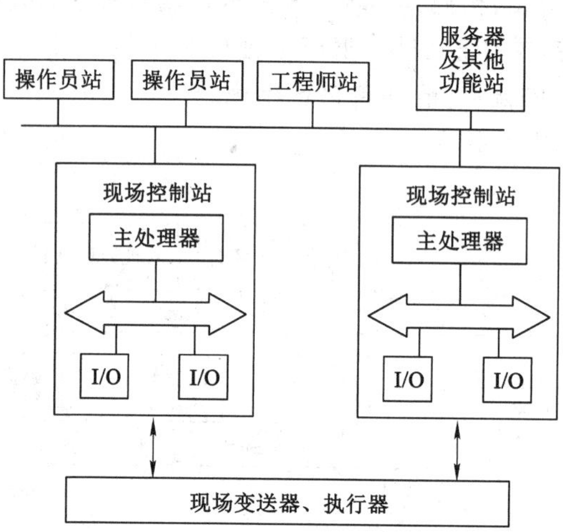

图7-16 典型的DCS体系结构

① 现场控制站(现场级)

现场控制站是DCS系统的核心，完成系统的控制功能。现场控制站的质量直接影响系统的性能、可靠性等重要指标，因此对它的设计、生产及安装都有很高的要求。现场控制站的硬件一般都采用专门的工业级计算机系统，还包括现场测量单元(过程量I/O)、执行单元的输入/输出设备(现场I/O)。在现场控制站内部，主CPU和内存等用于数据的处理、计算和存储的部分被称为逻辑部分，而现场I/O则被称为现场部分，这两个部分是需要严格隔离的，以防止现场的各种信号包括干扰信号对计算机的处理产生不利的影响。由于并行总线结构比较复杂，用其连接逻辑部分和现场部分很难实现有效的隔离，很难方便地实现扩充，成本较高。现场控制站内的逻辑部分和现场I/O之间的连接方式转向了串行总线。

近年来，现场总线技术的快速发展更推进了这个趋势，目前直接使用现场总线产品作为现场I/O模块和主处理模块的连接已很普遍。由于DCS的现场控制站有比较严格的实时性要求，需要在确定的时间期限内完成测量值的输入、运算和控制量的输出，因此现场控制站的运算速度和现场I/O速度都应该满足很高的设计指标。一般在快速控制系统(控制周期最快可达到50 ms)中，应该采用较高速的现场总线，而在控制速度要求不是很高的系统中，可采用较低速的现场总线，这样可以适当降低系统的造价。

② 操作员站(操控级)

操作员站主要为系统的运行操作人员提供人机界面，使操作员可以通过操作员站及时了解现场运行状态、各种运行参数的当前值、是否有异常情况发生等，并可通过输入设备对工艺过程进行控制和调节，以保证生产过程的安全、可靠、高效、高质。操作员站一般采用通用计算机系统，如图形工作站或个人计算机等。其配置与常规的桌面系统相同，但要求有大尺寸的显示器和性能好的图形处理器，有些系统还要求每台操作员站使用多屏幕，以拓宽操作员的观察范围。为了提高画面的显示速度，一般都在操作员站上配置较大的内存。

③ 工程师站（监控级）

工程师站对 DCS 进行配置、组态、控制、维护，使系统在操作人员的配置下，随时处于最佳工作状态。配置和组态是 DCS 应用过程当中必不可少的一个环节，因为 DCS 是一个通用的控制系统，在其上可实现各种各样的应用，关键是如何定义一个具体的系统完成什么样的控制，控制的输入/输出量是什么，控制回路的算法如何，在控制计算中选取什么样的参数，在系统中设置哪些人机界面来实现人对系统的管理与监控，还有诸如报警、报表及历史数据记录等各个方面功能的定义，所有这些都是组态所要完成的工作，只有完成了正确的组态，一个通用的 DCS 才能够成为针对具体控制应用的可运行系统。

组态工作在系统运行之前完成，也就是离线进行，一旦组态完成，系统就具备了运行能力。在线运行过程中，工程师站可起到一个对 DCS 本身的运行状态进行监视的作用，能及时发现系统出现的异常，并及时进行处理。在 DCS 在线运行当中，也允许进行组态，并对系统的一些定义进行修改和添加，这种操作被称为在线组态，也是工程师站的一项重要功能。

一般的 DCS 系统中，都配有专用的工程师站，也有些小型系统不配置专门的工程师站，而将其功能合并到某台操作员站中。在这种情况下，系统只在离线状态具有工程师站功能，而在在线状态下就没有了工程师站功能。可以将这种具有操作员站和工程师站双重功能的站设置成可随时切换的方式，根据需要使用该站来完成不同的功能。

④ 服务器及其他功能站

在现代的 DCS 结构中，除了现场控制站和操作员站以外，还可以有许多执行特定功能的计算机，如专门记录历史数据的历史站，进行高级控制运算功能的高级计算站，进行生产管理的管理站，企业领导层进行决策的管理站等。这些站也都通过网络实现与其他各站的连接，形成一个功能完备的复杂的控制系统。

随着 DCS 的功能不断向高层扩展，系统已不再局限于直接控制，而是越来越多地加入了监督控制乃至生产管理等高级功能，因此当今大多数 DCS 都配有服务器。服务器的主要功能是完成监督控制层的工作，如对整个生产装置乃至全厂运行状态的监视，对生产过程各个部分出现的异常情况的及时发现并及时处理，向更高层的生产调度和生产管理、甚至企业经营等管理系统提供实时数据和执行调节控制操作等。或者简单讲，服务器就是完成监督控制或称 SCADA（数据采集与监控）功能的主节点。

在一个控制系统中，监督控制功能是必不可少的，虽然控制系统的控制功能主要靠系统的直接控制部分完成，但是这部分正常工作的条件是生产工况平稳，控制系统各部分工作在正常状态下。而一旦出现异常情况，就必须实行人工干预，使系统回到正常状态，这就是 SCADA 功能的最主要作用。在规模较小、功能较简单的 DCS 系统中，可以利用操作员站实现系统的 SCADA 功能，而在系统规模较大、功能复杂时，则必须设立专门的服务器节点。

⑤ 系统网络

DCS的另一个重要的组成部分是系统网络，它是连接系统各个站的桥梁。由于DCS由各种不同功能的站组成，这些站之间必须实现有效的数据传输，以实现系统总体的功能，因此系统网络的实时性、可靠性和数据通信能力关系到整个系统的性能，特别是网络的通信规约，关系到网络通信的效率和系统功能的实现。

以太网是广泛应用的工业标准，DCS厂家几乎都直接采用了以太网作为系统网络。

近年来，以太网的传输速率有了极大的提高，从最初的10 Mbit/s发展到现在的1 000 Mbit/s，甚至达到10 Gbit/s，冗余DCS系统的切换时间由原来的20～30 s提升到1 s左右。许多公司还在提高以太网的实时性和运行于工业环境的防护方面做了非常多的改进，比如采用安全可靠的防火墙技术，DCS系统只允许与控制系统相关的信息通过，拒绝接受与控制系统不相关的任何信息，确保控制系统安全运行。由于工业以太网已成为工业控制系统中的标准网络，各DCS厂家意识到数据交换协议的重要性，已经遵从国际化组织制定的数据交换规约，实现不同厂家设备之间的信息交换。

7.4.3 集散控制系统的特点与应用领域

DCS控制系统被广泛应用的原因是它具有优良的特性，主要表现在以下6个方面：分散性和集中性、自治性和协调性、灵活性和扩展性、先进性和继承性、可靠性和适应性、友好性和新颖性。

(1) 分散性和集中性

DCS分散性的含义是广义的，不单是控制分散，还有地域分散、设备分散、功能分散和危险分散的含义。分散的目的是为了使危险分散，进而提高系统的可靠性和安全性。

DCS硬件积木化和软件模块化是分散性的具体体现。因此，可以因地制宜地分散配置系统。DCS横向分了系统结构，如直接控制层中一台过程控制站(PCS)可看作一个子系统；操作监控层中的一台操作员站(OS)也可看作一个子系统。

DCS集中性是指集中监视、集中操作和集中管理。

DCS通信网络和分布式数据库是集中性的具体体现，用通信网络把物理分散的设备构成统一的整体，用分布式数据库实现全系统的信息集成，进而达到信息共享。因此，可以同时在多台操作员站上实现集中监视、集中操作和集中管理。当然，操作员站的地理位置不必强求集中。

(2) 自治性和协调性

DCS的自治性是指系统中的各台计算机均可独立地工作，例如，过程控制站能自主地进行信号输入、运算、控制和输出；操作员站能自主地实现监视、操作和管理；工程师站的组态功能更为独立，既可在线组态，也可离线组态，甚至可以在与组态软件兼容的其他计算机上组态，形成组态文件后再装入DCS运行。

DCS的协调性是指系统中的各台计算机用通信网络互联在一起，相互传送信息，相互协调工作，以实现系统的总体功能。

DCS的分散和集中、自治和协调不是互相对立，而是互相补充的。DCS的分散是相互协调的分散，自主设备是在统一集中管理和协调下各台分散独立地工作，构成统一的有机整体。正因为有了这种分散和集中的设计思想，自治和协调的设计原则，才使DCS获得进一步发展，并得到广泛地应用。

(3) 灵活性和扩展性

DCS硬件采用积木式结构,类似儿童搭积木那样,可灵活地配置成小、中、大各类系统。另外,还可根据企业的财力或生产要求,逐步扩展系统,改变系统的配置。

DCS软件采用模块式结构,提供各类功能模块,可灵活地组态构成各类简单、复杂控制系统。另外,还可根据生产工艺和流程的改变,随时修改控制方案,在系统容量允许范围内,只需通过组态就可以构成新的控制方案,而不需要改变硬件配置。

(4) 先进性和继承性

DCS综合了"4C"(计算机、控制、通信和屏幕显示)技术,随着这"4C"技术的发展而发展。也就是说,DCS硬件上采用先进的计算机、通信网络和屏幕显示;软件上采用先进的操作系统、数据库、网络管理和算法语言;算法上采用自适应、预测、推理、优化等先进控制算法,建立生产过程数学模型和专家系统。

DCS自问世以来,更新换代比较快。当出现新型DCS时,老DCS作为新DCS的一个子系统继续工作,新、老DCS之间还可互相传递信息。这种DCS的继承性,给用户消除了后顾之忧,不会因为新、老DCS之间的不兼容,给用户带来经济上的损失。

(5) 可靠性和适应性

DCS的分散性带来系统的危险分散,提高了系统的可靠性。DCS采用了一系列冗余技术,如控制站主机、I/O板、通信网络和电源等均可双重化,而且采用热备份工作方式,自动检查故障,一旦出现故障立即自动切换。DCS安装了一系列故障诊断与维护软件,实时检查系统的硬件和软件故障,并采用故障屏蔽技术,使故障影响尽可能地小。

DCS采用高性能的电子元器件、先进的生产工艺和各项抗干扰技术,可使自身能够适应恶劣的工作环境。DCS设备的安装位置可适应生产装置的地理位置,尽可能满足生产的需要。DCS的各项功能可适应现代化大生产的控制和管理需求。

(6) 友好性和新颖性

DCS为操作人员提供了友好的人机界面(HMI)。操作员站采用彩色CRT和交互式图形画面,常用的画面有总貌、组、点、趋势、报警、操作指导和流程图等。由于采用图形窗口、专用键盘、鼠标等,操作简便。

DCS的新颖性主要表现在人机界面,采用动态画面、工业电视、合成语音等多媒体技术,图文并茂,形象直观,使操作人员有身临其境之感。

7.4.4 主流集散控制系统

随着计算机技术的发展,用户需求的不断提高,以霍尼韦尔(Honeywell)、艾默生(Emerson)、横河(Yokogawa)、ABB为代表的DCS厂商纷纷提升其DCS系统的技术水平,并不断丰富和完善DCS功能,国内厂家浙江中控(Supcon)、和利时(HollySys)也开始研制自己的DCS系统。下面给出几种典型的DCS实例,以便读者对系统建立起一个感性的认识。

7.4.4.1 霍尼韦尔DCS控制系统

Honeywell公司的DCS控制系统功能超强大,市场占有率高,主要有TDC2000、TDC3000、TPS、PKS系列。其中PKS系列控制器采用C200及C300,与原来的TPS系统用的控制器有很大差别,C200控制器既能连接插件式I/O,也能连接导轨式I/O,同时支持基金会现场总线,采用的软件可以嵌入VB语言,支持Active X。它是一体化的混合控制系统,是世界上第四代DCS控制系统的代表,其核心是基于开放且功能强大的Microsoft公司的Windows 2000服务器客户系统。它由高性能的控制器、先进的工程组态工具、开放的控制网络等构成先进的体系结构，如图 7-17 所示。

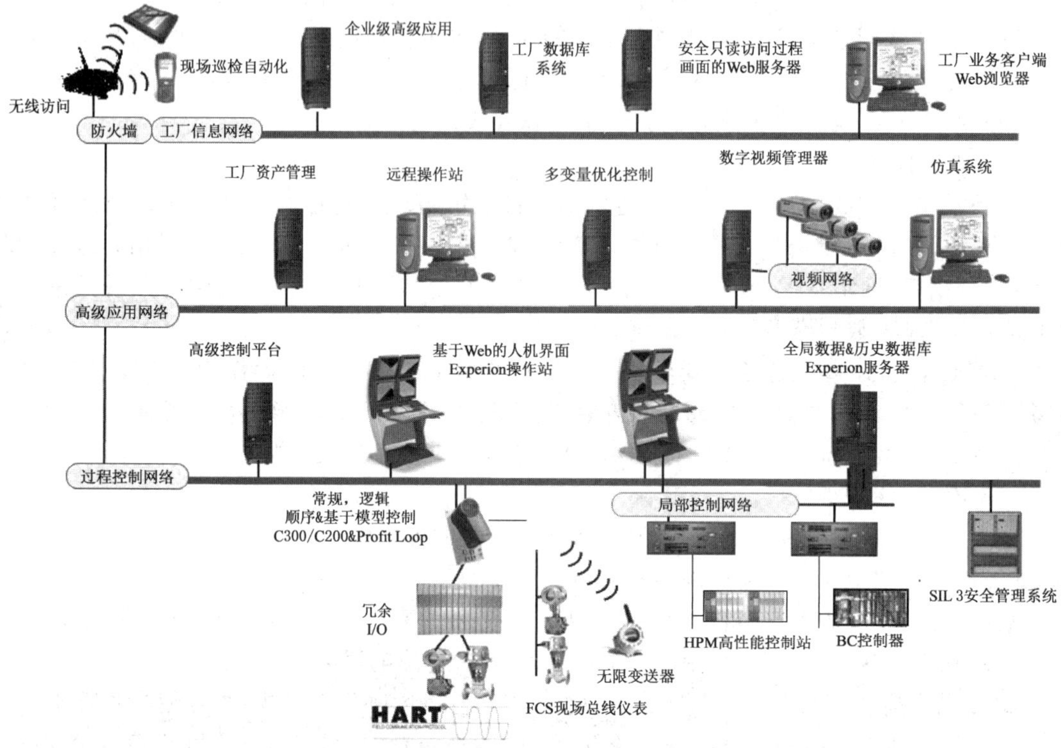

图 7-17　Honeywell 公司 Experion PKS 系统拓扑结构

硬件配置如下：

EPKS 系统的核心部件是混合控制器（简称 C200），包括电源、机架、控制处理器模件（CPM）、控制网络通信模件（CNI）、以太网接口模件、输入输出模件和可选的冗余模件（RM）、电池扩展模件（BEM）等组成。所有模件都支持带电插拔，且适应恶劣的生产环境。

C200 适用于广泛的工业应用，包括连续过程、批量过程、开关量运算以及机械设备控制等各类型的控制。对于要求将调节控制、快速逻辑控制、顺序控制以及批量控制诸应用一体化的集成应用，C200 是理想的控制器。

网络架构配置：

(1) 一体化的网络支持

① Ethernet：为保证系统的可靠性，在系统服务器和操作站之间，网络的冗余采用的是 Honeywell 专利技术——容错以太网 FTE（fault tolerant ethernet），提供了可靠的 100 Mbit/s 高速以太网络。FTE 采用的是单一网络结构，切换时服务器和操作员站不需要重新连接网络，因此切换的速度很快，约 1 s，这样大大减少了网络的故障率。普通的以太网节点（非容错以太网）也能连接到 FTE 网络上，同样比连接到常规的冗余以太网有更可靠的通信环境。

② ControlNet：ControlNet 是开放的网络，由 ControlNet 国际组织制定技术规范，其数据传输速率为 5 Mbit/s，可以选择单或冗余的网络介质，并且提供实时确定性的数据传递。

每个监控对网络段支持 10 个控制器或 10 对冗余配置的控制器，每个 C200 控制器可以通过 I/O 子网连接最多 8 个 I/O 机架、64 个 I/O 模件，一个 I/O 模件还可通过现场终端元件 FTA 连接 8～32 路不等的现场接线 FieldWiring。可以看出，EPKS 系统规模相当庞大。

③ I/O Network：I/O 子网是 Honeywell 公司自身研发的用于系统内部的专用网络。

(2) 分布式服务器结构 (distributed system architecture，DSA)

分布式服务器结构(DSA) 是集成多个控制过程或多段控制单元的理想解决方案，为控制和操作提供了极大的灵活性。分布式的服务器结构还为地理位置上分散的集散系统的互联应用提供了极大的灵活性。通过广域网很方便地实现中央控制室和多个远程控制室共同管理的控制模式。

7.4.4.2 和利时(HollySys)DCS 控制系统

和利时公司于 1992 年开发出第一代 HS-DCS-1000 系统，1995 年推出 HS2000 系统(采用智能 I/O 结构、部分实现 IEC 1131-3 标准功能)，1999 年推出 MACS 系统，2002 年初推出第四代 DCS——MACS-SmartPro(智能过程系统)，2013 年正式推出的大型分布式控制系统 HOLLiAS MACS-K，重点提升系统的可靠性和易用性，支持 P-P(点对点结构)、C/S (客户机/服务器结构)、P-P 和 C/S(混合结构)三种网络构架。此外，该系统支持开放数据接口标准，支持 OPC、ODBC、DDE、COM/DCOM、OLE、TCP/IP 等协议，可以方便地连接第三方的管理软件。

系统基于以太网和 ProfiBus-DP 现场总线构架，方便接入多种工业以太网和现场总线，采用完全符合 IEC61131-3 全部功能的控制组态软件。它的 HMI 软件既可以采用和利时自主知识产权的 FOCS 软件平台，也可以采用通用的如 CITECT 等软件平台。系统的硬件除了可以集成和利时 I/O 模块外，还可以集成其他 PLC、RTU、FCS 接口，无线通信，变电站数据采取与保护，车站微机连锁等，以及各种智能装置。系统集成了众多知名厂家控制系统的驱动接口，可实现现场仪表设备、控制系统、企业资源管理系统之间无缝信息流传送，能方便地实现工厂智能化、管控一体化，集成多个行业先进控制算法平台，为工厂自动控制和企业管理提供全面的解决方案。

MACS-K 系统现场控制单元采用分散化的智能小模块，可以实现完全分散。模块之间采用 Profibus-DP 现场总线连接。此外，MACS-K 在现场级还可以支持架装的 I/O 组件、现场总线系统、各种规格(大、中、小、微)型的 PLC。系统的智能 I/O 单元本身可全部隔离，而且可以做到路路隔离。

针对不同的行业，基于 MACS-K 系统的相应专业应用平台，有核电控制系统、火力发电控制系统、化工过程控制系统、水泥生产控制系统、造纸集成控制系统等。图 7-18 为典型 MACS-K 系统的网络拓扑架构，由三部分组成，从上到下依次为管理网(MNET)、系统网(SNET)、控制网(CNET)。

7.4.4.3 浙江中控(Supcon)DCS 控制系统

浙江中控技术股份有限公司(简称浙江中控)成立于 1993 年，是我国工业自动化控制领域的代表性企业，也是校企产学研一体化下的典型代表，在现场仪表、控制系统、先进制造系统、智能工厂设计等领域颇有建树，其中 DCS 控制系统连续多年国内占有率排名第一，其典型的 DCS 控制系统产品主要有 WebField TCS-900 及 WebField JX-300XP。

WebField JX-300XP 是浙江中控在基于 JX-300X 成熟的技术与性能的基础上，推出的

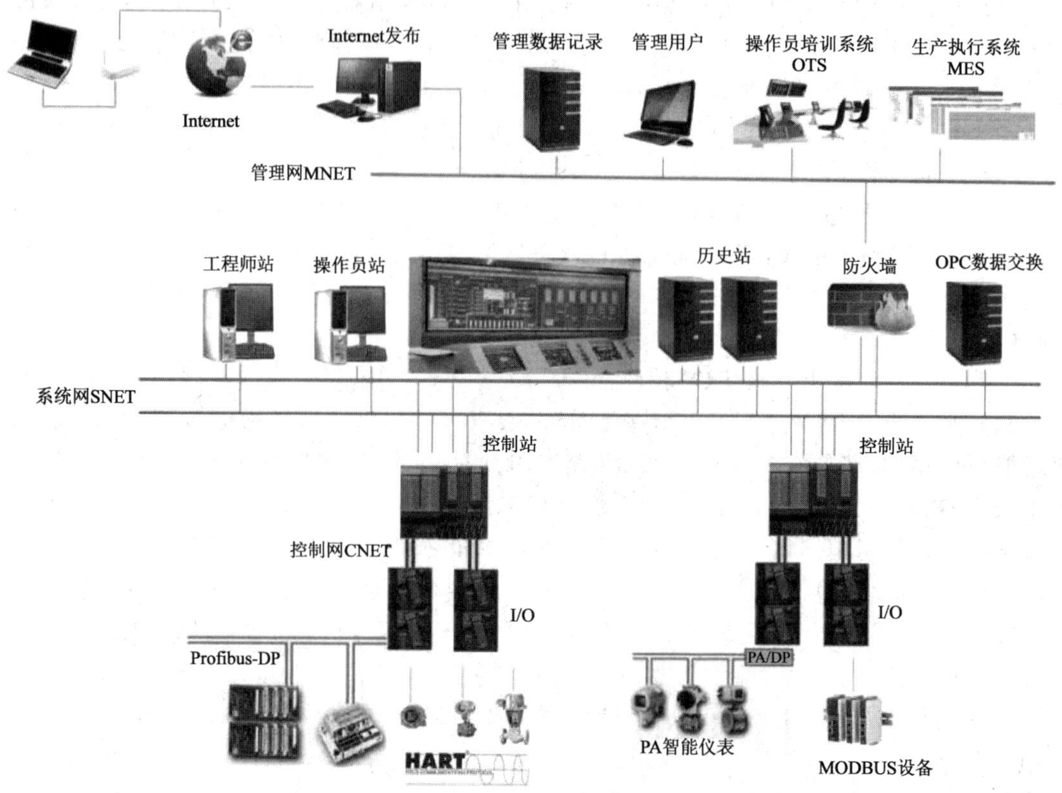

图 7-18 和利时 HOLLiAS MACS-K 控制系统拓扑结构

基于 web 技术的网络化控制系统,其网络拓扑结构如图 7-19 所示。

WebField JX-300XP 系统采用三层网络结构:

第一层网络是信息管理网(Ethernet),采用以太网络,用于工厂级的信息传送和管理,是实现全厂综合管理的信息通道。

第二层网络是过程控制网 SCnet II,连接了系统的控制站、操作员站、工程师站、通信接口单元等,是传送过程控制实时信息的通道。

第三层网络是控制站内部 I/O 控制总线,称为 SBUS 控制站内部 I/O 控制总线。主控制卡、数据转发卡、I/O 卡件都是通过 SBUS 进行信息交换。SBUS 总线分为两层:双重化总线 SBUS-S2 和 SBUS-S1 网络。主控制卡通过它们来管理分散于各个机笼内的 I/O 卡件。

最大系统配置为多达 15 个冗余的控制站和 32 个操作员站(工程师站),系统容量最大可达到 15 360 点。系统每个控制站最多可挂接 8 个 IO 机笼。每个机笼最多可配置 20 块卡件,即除了最多配置一对互为冗余的主控制卡和数据转发卡之外,还可最多配置 16 块各类 I/O 卡件。在每一机笼内,I/O 卡件均可按冗余或不冗余方式任意进行配置。

主控制卡采用双 CPU 结构,包括主 CPU(Master)和从 CPU(Slave),主控制卡 JX-300 XP 支持冗余或非冗余配置,冗余方式为 1∶1 热备用。

JX-300 XP 系统主控制卡的控制回路可达 128 个,最大可带 128 块 I/O 卡,通过 SBUS

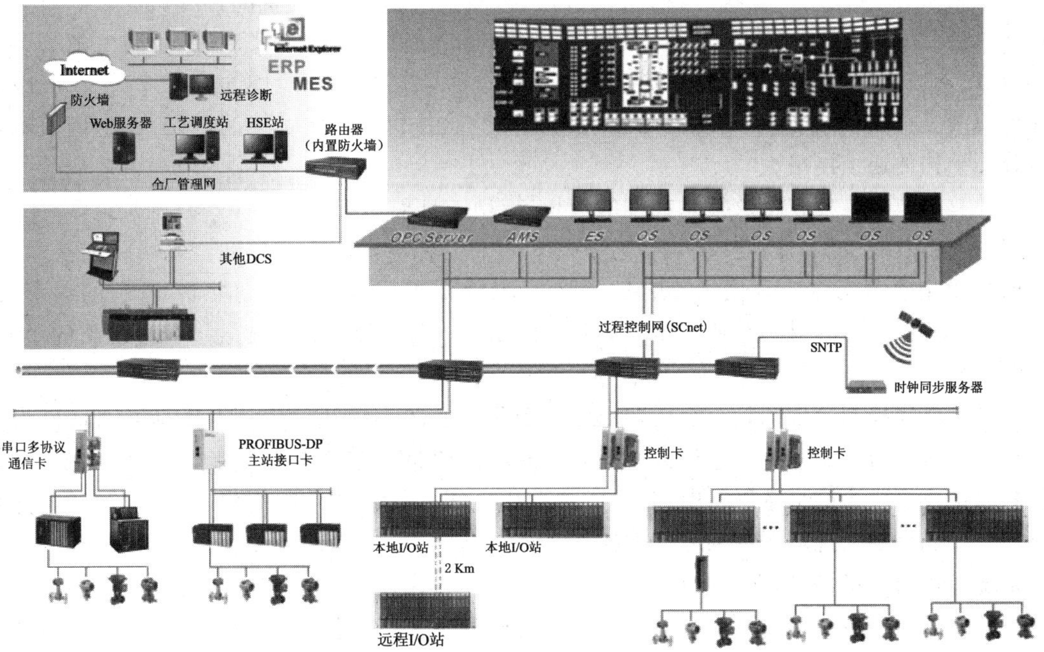

图 7-19 浙江中控 WebField JX-300XP DCS 控制系统拓扑结构

实现就地或远程 I/O 功能。

主控制卡内置后备锂电池,用于保护主控制卡断电情况下卡件内 SRAM 的数据(包括系统配置、控制参数、运行状态等)。在系统断电的情况下,SRAM 数据可以保存 3 个月。

JX-300XP 系统的软件采用浙江中控自主开发的 Advantrol Pro 软件包。Advantrol Pro 在浙江中控的 WebField JX-300X、ECS-100 等系统上已经得到了广泛的应用。

7.5 现场总线(FCS)控制系统

7.5.1 现场总线控制系统的基本结构和工作原理

7.5.1.1 概述

随着控制技术、计算机技术和通信技术的飞速发展,数字化作为一种趋势正在从工业生产过程的决策层、管理层、监控层和控制层一直渗透到现场设备。现场总线的出现,使数字通信技术迅速占领工业过程控制系统中模拟量信号的领域。一种全数字化的、全开放式的、可互操作的新型控制系统——现场总线控制系统正在兴起。现场总线控制系统采用数字信号替代模拟信号,可实现一对电线传输多个信号(包括多个运行参数位、多个设备状态、故障信息),同时又为多个设备提供电源;现场设备以外不再需要 A/D、D/A 转换部件,这样就为简化系统结构、节约硬件设备、节约连接电缆与各种安装、维护费用创造了条件。现场总线控制系统的出现代表了工业自动化领域中一个新纪元的开始,并将对该领域的发展产生深远的影响。

(1) 现场总线的定义

现场总线(fieldbus)是用于过程自动化或制造自动化中,实现智能化现场设备(例如变送器、执行器、控制器)与高层设备(例如主机、网关、人机接口设备)之间互联的,全数字、串行、双向的通信系统。通过它可以实现跨网络的分布式控制。按照国际电工委员会标准和现场总线基金会的定义:现场总线是连接智能现场设备和自动化系统的数字式、双向传输、多分支结构的通信网络。

计算机数字通信技术及信息技术的进步,推动了自动化技术的进步。特别是近10年来兴起的现场总线技术,是计算机数字通信技术向工业自动化领域的延伸。现场总线技术使得信息交换覆盖工业自动化领域的各个层面,从工厂的现场设备层到控制、管理的各个层次,如到工段、车间、工厂、企业乃至世界各地的市场。现场总线技术体现了一种全新的系统集成思想。

现场总线控制系统既是一个工业设备自动化控制的一种开放的计算机局域通信网络,又是一种全分布控制系统。它作为智能设备的联系纽带将连接在总线上,作为网络节点的智能设备连接成为网络系统,进一步构成自动化系统。它依靠具有检测、控制、通信能力的数字化智能设备在现场实现彻底分散控制,属于最底层的网络系统,是网络集成式全分布控制系统,将原来集散控制系统的现场控制机的功能全部分散在各个网络节点处,实现基本控制、补偿计算、参数修改、报警、显示、监控、优化及管理控制一体化的综合自动化功能,是以智能传感器、控制、计算机、数字通信、网络为主要内容的综合技术。

现场总线控制系统将取代封闭、专用的系统,继而变成开放的、标准的系统,使得不同制造商的产品得以互联,大大简化系统结构、降低成本,更好地满足了实时性要求,提高了系统运行的可靠性。

(2) 现场总线标准

由于市场的驱动,世界各大控制系统厂家都相继开发了各自的现场总线产品,现场总线标准繁多。要想达到开放、兼容、互操作和各总线间互联的目的,就必须实行大家都遵守的国际标准。国际IEC/TC 65标准化组织为统一现场总线通信协议,经过多年的争论与协商,于1999年12月底通过了8种总线标准的折中方案,称之为IEC 61158;2003年4月,该组织制定的第三版现场总线标准(IEC 61158 Ed.3)正式成为国际标准,规定了10种类型的现场总线,包括:TS61588现场总线、ControlNET和Ethernet/IP现场总线、Profibus现场总线、P-NET现场总线、FF HSE现场总线、World-FIP现场总线、Interbus现场总线、PROFInet现场总线、SwiftNet现场总线、FF H1现场总线。

7.5.1.2 现场总线控制系统的基本结构和工作原理

(1) 现场总线控制系统的基本结构

现场总线控制系统由控制系统、测量系统、管理系统、网络通信等部分组成。

① 控制系统

控制系统软件是系统的重要组成部分,包括监控组态软件、维护软件、仿真软件和设备管理软件等。首先选择开发组态软件、控制操作人机接口软件,通过组态软件,完成功能块之间的连接。选定功能块参数,进行网络组态,在网络运行过程中对系统实时采集数据,进一步进行数据处理、计算、优化控制及逻辑控制报警、监视、显示、报表等。

② 测量系统

其特点为多变量高性能的测量,使测量仪表具有计算能力等功能。由于采用数字信号,具有高分辨率，准确性高，抗干扰、抗畸变能力强，同时还具有仪表设备的状态信息，便于对处理过程进行调整。

③ 管理系统

管理系统可以提供设备自身及过程的诊断信息、管理信息、设备运行状态信息（包括智能仪表）、厂商提供的设备制造信息。

④ 网络通信

网络通信包含网络系统的硬件、软件、服务模式及应用数据库。网络系统硬件有系统管理主机、服务器、网关、协议变换器、集线器、用户计算机及底层智能化仪表等。网络系统软件有网络操作软件（如 Net Ware、LAN Manager）、服务器操作软件（如 Windows、Linux、OS/2）、应用软件数据库、通信协议、网络管理协议等。客户机/服务器模式是目前较为流行的网络计算机服务模式。服务器表示数据源（提供者），应用客户机则表示数据使用者，客户机从数据源获取数据，并进一步进行处理。客户机运行在 PC 机或工作站上，服务器运行在小型机或大型机上，系统使用双方的计算、资源、数据来完成任务。

应用数据库能有组织、动态地存储大量有关数据与应用程序，实现数据的充分共享、交叉访问，具有高度独立性。工业设备在运行过程中参数连续变化，数据量大，操作与控制的实时性要求很高，因此就形成了一个可以互访操作的分布关系及实时性数据库系统。

（2）现场总线控制系统的工作原理

根据国际电工委员会标准的定义，现场总线是连接智能现场设备和自动化系统的数字式、双向传输、多分支结构的通信网络。现场总线的原理本质表现在下面 6 个方面：

① 现场通信网络。现场总线作为一种数字式通信网络一直延伸到生产现场中的现场设备，使过去采用点到点式的模拟量信号传输或开关量信号的单向并行传输变为多点一线的双向串行数字式传输。

② 现场设备互联。现场设备是指位于生产现场的传感器、变送器和执行器等。这些现场设备可以通过现场总线直接在现场实现互联，相互交换信息。而在计算机集散控制系统中，现场设备之间是不能直接交换信息的。

③ 互换性和互操作性。现场设备种类繁多，一个制造商不可能提供一个工业生产过程所需要的全部设备。另外，用户也不希望受制约于某一个制造商。这样，就有可能在一个现场总线控制系统中，连接多个制造商生产的设备。所谓互换性和互操作性，是指来自不同厂家的设备可以相互通信，并且可以在多厂家的环境中完成功能的能力。它体现在：① 用户可以自由地选择设备，而这种选择独立于供应商、控制系统和通信协议；② 制造商具有增加新的、有用的功能的能力；③ 不需要专有协议和特殊定制驱动软件和升级软件。

④ 分散功能块。FCS 取消了 DCS 的输入/输出单元和控制站，把 DCS 控制站的功能分散地分配给现场仪表，从而构成虚拟控制站。例如流量变送器不仅具有流量信号变换、补偿输入模块，而且有 PID 控制和运算功能模块；调节阀的基本功能是信号驱动和执行，还内含输出特性补偿模块；也可以有 PID 控制和运算模块；还可以有阀门特性自校验和自诊断功能。功能块分散在多台现场仪表中，并可统一组态，用户可以灵活选择各种功能模块，构成所需要的控制系统，实现彻底的分散控制。

⑤ 现场总线供电。现场总线除了传输信息之外，还可以具有为现场设备供电的功能。总线供电不仅简化了系统的安装布线，而且还可以通过配套的安全栅实现本质安全系统，为

现场总线控制系统在易燃易爆环境中的应用奠定了基础。

⑥ 开放式互联网络。现场总线为开放式互联网络，既可与同层网络互联，也可与不同层网络互联。现场总线协议是一个完全开放的协议，是采用公开化、标准化、规范化的通信协议。这就意味着来自不同厂家的现场总线设备，只要符合现场总线协议，就可以通过现场总线网络连接成系统，实现综合自动化。

7.5.2 现场总线控制系统的特点和工业应用

（1）现场总线控制系统的特点

① 系统的开放性。开放是指对相关标准的一致性、公开性，强调对标准的共识与遵从。一个开放系统，是指它可以与世界上任何地方遵守相同标准的其他设备或系统连接。通信协议一致公开，各不同厂家的设备之间可实现信息交换。现场总线开发者就是要致力于建立统一的工厂底层网络的开放系统。用户可按自己的需要和考虑，把来自不同供应商的产品组成各种规模的系统，通过现场总线构筑自动化领域的开放互联系统。

② 互可操作性与互用性。互可操作性，是指实现互联设备间、系统间的信息传送与沟通；而互用性则意味着不同生产厂家的性能类似的设备可实现相互替换。

③ 现场设备的智能化与功能自治性。它将传感测量、补偿计算、工程量处理与控制等功能分散到现场设备中完成，仅靠现场设备即可完成自动控制的基本功能，并可随时诊断设备的运行状态。

④ 系统结构的高度分散性。现场总线已构成一种新的全分散性控制系统的体系结构，从根本上改变了现有 DCS 集中与分散相结合的集散控制系统体系，简化了系统结构，提高了系统可靠性。

⑤ 对现场环境的适应性。工作在生产现场前端，作为工厂网络底层的现场总线，是专为现场环境而设计的，可支持双绞线、同轴电缆、光缆、射频、红外线、电力线等，具有较强的抗干扰能力，能采用两线制实现供电与通信，并可满足本质安全防爆要求等。

⑥ 节省硬件数量与投资。由于现场总线系统中分散在现场的智能设备能直接执行多种传感、控制、报警和计算功能，因而可减少变送器的数量，不再需要单独的调节器、计算单元等，也不再需要 DCS 的信号调理、转换、隔离等功能单元及其复杂接线，还可以用工控 PC 机作为操作站，从而节省了一大笔硬件投资，并可减少控制室的占地面积。

⑦ 节省安装费用。现场总线系统的接线十分简单，一对双绞线或一条电缆上通常可挂接多个设备，因而电缆、端子、槽盒、桥架的用量大大减少，连线设计与接头校对的工作量也大大减少。当需要增加现场控制设备时，无须增设新的电缆，可就近连接在原有的电缆上，既节省了投资，也减少了设计、安装的工作量。据有关典型试验工程的测算资料表明，可节约安装费用 60%以上。

⑧ 节省维护开销。由于现场控制设备具有自诊断与简单故障处理的能力，并通过数字通信将相关的诊断维护信息送往控制室，用户可以查询所有设备的运行、诊断、维护信息，以便早期分析故障原因并快速排除，缩短了维护停工时间，同时由于系统结构简化，连线简单而减少了维护工作量。

⑨ 用户具有高度的系统集成主动权。用户可以自由选择不同厂商所提供的设备来集成系统，避免因选择了某一品牌的产品而被“框死”了使用设备的选择范围，不会为系统集成中不兼容的协议、接口而一筹莫展，使系统集成过程中的主动权牢牢掌握在用户手中。

⑩ 提高了系统的准确性与可靠性。由于现场总线设备的智能化、数字化，与模拟信号相比，它从根本上提高了测量与控制的精确度，减少了传送误差。同时，由于系统的结构简化，设备与连线减少，现场仪表内部功能加强，减少了信号的往返传输，提高了系统的工作可靠性。

(2) 现场总线控制系统的发展趋势

从 FCS 控制系统技术本身分析，现场总线控制系统的发展趋势具有两个明显发展趋势：一是寻求统一的现场总线国际标准；二是 Industrial Ethernet 走向工业控制网络。统一、开放的 TCP/IP Ethernet 是 20 多年来发展最成功的网络技术，过去一直认为，Ethernet 是为 IT 领域应用而开发的，它与工业网络在实时性、环境适应性、总线馈电等许多方面的要求存在差距，在工业自动化领域只能得到有限应用。事实上，这些问题正在迅速得到解决，国内对 EPA 技术(ethernet for process automation)也取得了很大的进展。随着 FF HSE 的成功开发以及 Profinet 的推广应用，可以预见 Ethernet 技术将会十分迅速地进入工业控制系统的各级网络。

7.5.3　主流的现场总线控制系统

(1) Foundation Fieldbus 总线

基金会现场总线(FF，Foundation Fieldbus)是在过程自动化领域得到广泛支持和具有良好发展前景的技术。其前身是以美国 Fisher-Rosemount 公司为首，联合 Foxboro、横河、ABB、西门子等 80 家公司制定的 ISP 协议和以 Honeywell 公司为首，联合欧洲等地的 150 家公司制定的 world FIP 协议。这两大集团于 1994 年 9 月合并，成立了现场总线基金会，致力于开发出国际上统一的现场总线协议。它以 ISO/OSI 开放系统互联模型为基础，取其物理层、数据链路层、应用层为 FF 通信模型的相应层次，并在应用层上增加了用户层。用户层主要针对自动化测控应用的需要，定义了信息存取的统一规则，采用设备描述语言，规定了通用的功能块集。由于这些公司是该领域自控设备的主要供应商，对工业底层网络的功能需求了解透彻，也具备足以左右该领域现场自控设备发展方向的能力，因而由它们组成的基金会所颁布的现场总线规范具有一定的权威性。

基金会现场总线分低速 H1 和高速 H2 两种通信速率。H1 的传输速率为 31.25 kbit/s，通信距离可达 1 900 m(可加中继器延长)，可支持总线供电，支持本质安全防爆环境。H2 的传输速率可为 1 Mbit/s 和 2.5 Mbit/s 两种，其通信距离分别为 750 m 和 500 m。物理传输介质可支持双绞线、光缆和无线发射，协议符合 IEC 1158-2 标准。其物理媒介的传输信号采用曼彻斯特编码。

基金会现场总线的主要技术内容包括 FF 通信协议；用于完成开放互联模型中第 2～7 层通信协议的通信栈(communication stack)；用于描述设备特征、参数、属性及操作接口的 DDL 设备描述语言、设备描述字典；用于实现测量、控制、工程量转换等应用功能的功能块；实现系统组态、调度、管理等功能的系统软件技术以及构筑集成自动化系统、网络系统的系统集成技术。1996 年在芝加哥举行的 ISA96 展览会上，由现场总线基金会组织实施，首次向世界展示了来自 40 多家厂商的 70 多种符合 FF 协议的产品，并将这些分布在不同楼层展览大厅不同展台上的 FF 展品，用醒目的橙红色电缆，互联为 7 段现场总线的演示系统，各展台现场设备之间可实地进行现场互操作，展现了基金会现场总线的基本概貌。

(2) LonWorks 总线

LonWorks 是又一具有强劲实力的现场总线技术。它是由美国 Echelon 公司推出并由它与摩托罗拉、东芝公司共同倡导，于 1990 年正式公布而形成的。它采用了 ISO/OSI 模型的全部七层通信协议，采用了面向对象的设计方法，通过网络变量把网络通信设计简化为参数设置，其通信速率从 300 bit/s 至 1.5 Mbit/s 不等，直接通信距离可达 2 700 m(78 kbit/s，双绞线)；支持双绞线、同轴电缆、光纤、射频、红外线、电力线等多种通信介质，并开发了相应的本质安全防爆产品，被誉为通用控制网络。

LonWorks 技术所采用的 LonTalk 协议被封装在称之为 Neuron 的神经元芯片中而得以实现。集成芯片中有 3 个 8 位 CPU，一个用于完成开放互联模型中第 1 和第 2 层的功能，称为媒体访问控制处理器，实现介质访问的控制与处理；第二个用于完成第 3～6 层的功能，称为网络处理器，进行网络变量的寻址、处理、背景诊断、路径选择、软件计时、网络管理，并负责网络通信控制，收发数据包等；第三个是应用处理器，执行操作系统服务与用户代码。芯片中还具有存储信息缓冲区，以实现 CPU 之间的信息传递，并作为网络缓冲区和应用缓冲区。

Echelon 公司的技术策略是鼓励各 OEM 开发商运用 LonWorks 技术和神经元芯片，开发自己的应用产品，据称目前已有 2 600 多家公司在不同程度上引入了 LonWorks 技术，1 000多家公司已经推出了 LonWorks 产品，并进一步组织起 LonMARK 互操作协会，开发推广 LonWorks 技术与产品。它已被广泛应用在楼宇自动化、家庭自动化、保安系统、办公设备、交通运输、工业过程控制等行业。另外，在开发智能通信接口、智能传感器方面，LonWorks 神经元芯片也具有独特的优势。

(3) Profibus 总线

Profibus 是德国国家标准 DIN 19245 和欧洲标准 EN 50170 的现场总线标准，由 Profibus-DP、Profibus-FMS、Profibus-PA 组成了 Profibus 系列。DP 型用于分散外设间的高速数据传输，适合于加工自动化领域的应用。FMS 意为现场信息规范，Profibus-FMS 适用于纺织、楼宇自动化、可编程控制器、低压开关等。而 PA 型则是用于过程自动化的总线类型，它遵从 IEC 1158-2 标准。该项技术是由西门子公司为主的十几家德国公司、研究所共同推出的。它采用了 OSI 模型的物理层、数据链路层。FMS 还采用了应用层。传输速率为 9.6 kbit/s～12 Mbit/s，在 12 Mbit/s 时最大传输距离为 100 m，1.5 Mbit/s 时为 400 m，可用中继器延长至 10 km。其传输介质可以是双绞线，也可以是光缆，最多可连接 127 个站点，可实现总线供电与本质安全防爆。

(4) CAN 总线

CAN 是控制局域网络(control area network)的简称，最早由德国 Bosch 公司推出，用于汽车内部测量与执行部件之间的数据通信。其总线规范现已被 ISO 国际标准组织制定为国际标准。由于得到了摩托罗拉、英特尔、飞利普、西门子、NEC 等公司的支持，它广泛应用在离散控制领域。CAN 协议也是建立在国际标准组织的开放系统互联模型基础上的，不过，其模型结构只有三层，即只取 OSI 底层的物理层、数据链路层和顶层的应用层。其信号传输介质为双绞线，通信传输速率最高可达 1 Mbit/s (40 m)，直接传输距离最远可达 10 km (5 kbit/s)，可连接设备数最多可达 110 个。

CAN 的信号传输采用短帧结构，每一帧的有效字节数为 8 个，因而传输时间短，受干扰的概率低。当节点严重错误时，CAN 具有自动关闭的功能，以切断该节点与总线的联系，使总线上的其他节点及其通信不受影响，具有较强的抗干扰能力。

(5) HART 总线

HART 是 highway addressable remote transducer 的缩写，最早由 Rosemount 公司开发并得到 80 多家著名仪表公司的支持，于 1993 年成立了 HART 通信基金会。这种被称为可寻址远程传感器高速通道的开放通信协议，其特点是在现有模拟信号传输线上实现数字信号通信，属于模拟系统向数字系统转变过程中的过渡性产品，因而在当前的过渡时期具有较强的市场竞争能力，得到了较快发展。

它规定了一系列命令，按命令方式工作。它有 3 类命令，第一类称为通用命令，这是所有设备都理解、执行的命令；第二类称为一般行为命令，所提供的功能可以在许多现场设备中实现，这类命令包括最常用的现场设备的功能库；第三类称为特殊设备命令，以便在某些设备中实现特殊功能，这类命令既可以在基金会中开放使用，又可以为开发此命令的公司所独有。在一个现场设备中通常可发现同时存在这三类命令。

HART 采用统一的设备描述语言 DDL。现场设备开发商采用这种标准语言来描述设备特性，由 HART 通信基金会负责登记管理这些设备描述并把它们编为设备描述字典，主设备运用 DDL 技术来理解这些设备的特性参数而不必为这些设备开发专用接口。但这种模拟数字混合信号制，导致难以开发出一种能满足各公司要求的通信接口芯片。

HART 能利用总线供电，可满足本质安全防爆要求，并可组成由手持编程器与管理系统主机作为主设备的双主设备系统。

本章习题

1. 请简述计算机控制系统的定义及其工作过程。
2. 试概述计算机控制系统的发展过程。
3. 简要概括计算机控制系统的组成部分及其作用。
4. 计算机控制系统按照功能不同可以分为哪几类？它们各自的特点是什么？
5. 请概括计算机直接数字控制系统的概念及其特点。
6. DDC 控制系统的优缺点分别是什么？
7. 可编程序控制器 PLC 由哪些部分组成？各部分的主要作用是什么？
8. PLC 怎么分类？
9. 请概括可编程序控制器的基本工作过程。
10. 可编程序控制器 PLC 的特点是什么？
11. 试述集散控制系统的概念和特点。
12. 集散控制系统主要由什么构成？
13. 请概括现场总线控制系统的内容，它与 DCS 相比，在结构上与技术上有什么特点？
14. 现场总线控制系统的工作原理是什么？

第8章　典型过程设备的控制

现代流程工业是由一系列单元操作的设备和装置组成的生产线进行生产作业的。以化工生产为例，这些单元操作包括流体输送、传热、精馏、化学反应等，此外，加热炉、水汽系统等也是现代生产常见的工业设备。从各个单元涉及的物理和化学变化及加工方式来看，这些生产过程包括动量传递过程、热量传递过程、质量传递过程和化学反应过程等。要实现各个单元的功能，保证生产高效有序进行，必须深入了解生产工艺，按化学工程的内在机理并结合各自的特性制定合理的自动控制方案。本章以上述单元的一些典型化工过程装备为例，只从自动控制的角度出发，根据对象特性和控制需求，介绍若干具有代表性的典型设备的控制方案，从中讨论方案设计的基本原则和技巧方法，以期能根据所学知识取得举一反三的效果。

8.1　流体输送过程设备的控制

8.1.1　概述

在流体输送过程中，泵是用来输送液体并提高其压力的机械，而风机和压缩机是用来输送气体并提高其压力的机械。除了起停车、顺序控制和连锁动作外，对流体输送设备的控制，大多指流量或压力的控制，如定值控制、比值控制及以流量作为副变量的串级控制等。此外，还有为保护输送设备不致损坏的一些保护性控制方案，如轴瓦振动、油温等的超限保护停机、离心式压缩机的防喘振控制方案等。

8.1.2　离心泵的控制

离心泵是常用的流体输送设备，通过旋转翼轮作用于液体的离心力产生压头。转速越高，则离心力越大，压头也越高。

在流程工业中，离心泵流量控制的目的是要将泵的排出流量恒定于某一给定的数值上或为了保持某个工艺条件而不断改变，如某些精馏塔的进料量或回流量需要维持恒定，或者为了保持液位稳定，需要调节出口流量。

离心泵的流量控制大体有三种方法。

(1) 调节泵的出口阀门开度

通过控制泵出口阀门开启程度来控制流量的方法如图8-1所示。应该注意的是，除了某些特殊情况，控制阀一般应该安装在泵的出口管线上，而不应该安装在泵的吸入管线上，这是因为控制阀在正常工作时，需要有一定的压降，而离心泵的吸入高度是有

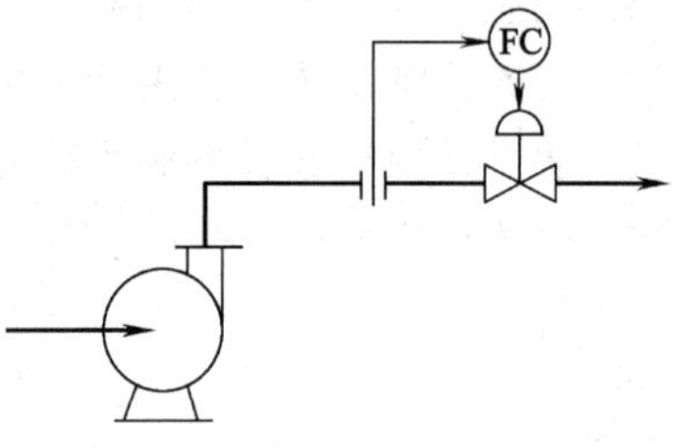

图8-1　改变泵出口阻力调节流量

限的。

改变出口阀门的开度就是改变管路上的阻力，进而引起流量的变化，其工作原理为：在一定转速下，离心泵的排出流量 Q 与泵产生的压头 H 有一定的对应关系，如图 8-2 曲线 A 所示，在不同流量下，泵所能提供的压头是不同的，曲线 A 即泵的流量特性曲线。泵的压头又必须与管路上的阻力平衡才能进行操作。克服管路阻力所需压头大小随流量增加而增加，如曲线 1 所示，曲线 1 即管路的特性曲线。曲线 A 与曲线 1 的交点 C_1 称为操作的工况点。此时泵所产生的压头正好用来克服管路阻力，C_1 点对应的流量 Q_1 即为泵的实际出口流量。而当控制阀开度发生变化时，由于转速是恒定的，所以泵的特性曲线没有发生变化，即图 8-2 中的曲线 A 没有变化。但管路上的阻力却发生变化，即管路特性曲线不再是曲线 1，随着控制阀的关小，可能变为曲线 2 或曲线 3 了。工况点就由 C_1 移向 C_2 或 C_3，出口流量也由 Q_1 改变为 Q_2 或 Q_3。

控制出口阀门开度的方案简单易行，应用较广，但机械效率较低，特别是控制阀开度较小时，阀上压降较大，损耗的功率相当大，很不经济。此外，当介质具有腐蚀性或对管路磨损较大时，控制阀的使用寿命不长。

(2) 调节泵的转速

当泵的转速改变时，泵的流量特性曲线就会发生改变。图 8-3 中曲线 1、2、3 表示转速分别为 n_1、n_2、n_3 时的流量特性，且有 $n_1>n_2>n_3$。在同样的流量情况下，泵的转速提高导致压头 H 增加。在一定的管路特性曲线 B 的情况下，减小泵的转速，工况点由 C_1 移向 C_2 或 C_3，流量相应也由 Q_1 减少到 Q_2 或 Q_3。

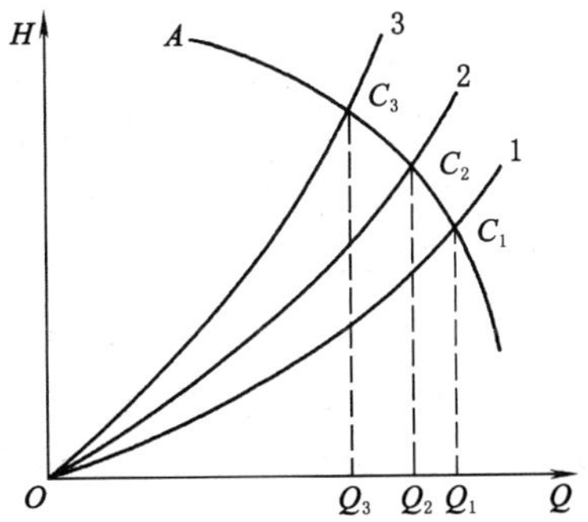

图 8-2　泵的流量特性曲线与管路特性曲线

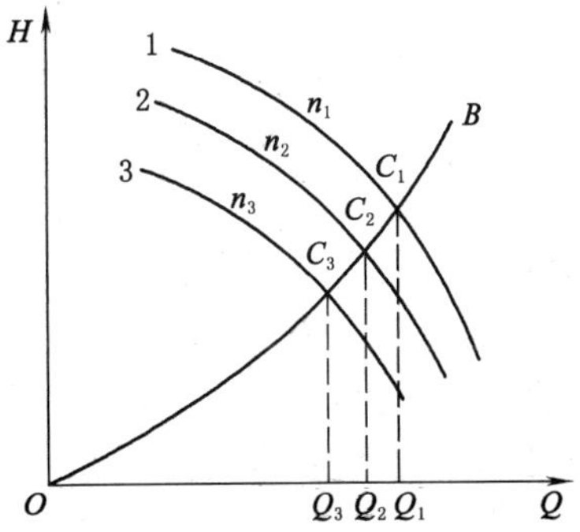

图 8-3　改变泵的转速控制流量

该方案最为经济，机械效率较高，应用也普遍，如在蒸汽透平驱动离心泵的场合，仅需控制蒸汽量即可控制转速。目前，多用变频器配合调速电机来实现。变频调速是通过改变定子电源的频率来改变同步频率实现电机调速的。

(3) 调节泵的出口旁路

将泵的部分排出量送回吸入管路，用改变旁路阀开启度的方法来控制泵的实际排出量，如图 8-4 所示。控制阀在旁路上，由于压差大，流量小，所以控制阀的

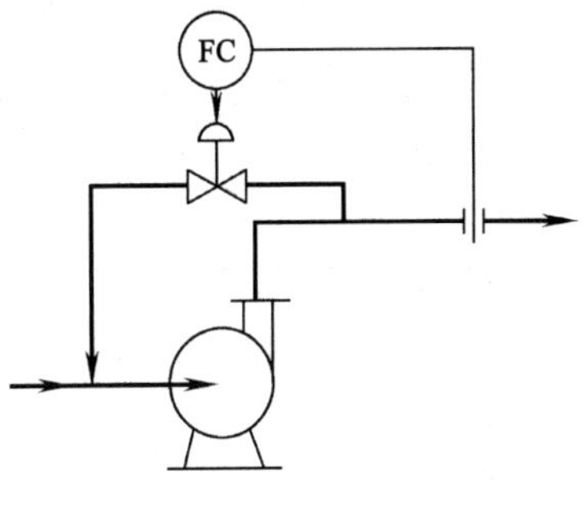

图 8-4　改变旁路阀控制流量

尺寸可以选的比装在出口管道上的小得多，但是这种方案不经济，因为旁路阀消耗一部分高压液体能量，使总的机械效率降低，因而使用较少。

8.1.3 离心式压缩机的防喘振控制

近年来，离心式压缩机的使用日益频繁，进行这类压缩机的控制方案设计时，还有一个特殊的问题需要克服，这就是喘振现象。

图 8-5 是压缩机的出口与入口的绝对压力之比 p_2/p_1 与进口体积流量 Q 之间的关系曲线，称为离心式压缩机的特性曲线。由图可见，对应于不同转速 n 的每一条 p_2/p_1 与 Q 的关系曲线，都有一个最高点，在此点之右，降低压缩比 p_2/p_1 会使流量增大，这种情况下，压缩机有自衡能力，即因干扰作用使得出口管阀的压力下降时，压缩机能自发地增大排出量，提高压力建立新的平衡；反之，在此点之左，降低压缩比，反而使流量减少，这样的对象是不稳定的。这时，如果因干扰作用导致出口管网的压力下降时，压缩机不但不增加输出流量，反而减少排出量，致使管网压力进一步下降，因此，离心式压缩机特性曲线的最高点是压缩机能否稳定操作的分界点。在图 8-5 中，连接最高点的虚线是一条表征压缩机能否稳定操作的极限曲线，虚线的右侧为正常运行区，虚线的左侧是不稳定区，如图中的阴影部分所示。

对于离心式压缩机，由于压缩机的负荷（即流量）减少，工况点进入不稳定区，将会发生一种危害极大的所谓喘振现象。图 8-6 是说明离心式压缩机喘振现象的示意图。图中 Q_B 是在固定转速 n 的条件下对应于最大压缩比（p_2/p_1）的体积流量（图中 B 点），它是压缩机能否操作的极限流量。设压缩机的工况点原处于正常运行的点 A，由于负荷减少，工况点将沿着曲线 ABC 方向移动，在点 B 处压缩机达到最大压缩比。若继续减小负荷，则工况点将落到不稳定区，此时出口压力减小，但与压缩机相连的管路系统在此瞬间的压力不会突变，管网压力反而高于压缩机出口压力，于是发生气体倒流现象，工况点迅速下降到 C。由于压缩机在继续运转，当压缩机出口压力达到管路系统压力后，又开始向管路系统输送气体，于是压缩机的工况点由点 C 突变到点 D，但此时的流量 $Q_D>Q_B$，超过了工艺要求的负荷量，系统压力被迫升高，工况点又将沿 DAB 曲线下降到 C。压缩机工况点这种反复迅速突变的过程，好像工况点在飞动，所以产生这种现象时，又被称作压缩机的飞动。人们之所以称它为喘振，是因为出现这一现象时，由于气体由压缩机忽进忽出，转子受到交变负荷，机身发生振动并波及相连的管线，表现为流量计和压力表的大幅度摆动。如果与机身相连的管网容

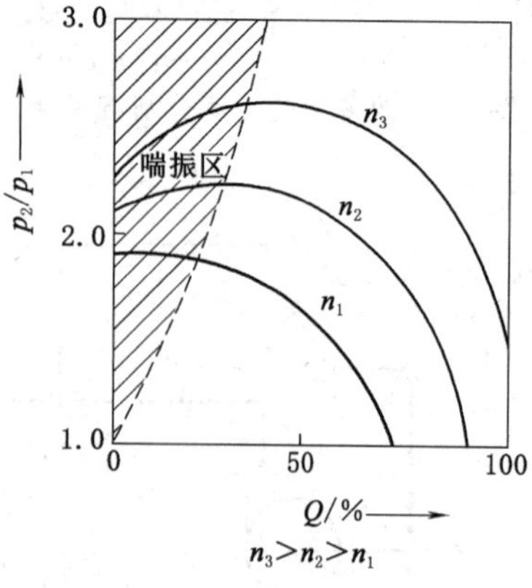

图 8-5 离心式压缩机特性曲线

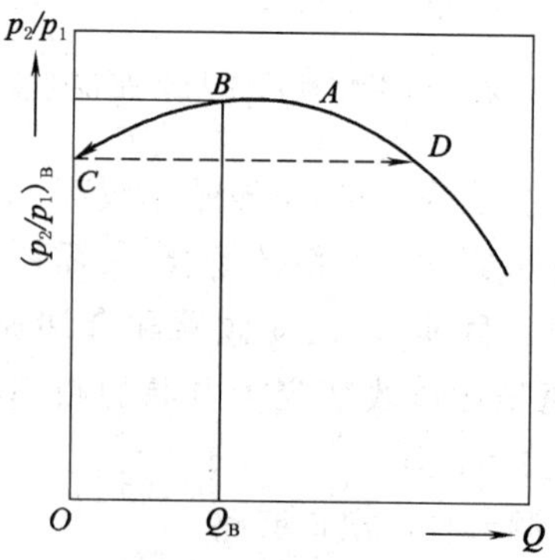

图 8-6 喘振现象示意图

量较小并严密，则可听到周期性的如同哮喘病人的喘气般的噪声；而当管网音量较大，喘振时会发生周期性间断的吼响声，并使止逆阀发出撞击声，导致压缩机及所连接的管网系统和设备发生强烈振动，不予克服将对压缩机造成破坏。

喘振是离心式压缩机所固有的特性，每一台离心式压缩机都有其一定的喘振区域。负荷减小是离心式压缩机产生喘振的主要原因。此外，被输送气体的吸入状态，如温度、压力等的变化，也是使压缩机产生喘振的因素。一般来说，吸入气体的温度或压力越低，压缩机就越容易进入喘振区。

根据以上分析，离心式压缩机产生喘振现象主要是负荷降低、排气量小于极限值 Q_B 引起的，因此，要想阻止喘振的发生，只要使压缩机的吸气量大于等于当前该工况下的极限排气量即可。

(1) 固定极限流量法

对于工作在一定转速下的离心式压缩机，都有一个进入喘振区的极限流量 Q_B，为安全起见，规定一个压缩机吸入流量的最小值 Q_P，并且有 $Q_P<Q_B$。固定极限流量法防喘振控制的目的就是当负荷变化时，始终保证压缩机的入口流量 Q_1 不低于 Q_P 值。图 8-7 是一种最简单的固定极限法防喘振控制方案，测量点在压缩机的吸入管线上，流量控制器的给定值为 Q_P，当压缩机的排气量因负荷变小且小于 Q_P 时，则开大旁路控制阀以加大回流量，保证吸入流量 $Q_1 \geqslant Q_P$，从而避免喘振现象的产生。

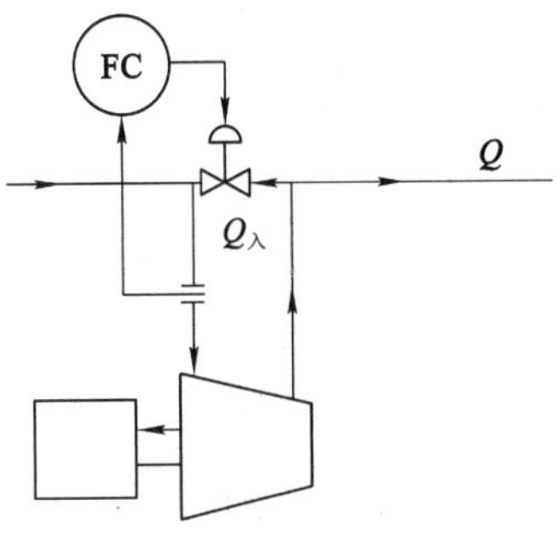

图 8-7　防喘振旁路控制

(2) 可变极限流量法

采用控制离心泵的转速来调节流量时，进入喘振的极限流量是随压缩机的转速变化的。图 8-8 上的喘振极限线是对应于不同转速时的压缩机特性曲线的最高点的连线。只要压缩机的工作点在喘振极限线的右侧，就可以避免喘振发生。但为了安全起见，实际工作点应控制在安全操作线的右侧。安全操作线近似为抛物线，其方程可用下列近似公式表示

$$\frac{p_2}{p_1}=a+\frac{bQ_1^2}{T_1} \tag{8.1}$$

式中，T_1 为入口端绝对温度；Q_1 为入口流量；a，b 为系数，一般由压缩机制造厂提供。

p_1、p_2、T_1、Q_1 可以用测试方法得到。如果压缩比 $\frac{p_2}{p_1}\leqslant a+\frac{bQ_1^2}{T_1}$，其工况是安全的；如果压缩比 $\frac{p_2}{p_1}>a+\frac{bQ_1^2}{T_1}$，其工况将可能产生喘振。

经过换算，上述不等式可写成如下形式

$$\Delta p_1 \geqslant \frac{r}{bk^2}(p_2-ap_1) \tag{8.2}$$

式中 Δp_1 为与流量 Q_1 对应的压差，r 为一个常数。

图 8-9 就是根据式(8-2)所设计的一种防喘振控制方案。压缩机入口压力 p_1、出口压力 p_2 经过测量、变送器以后送往加法器 Σ，得到 (p_2-ap_1) 信号，然后乘以系数 (r/bk^2)，作为防喘振控制器 FC 的给定值。控制器的测量值是测量入口流量的压差经过变送器后的信

号。当测量值大于给定值时，压缩机工作在正常运行区，旁路阀是关闭的；当测量值小于给定值时，这时需要打开旁路阀以保证压缩机的入口流量不小于给定值。这种方案属于可变极限流量法的防喘振控制方案，这时控制器 FC 的给定值是经过计算得到的，因此能根据压缩机负荷变化的情况随时调整入口流量的给定值，即随动控制。该随动控制的给定值运算是在闭合回路之外，因此可像一般的简单流量控制系统那样进行控制器参数的工程整定。

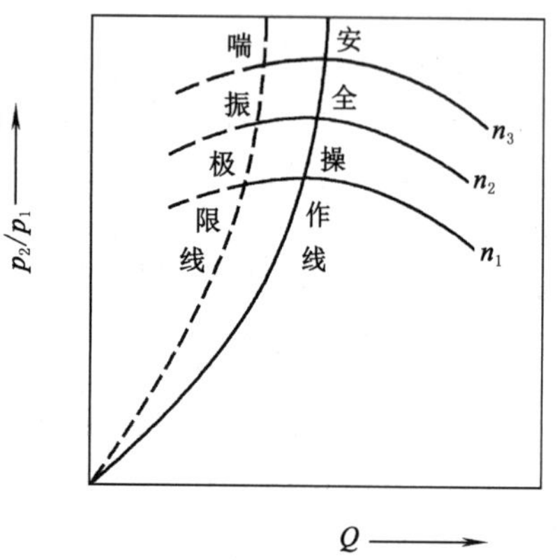

图 8-8　防喘振曲线

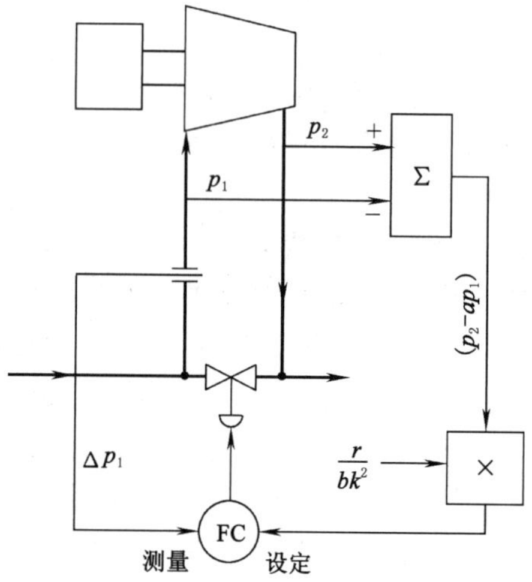

图 8-9　变极限流量防喘振控制方案

8.2　传热过程设备的控制

化工生产中，传热设备的形式多样，包括换热器、再沸器、冷凝器及加热炉等。由于传热的目的不同，被控变量也不完全一样。在多数情况下，都是将温度作为被控变量。本节按传热的两侧有无相变化的不同情况，只讨论以温度为被控变量时的各种控制方案。此外，加热炉温度的控制将在后续小节单独介绍。

8.2.1　两侧均无相变化的换热器控制方案

换热器的目的是为了使工业介质加热（或冷却）到某一温度，自动控制的目的就是要通过改变换热器的热负荷，以保证工艺介质在换热器出口的温度恒定在给定值上。当换热器两侧流体在传热过程中均不起相变化时，常采用以下几种控制方案。

(1) 控制载热体的流量

图 8-10 表示利用控制载热体流量来稳定被加热介质出口温度的控制方案，它根据调整载热体，如热水、冷却水等的流量来达到控制出口温度 t_2 的目的。改变载热体流量是应用最为普遍的控制方案，多适用于载热体流量的变化对温度影响较灵敏的场合。

如果载热体本身压力不稳定，可另设稳压系统，或者采用以温度为主变量、流量为副变量的串级控制系统，如图 8-11 所示，出口温度控制器 TC 的输出作为载热体流量控制器 FC 的设定值，能够快速克服载热体压力等干扰对副环的影响，而不必等到干扰作用到主环，引起被控变量改变才产生控制作用。

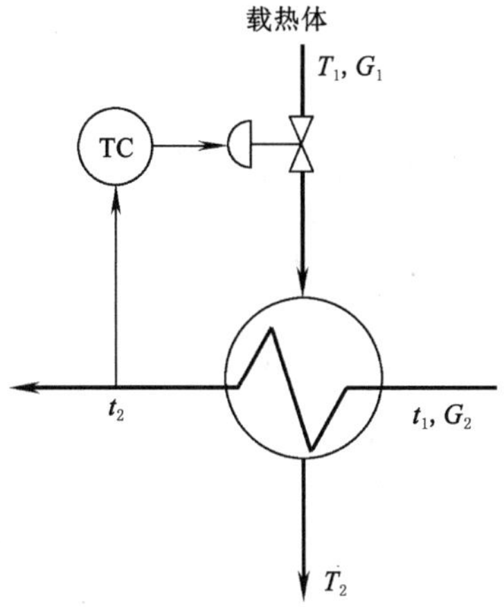

图 8-10　改变载热体流量控制温度

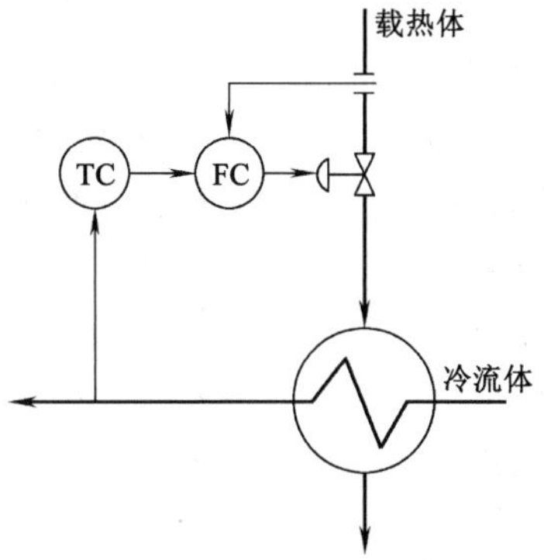

图 8-11　换热器串级控制系统

（2）控制载热体旁路流量

当载热体是工艺流体，其流量不允许变动时，可采用图 8-12 所示的控制方案，采用三通控制阀来改变进入换热器的载流体流量与旁路流量的比例，这样既可以改变进入换热器的载流体流量，又可以保证载热体总流量不受影响。这种方案多见于以载热体为工艺主要介质时。

旁路的流量一般不用直通阀来直接进行控制，这是由于在换热器内部流体阻力小的时候，控制阀前后压降很小，这样就使控制阀的口径要选得很大，而且阀的流量特性易发生畸变。

（3）控制被加热流体自身流量

如图 8-13 所示，控制阀安装在被加热流体进入换热器的管道上，流体的流速越快，与热流体换热必然不充分，出口温度一定会下降，这种控制方案，只有当工艺允许流量变化时才能采用。

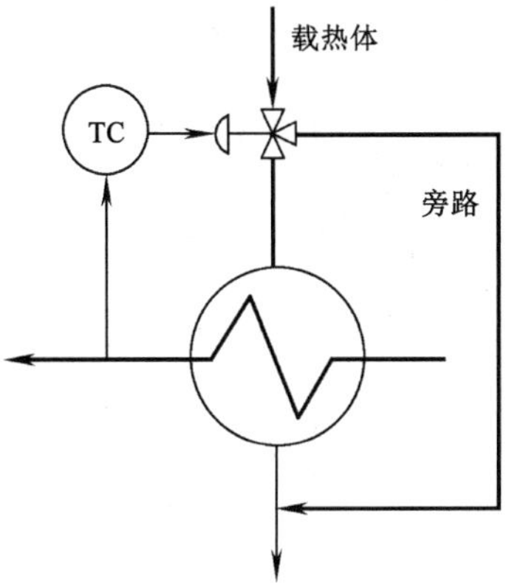

图 8-12　用载热体旁路控制温度

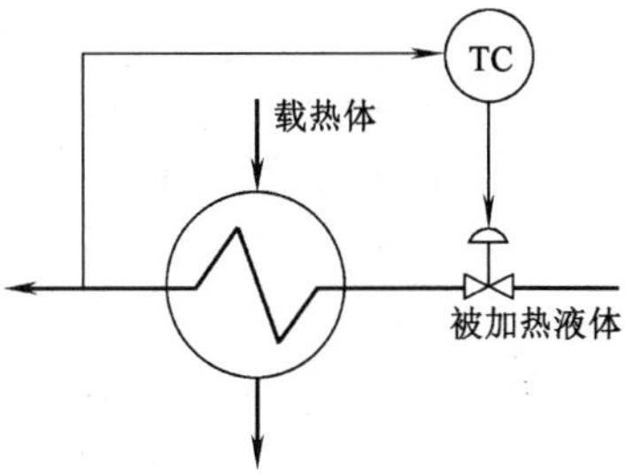

图 8-13　用介质自身流量控制温度

(4) 控制被加热流体自身流量的旁路

当被加热流体的总流量不允许控制，而且换热器的传热面积有余量时，可将一小部分被加热流体由旁路直接流到出口处，使冷热物料混合来控制温度，如图 8-14 所示。这种控制方案从工作原理来说与第三种方案相同，即都是通过改变被加热流体自身流量来控制出口温度的，只是在改变流量的方法上采用三通控制阀，改变进入换热器的被加热介质流量与旁路流量的比例，这一点与第二种方案相似。

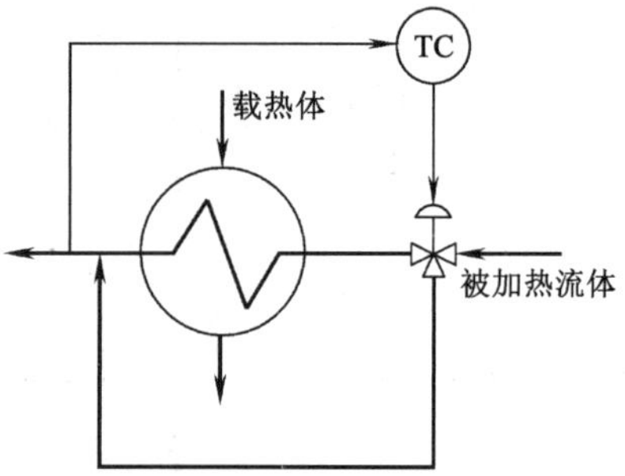

图 8-14 用介质旁路控制温度

由于此方案中载热体一直处于最大流量，而且要求传热面积有较大的裕量，因此在通过换热器的被加热介质流量较小时，就不太经济。

8.2.2 载热体进行冷凝的加热器自动控制

利用蒸汽冷凝来加热介质的加热器，在石油、化工中十分常见。在蒸汽加热器中，蒸汽冷凝由气相变为液相，放出热量，通过管壁加热工艺介质。如果要求加热到 200 ℃以上或 30 ℃以下时，常采用一些有机化合物作为载热体。

这种蒸汽冷凝的传热过程不同于两侧均无相变的传热过程。蒸汽在整个冷凝过程中温度保持不变。因此这种传热过程分两段进行，先冷凝后降温。当被加热介质的出口温度为被控制变量时，常采用下述两种控制方案：一种是控制进入的蒸汽流量，另一种是通过改变冷凝液排出量以控制冷凝的有效面积。

(1) 控制蒸汽流量

这种方案最为常见。当蒸汽压力本身比较稳定时可采用图 8-15 所示的简单控制方案，通过改变加热蒸汽量来稳定被加热介质的出口温度。当阀前蒸汽压力有波动时，可对蒸汽总管加设压力定值控制，或者采用温度与蒸汽流量（或压力）的串级控制。一般来说，设压力定值控制比较方便，但采用温度与流量的串级控制另有一个好处，它对于副环内的其余干扰，或者阀门特性不够完善的情况，也能有所克服。

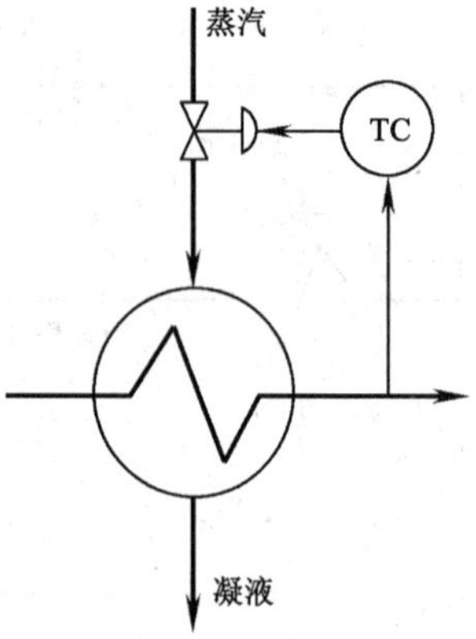

图 8-15 用蒸汽流量控制温度

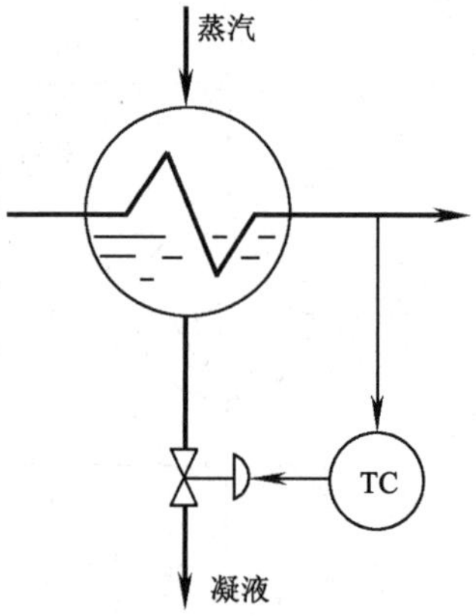

图 8-16 用凝液排出量控制温度

(2) 控制换热器的有效换热面积

如图 8-16 所示，将控制阀装在凝液管线上。如果被加热物料出口温度高于给定值，说明传热量过大，可将凝液控制阀关小，凝液就会积聚起来，减少了有效蒸汽冷凝面积，使传热量减少，工艺介质出口温度就会降低。反之，如果被加热物料出口温度低于给定值，可开大凝液控制阀，增大有效传热面积，使传热量相应增加。

这种控制方案，由于凝液至传热面积的通道是个滞后环节，控制作用比较迟钝。当工艺介质温度偏离给定值后，往往需要很长时间才能校正过来，影响了控制质量。较有效的方法为串级控制方案。串级控制有两种方案，图 8-17 为温度与凝液的液位串级控制，图 8-18 为温度与蒸汽流量的串级控制，由于串级控制系统克服了进入副回路的主要干扰，改善了对象的特性，因而提高了控制品质。

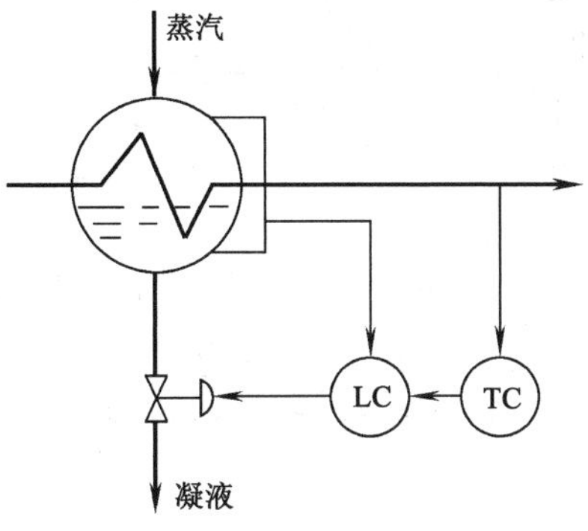

图 8-17　温度-液位串级控制系统

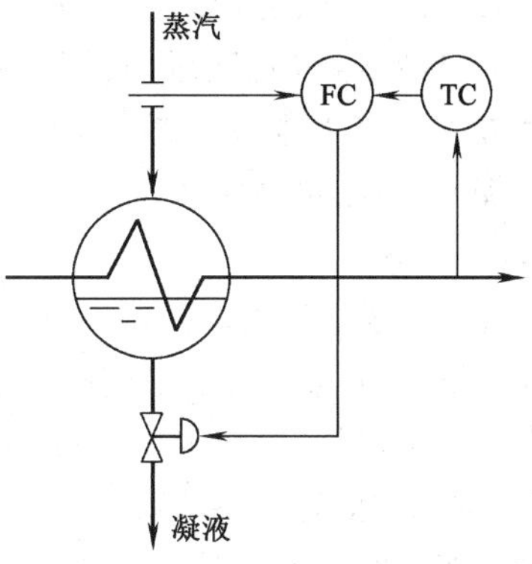

图 8-18　温度-流量串级控制系统

以上介绍了两种控制方案及其各自改进的串级控制方案，它们各有优缺点，如表8-1所示。

表 8-1　两种控制方案特点

控制方案	优　点	缺　点
控制蒸汽流量法	简单易行、过渡过程时间短、控制迅速	需选用较大的蒸汽阀门，传热量变化比较剧烈，有时凝液冷到 100 ℃以下，这时加热器内蒸汽一侧会产生负压，造成冷凝液的排放不连续，影响均匀传热
控制换热器的有效换热面积法	防止局部过热，对一些过热后会引起化学变化的过敏性介质比较适用。另外，由于蒸汽冷凝后凝液的体积比蒸汽体积小得多，所以可以选用尺寸较小的控制阀门	控制通道长、变化迟缓，且需要有较大的传热面积裕量

8.2.3　冷却剂进行汽化的冷却器自动控制

当用水或空气作为冷却剂不能满足冷却温度要求时，需要用其他冷却剂。这些冷却剂有液氨、乙烯、丙烯等。这些液体冷却剂在冷却器中由液体汽化为气体时带走大量潜热，从而使另一种物料得到冷却。以液氨为例，当它在常压下汽化时，可以使物料冷却到零下30 ℃的低温。

在这类冷却器中，以氨冷器最为常见，下面以它为例介绍几种控制方案。

（1）控制冷却剂的流量

图 8-19 所示的方案为通过改变液氨的进入量来控制介质的出口温度，这种方案的控制过程为：当工艺介质出口温度上升时，就相应增加液氨进入量使氨冷却器内液位上升，液体传热面积就增加，因而使传热量增加，介质的出口温度下降。

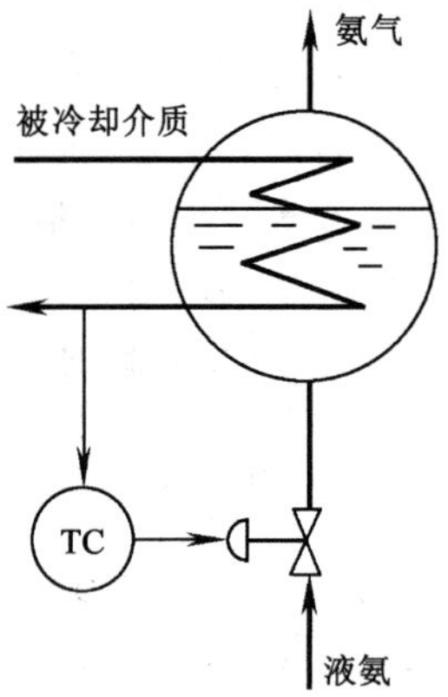

图 8-19 用冷却剂流量控制温度

这种方案并不以液位为被控制变量，但注意液位不能过高，液位过高会造成蒸发空间不足，使出去的氨气中夹带大量液氨，引起氨压缩机的操作事故。因此，这种控制方案带有上限液位报警，或采用温度-液位自动选择性控制，当液位高于某上限值时，自动把液氨阀关小或暂时切断。

（2）温度与液位的串级控制

图 8-20 所示方案中，操纵变量仍是液氨流量，但以液位作为副变量、以温度作为主变量构成串级控制系统。应用此类方案时对液位的上限值应加以限制，以保证有足够的蒸汽空间。

这种方案的实质仍然是改变传热面积。但由于采用了串级控制，将液氨压力变化而引起液位变化的这一主要干扰包含在副环内，从而提高了控制质量。

（3）控制汽化压力

由于氨的汽化温度与压力有关，所以可以将控制阀装在氨气出口管道上，如图 8-21 所示。

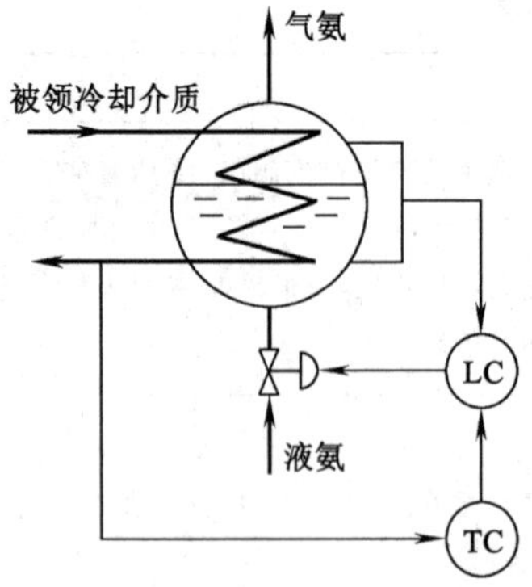

图 8-20 温度-液位串级控制

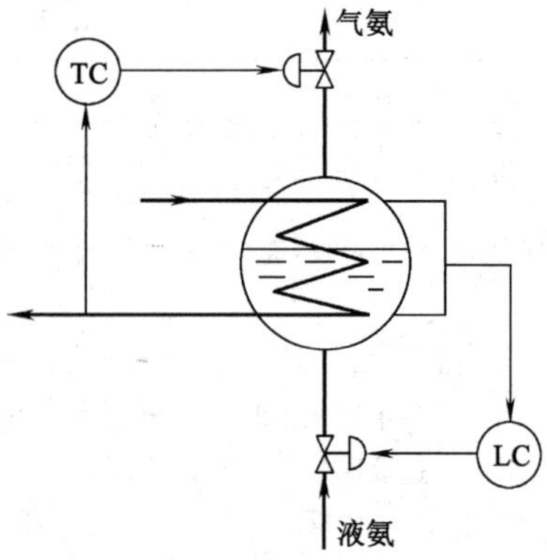

图 8-21 用汽化压力控制温度

这种控制方案的工作原理是基于当控制阀的开度变化时，会引起氨冷却器内汽化压力改变，于是相应的汽化温度也就改变了。譬如说，当工艺介质出口温度升高偏离给定值时，就开大氨气出口管道上阀门，使氨冷却器内压力下降，液氨温度也就下降，冷却剂与工艺介质间的温差增大,传热量就增大,工艺介质温度就会下降,这样就达到了控制工艺介质出口温度恒定的目的。为了保证液位不高于允许上限,在该方案中还设有辅助的液位控制系统。

这种方案控制作用迅速,只要汽化压力稍有变化,就能很快影响汽化温度,达到控制工艺介质出口温度的目的。但是由于控制阀安装在氨气出口管道上,故要求氨冷器要耐压,并且当氨气压力由于整个制冷系统的统一要求不能随意加以控制时,这个方案就不能采用了。

8.3 精馏过程设备的控制

精馏过程是现代化工生产中应用极为广泛的传质过程,其目的是利用混合液中各组分挥发度的不同将各组分进行分离,并达到规定纯度的要求。

精馏塔是精馏过程的关键设备。在精馏操作中,被控变量多,可以选用的操纵变量亦多,它们之间又可以有各种不同组合,所以控制方案繁多。由于精馏塔对象的通道很多,反应缓慢,内在机理复杂,变量之间相互关联,加以对控制要求又较高,因此必须深入分析工艺特性,总结实践经验,结合具体情况,才能设计出合理的控制方案。

8.3.1 工艺要求

精馏过程中的主要要求有如下几点。

(1) 保证质量指标

对于一个正常操作的精馏塔,一般应当使塔顶或塔底产品中的一个产品达到规定的纯度要求,另一个产品的成分亦应保持在规定的范围内。为此,应当取塔顶或塔底的产品质量作为被控变量,这样的控制系统称为质量控制系统。

质量控制系统需要应用能测出产品成分的分析仪表。由于目前被测物料种类繁多,还不能相应地生产出多种测量滞后小而又精确的分析仪表。所以,质量控制系统目前所见不多,大多数情况下,是由能间接控制质量的温度控制系统来替代。

(2) 保证平稳操作

为了保证塔的平稳操作,必须把进塔之前的主要可控干扰尽可能预先克服,同时尽可能缓和一些不可控的主要干扰。例如,可设置进料的温度控制、加热机和冷却剂的压力控制、进料量的均匀控制系统等。为了维持塔的物料平衡,必须控制塔顶馏出液和釜底采出量,使其之和等于进料量,而且两个采出量变化要缓慢,以保证塔的平稳操作。塔内的持液量应保持在规定的范围内。控制塔内压力稳定,对塔的平稳操作是十分必要的。

(3) 约束条件

为保证正常操作,需规定某些参数的极限值为约束条件。例如对塔内气体流速的限制,流速过高易产生液泛;流速过低,会降低塔板效率。尤其对工作范围较窄的筛板塔和乳化塔的流速问题,必须特别注意。因此,通常在塔底与塔顶间装有测量压差的仪表,有的还带报警装置。塔本身还有最高压力限,超过这个压力,容器的安全就没有保障。

(4) 节能要求和经济性

任何精馏过程都是要消耗能量的,这主要是再沸器的加热量和冷凝器的冷却量消耗,此外,塔和附属设备及管线也要散失一部分能量。

应当指出,精馏塔的操作情况必须从整个经济收益来衡量。在精馏操作中,质量指标、产品回收率和能量消耗均是要控制的目标。其中质量指标是必要条件,在质量指标一定的前提下，应在控制过程中使产品产量尽量高一些，同时能量消耗尽可能低一些。

8.3.2 精馏塔的干扰因素

图 8-22 所示为精馏塔塔身、冷凝器和再沸器的物料流程图。在精馏塔的操作过程中，影响其质量指标的主要干扰有以下几种。

（1）进料流量 F 的波动

进料量的波动通常是难免的。如果精馏塔位于整个生产过程的起点，则采用定值控制是可行的。但是，精馏塔的处理量往往是由上一道工序决定的，如果一定要使进料量恒定，势必要设置很大的中间贮槽进行缓冲。工艺上新的趋势是尽可能减小或取消中间贮槽，而采取在上一工序设置液位均匀控制系统来控制出料，使塔的进料量 F 波动比较平稳，尽量避免剧烈的变化。

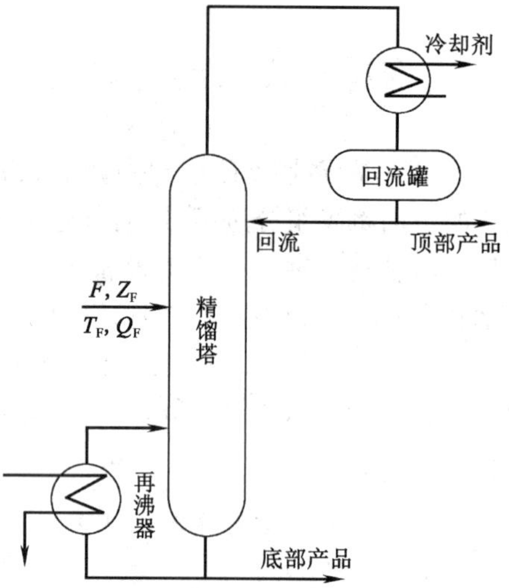

图 8-22 精馏塔的物料流程图

（2）进料成分 Z_F 的变化

进料成分是由上一工序出料或原料情况决定的，因此对塔系统来讲，它是不可控的干扰。

（3）进料温度 T_F 及进料热焓 Q_F 的变化

进料温度通常是较为恒定的。假如不恒定，可以先将进料预热，通过温度控制系统来使精馏塔进料温度恒定。然而，进料温度恒定时，只有当进料状态全部是气态或全部是液态时，塔的进料热焓才能一定。当进料是气液混相状态时，则只有当气液两相的比例恒定时，进料热焓才能恒定。为了保持精馏塔的进料热焓恒定，必要时可通过热焓控制的方法来维持恒定。

（4）再沸器加热剂（如蒸汽）加入热量的变化

当加热剂是蒸汽时，加入热量的变化往往是由蒸汽压力的变化引起的。可以通过在蒸汽总管设置压力控制系统来加以克服，或者在串级控制系统的副回路中予以克服。

（5）冷却剂在冷却器内除去热量的变化

这个热量的变化会影响到回流量或回流温度，它的变化主要是冷却剂的压力或温度变化引起的。一般冷却剂的温度变化较小，而压力的波动可采用克服加热剂压力变化的同样方法予以克服。

（6）环境温度的变化

在一般情况下，环境温度的变化较小，但在采用风冷器作为冷凝器时，则天气骤变与昼夜温差对塔的操作影响较大，它会使回流量或回流温度变化。为此，可采用内回流控制的方法予以克服。内回流通常是指精馏塔的精馏段内上一层塔盘向下一层塔盘留下的液体量。内回流控制，是指在精馏过程中，控制内回流为恒定量或按某一规律变化的操作。

由上述干扰分析可以看出，进料流量和进料成分的波动是精馏塔操作的主要干扰，而且往往是不可控的。其余干扰一般比较小，而且往往是可控的，或者可以采用一些控制系统预先加以克服。当然，有时可能并不一定是这样，还需根据具体情况作具体分析。

8.3.3　精馏塔的控制方案

精馏塔的控制方案繁多，这里只选择有代表性的、常见的原则和方案介绍如下。

(1) 精馏塔的提馏段温控

如果采用以提馏段温度作为衡量质量指标的间接指标，而以改变再沸器加热量作为控制手段的方案，就称为提馏段温控。

图 8-23 是常见的提馏段温控的一种方案。这种方案中的主要控制系统是以提馏段塔板温度为被控变量，加热蒸汽量为操纵变量。除了这个主要控制系统外，还设有五个辅助控制系统；对塔底采出量 B 和塔顶馏出液 D，按物料平衡关系分别设有塔底与回流罐的液位控制器作均匀控制；进料量 F 为定值控制(如不可控，也可采用均匀控制系统)；为维持塔压的恒定，在塔顶设置压力控制系统，控制手段一般为改变冷凝器的冷剂量，提馏段温控时，回流量采用定值控制，而且回流量应足够大，以便当塔的负荷最大时，仍能保持塔顶产品的质量指标在规定的范围内。

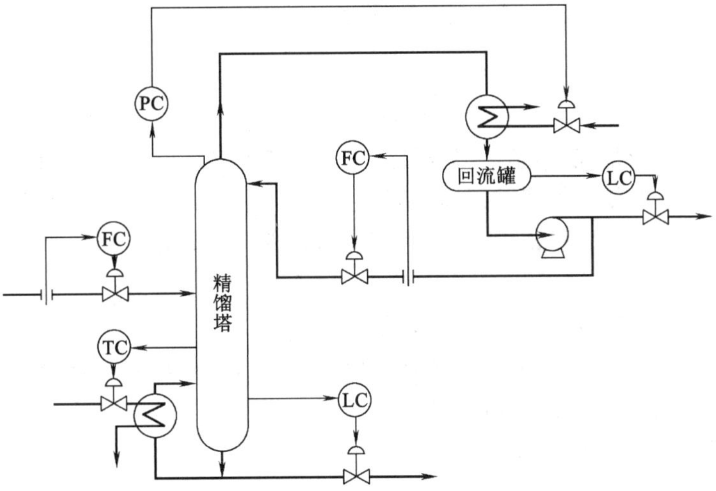

图 8-23　提馏段温控的控制方案示意图

提馏段温控的主要特点与使用场合如下：

① 由于采用了提馏段温度作为间接质量指标，因此，它能较直接地反映提馏段产品情况。将提馏段温度恒定后，就能够较好地保证塔底产品的质量达到规定值。所以，在以塔底采出为主要产品，对塔釜成分比对馏出液成分要求高时，常采用提馏段温控方案。

② 当干扰首先进入提馏段时，例如在液相进料时，进料量或进料成分的变化首先影响塔底的成分，故用提馏段温控就比较及时，动态过程也比较快。

由于提馏段温控时，回流量是足够大的，因而仍能使塔顶质量保持在规定的纯度范围内，这就是经常在工厂中看到的即使塔顶产品质量要求比塔底严格时，仍有采用提馏段温控的原因。

(2) 精馏塔的精馏段温控

如果采用以精馏段温度作为衡量质量指标的间接指标，而以改变回流量作为控制手段的方案，就称为精馏段温控。

图 8-24 是常见的精馏段温控的一种方案。它的主要控制系统是以精馏段塔板温度为被控变量，而以回流量为操纵变量。

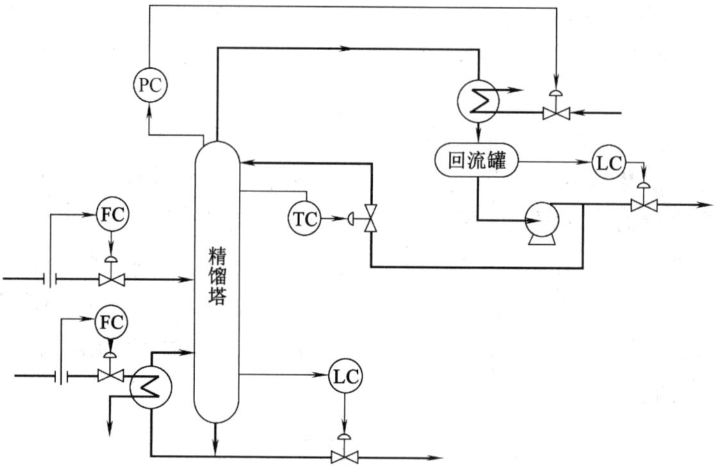

图 8-24　精馏段温控的控制方案示意图

除了上述主要控制系统外，精馏段温控还设有五个辅助控制系统。进料量、塔压、塔底采出量与塔顶馏出液的控制方案与提馏段温控方案相同。在精馏段温控时，再沸器加热量应维持一定，而且须足够大，以使塔在最大负荷时，仍能保证塔底产品的质量指标在一定范围内。

精馏段温控的主要特点与使用场合如下：

① 由于采用了精馏段温度作为间接质量指标，因此，它能较直接地反映精馏段的产品情况。当塔顶产品纯度要求比塔底严格时，一般宜采用精馏段温控方案。

② 如果干扰首先进入精馏段，例如气相进料时，由于进料量的变化首先影响塔顶的成分，所以采用精馏段温控就比较及时。

在采用精馏段温控或提馏段温控时，当分离的产品较纯时，由于塔顶或塔底的温度变化很小，对测温仪表的灵敏度和控制精度都提出了很高的要求，但实际上却很难满足。解决这一问题的方法，是将测温元件安装在塔顶以下或塔底以上几块塔板的灵敏板上，以灵敏板的温度作为被控变量。

所谓灵敏板，是指在受到干扰时，当达到新的稳定状态后，温度变化量最大的那块塔板。由于灵敏板上的温度，在受到干扰后变化比较大，因此，对温度检测装置灵敏度的要求就可不必很高了。同时，也有利于提高控制精度。

(3) 精馏塔的温差控制及双温差控制

以上两种方案，都是以温度作为被控变量，这对于一般的精馏塔来说，是可行的。但是在精密精馏时，产品纯度要求很高，而且塔顶、塔底产品的沸点差又不大时，应当采用温差控制，以进一步提高产品的质量。

采用温差作为衡量质量指标的间接变量，是为了消除塔压波动对产品质量的影响，因为系统中即使设置了压力定值控制，压力也总是会有些微小的波动，因而引起成分变化，这对一般产品纯度要求不太高的精馏塔是可以忽略不计的。但如果是精密精馏，产品纯度要求很高，微小的压力波动亦足以影响产品质量，使产品质量超出允许的范围，这时就不能再忽略压力的影响了。也就是说，精密精馏时，用温度作为被控变量就不能很好地代表产品的成分。温度的变化可能是成分和压力两个变量都变化的结果，只有当压力完全恒定时，温度与成分之间才具有单值对应的关系（严格来说，只是对二元组分来说）。为了解决这个问题，可以在塔顶（或塔底）附近的一块塔板上检测出该板温度，再在灵敏板上也检测出温度，由于压力波动对每块塔板的温度影响是基本相同的，只要将上述检测到的两个温度值相减，压力的影响就消除了，这就是采用温差来衡量质量指标的原因。

值得注意的是，温差与产品纯度之间并非单值关系。图 8-25 是正丁烷和异丁烷分离塔的温差 ΔT 和塔底产品轻组分浓度 x 之间关系的示意图。由图可见，曲线有最高点，其左侧表示塔底产品浓度较高（即轻组分浓度 x 较小）情况下，温差随着产品纯度的增加而减小；其右侧表示在塔底产品不很纯的情况下，温差随产品浓度的降低而减小。为了使控制系统能正常工作，温差与产品纯度应该具有单值对应关系。为此，一般将工作点选择在曲线的左侧，并采取措施使工作点不至进入曲线的右侧。

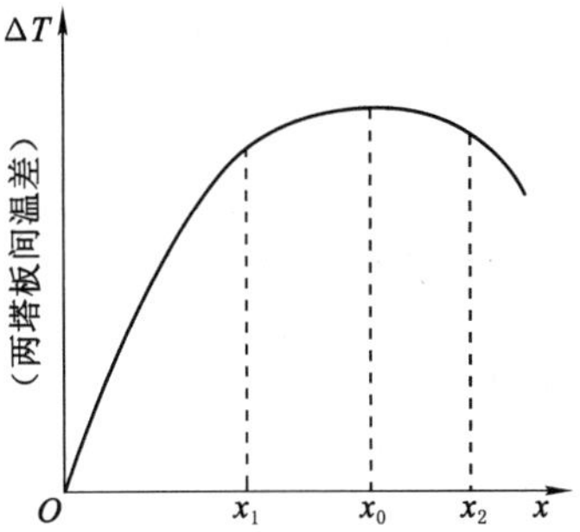

图 8-25　ΔT-x 曲线

为了使控制器的正常工作范围在曲线最高点的左侧，在使用温度控制时，控制器的给定值不能太大，干扰量（尤其是加热蒸汽量的波动）不能太大，以防止工作状态变到图 8-25 中曲线最高点的右侧，致使控制器无法正常工作。

温差控制可以克服由于塔压波动对塔顶（或塔底）产品质量的影响，但是它还存在一个问题：就是当负荷变化时，塔板的压降产生变化，随着负荷递增，由于两块塔板的压力变化值不同，所以由压降引起的温差也将增大。温差和组分之间就不呈单值对应关系，在这种情况下可以采用双温差控制。

双温差控制亦称温差值控制。图 8-26 是双温差控制的系统图。由图可知，所谓双温差控制就是分别在精馏段及提馏段上选取温差信号，然后将两个温差信号相减，作为控制器的测量信号（即控制系统的被控变量）。从工艺角度来理解选取双温差的理由是因为由压降引起的温差，不仅出现在顶部，也出现在底部，这种因负荷引起的温差，在作相减后就可相互抵消。从工艺上来看，双温差法是一种控制精馏塔进料板附近的组成分布，使得产品质量合格的办法。它以保证工艺上最好的温度分布曲线为出发点，来代替单纯地控制塔的一端温度（或温差）。

(4) 按产品成分或物性的直接控制方案

以上介绍的温度、温差或双温差控制都是间接控制产品质量的方法。如果能利用成分分析器，例如红外分析器、色谱仪、密度计、干点和闪点以及初馏点分析器等，分析出塔顶（或塔底）的产品成分并作为被控变量，用回流量（或再沸器加热量）作为控制手段组成成分控制系统，就可实现按产品成分的直接指标控制。

与温度的情况类似，塔顶或塔底产品的成分能体现产品的质量指标。但是当分离的产品较纯时，在邻近顶、底的各板间，成分差已经很小了，而且每块板上的成分在受到干扰后变化也小了，这就对检测成分仪表的灵敏度提出了很高的要求。但是目前来讲，成

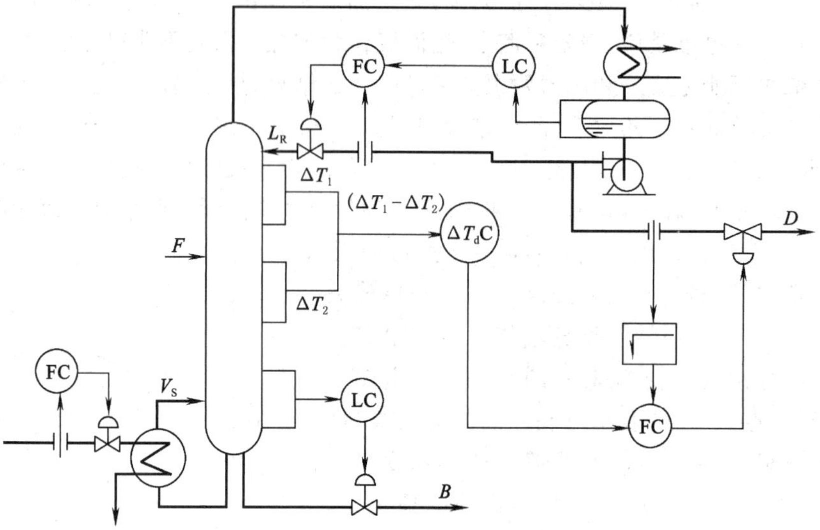

图 8-26 双温差控制方案

分分析器一般精度较低，控制效果往往不够满意，这时可选择灵敏板上的成分作为被控变量进行控制。

按产品成分的直接指标控制方案按理来说，是最直接的，也是最有效的。但是一般来说，由于目前测量产品成分的检测仪表，准确度较差，滞后时间很长，维护比较复杂，致使控制系统的控制质量受到很大影响，因此目前这种方案使用还不普遍。

8.4 化学反应过程设备的控制

化学反应器是化工生产中重要的设备之一，反应器控制的好坏直接关系到生产的产量和质量指标。

由于反应器在结构、物料流程、反应机理和传热情况等方面的差异，自控的难易程度相差很大，自控的方案也千差万别。下面只对反应器的控制要求及几种常见的反应器控制方案作一简单介绍。

8.4.1 化学反应器的控制要求

在设计化学反应器的自控方案时，一般要考虑下列要求。

(1) 质量指标

化学反应器的质量指标一般指反应的转化率或反应生成物的规定浓度。显然，转化率应当是被控变量。如果转化率不能直接测量，就只能选取几个与它有关的参数，经过运算去间接控制转化率。一般对于绝热反应器来说，当进料浓度一定时，转化率与温差成正比，这是由于转化率越高，反应生成的热量也越多，因此物料出口的浓度亦越高。所以，以温差作为被控变量，可以间接控制转化率的高低。

因为化学反应不是吸热就是放热，反应过程总伴随着热效应。所以，温度是最能够表征质量的间接控制指标。

也有用出料浓度作为被控变量的，如焙烧硫酸铁矿或尾砂，取出口气体中 SO_2 含量作为被控变量。但是就目前情况，在成分仪表尚属薄弱环节的条件下，通常是采用温度为质量的间接控制指标构成各种控制系统，必要时再辅以压力和处理量（流量）等控制系统，即可保证反应器的正常工作。

以温度、压力等工艺变量作为间接控制指标，有时并不能保证质量稳定。当有干扰作用时，转化率和反应生成物组分等仍会受到影响。特别是在有些反应中，温度、压力等工艺变量与生成物组分间不完全是单值对应关系，这就需要不断地根据工况变化去改变温度控制系统的给定值。在有催化剂的反应器中，由于催化剂的活性变化，温度给定值也要随之改变。

（2）物料平衡

为使反应正常，转化率高，要求维持进入反应器的各种物料量恒定，配比符合要求。为此，在进入反应箱前，往往采用流量定值控制或比值控制。另外，在有一部分物料循环的反应系统中，为保持原料的浓度和物料平衡，需另设辅助控制系统，如氨合成过程中的惰性气体自动排放系统。

（3）约束条件

对于反应器，要防止工艺变量进入危险区域或不正常工况。例如，在不少催化接触反应中，温度过高或进料中某些杂质含量过高，将损坏催化剂；在流化床反应器中，流体速度过高，会将固相吹走，而流速过低，又会让固相沉降等。为此，应当配备一些报警、连锁装置或设置取代控制系统。

8.4.2　釜式反应器的温度自动控制

釜式反应器在化学工业中应用十分普遍，除广泛用作聚合反应外，在有机染料、农药等行业中还经常采用釜式反应器来进行碳化、硝化、卤化等反应。

反应温度的测量与控制是实现釜式反应器最佳操作的关键问题，下面主要针对温度控制进行探讨。

（1）控制进料温度

图 8-27 是这类方案的示意图。物料经过预热器（或冷却器）进入反应釜，通过改变进入预热器（或冷却器）的热剂量（或冷剂量），可以改变进入反应釜的物料温度，从而达到维持釜内温度恒定的目的。

（2）改变传热量

由于大多数反应釜均有传热面，用以引入或移去反应热，所以用改变引入传热量多少的方法就能实现温度控制。图 8-28 中所示一带夹套的反应釜，当釜内温度改变时，可用改变加热剂（或冷却剂）流量的方法来控制釜内温度。这种方案的结构比较简单，使用仪表少，但由于反应釜容量大，温度滞后严重，特别是当反应釜用来聚合反应时，釜内物料黏度大，热传递较差，混合又不易均匀，就很难使温度控制达到严格的要求。

（3）串级控制

为了针对反应釜滞后较大的特点，可采用串级控制方案。根据进入反应釜的主要干扰的不同情况，可以采用釜温与加热剂（或冷却剂）流量串级控制（见图 8-29，釜温控制器 TC 的输出作为冷却剂流量控制器的设定值）、釜温与夹套温度串级控制（见图 8-30，釜温控制器 TC 的输出作为夹套内冷却剂温度控制器的设定值）及釜温与釜压串级控制（由于釜压往

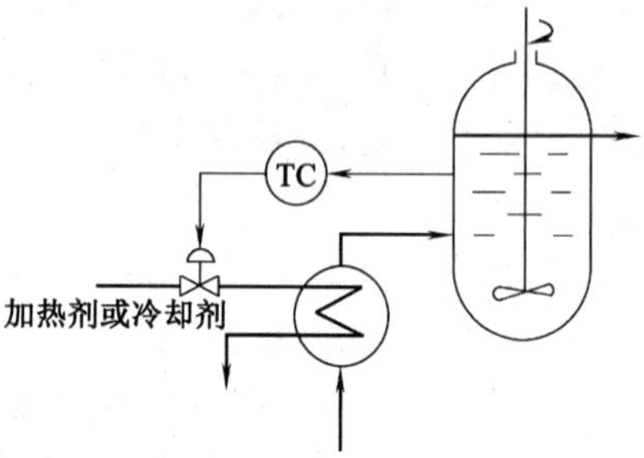

图 8-27　改变进料温度控制釜温

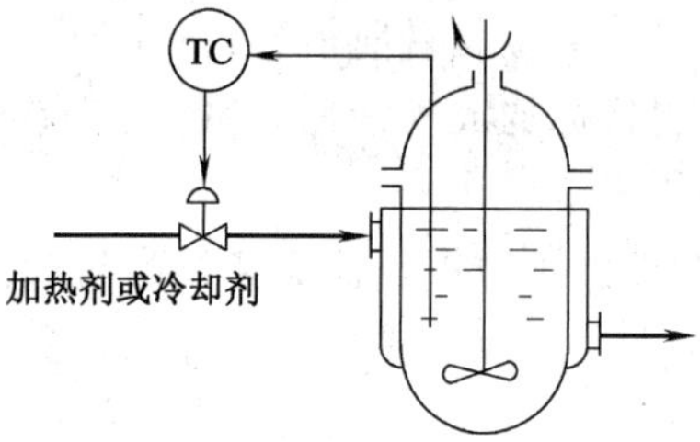

图 8-28　改变加热剂或冷却剂流量控制釜温

往与反应速率相关，能够影响反应温度，因此也将釜压作为中间变量，见图 8-31，釜温控制器 TC 的输出作为釜压控制器的设定值）等。

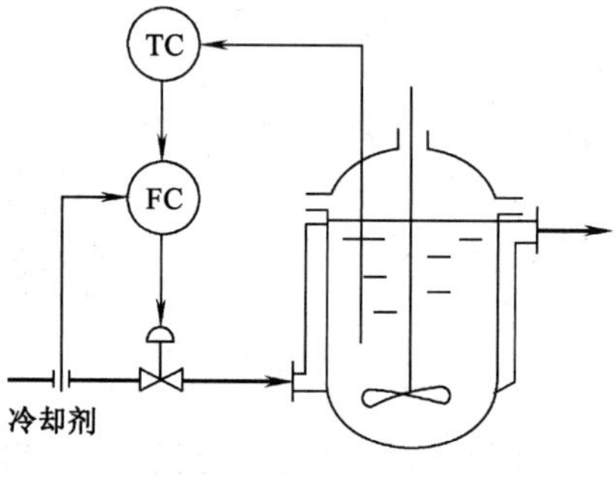

图 8-29　釜温与冷却剂流量串级控制示意图

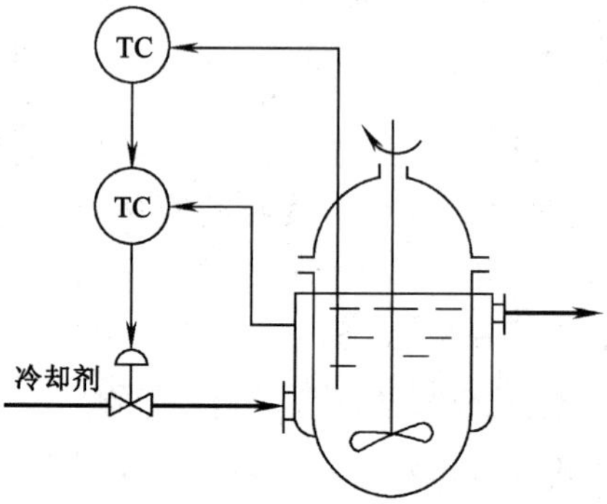

图 8-30　釜温与夹套温度串级控制示意图

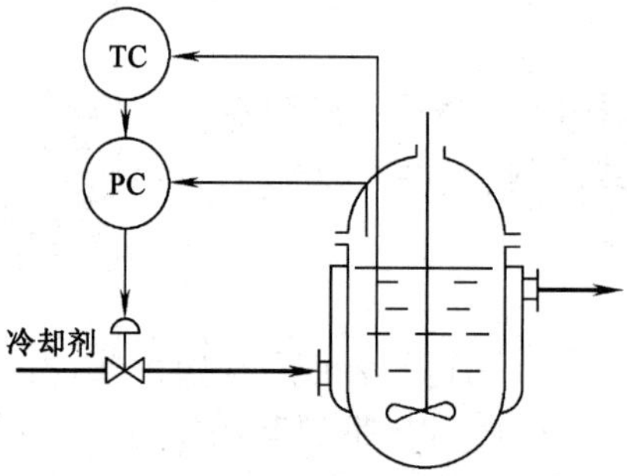

图 8-31　釜温与釜压串级控制系统示意图

8.4.3　固定床反应器的自动控制

固定床反应器是指催化剂床层固定于设备中不动的反应器，流体原料在催化剂作用下进行化学反应以生成所需反应物。

固定床反应器的温度控制十分重要。任何一个化学反应都有自己的最适宜温度。最适宜温度综合考虑了化学反应速率、化学平衡和催化剂活性等因素。最适宜温度通常是转化率的函数。

温度控制首要的是要正确选择敏点位置，把感温原件安装在敏点处，以便及时反映整个催化剂床层温度的变化。多段的催化剂床层往往要求分段进行温度控制，这样可使操作更趋合理。常见的温度控制方案有下列几种。

(1) 改变物料浓度

对放热反应来说，原料浓度越高，化学反应放热量越大，反应后温度也越高。以硝酸生产为例，当氨浓度在 9%～11%范围内时，氨含量每增加 1%可使反应温度提高 60～70 ℃。图 8-32 是通过改变进料浓度以保证反应温度恒定的一个实例，改变氨和空气比值就相当于改变进料的氨浓度。温度控制器 TC 的输出是氨与空气的比值，当反应器温度低于设定值时，TC 输出的比值增加，比值控制器相应开大氨气阀。反之，当反应器温度高于设定值时，TC 输出的比值降低，比值控制器相应关小氨气阀。

(2) 改变进料温度

改变进料温度，整个床层温度就会变化，这是由于进入反应器的总热量伴随进料温度变化而改变。若原料进反应器前需预热，可通过改变进入反应器的载热体流量，以控制反应床上的温度，如图 8-33 所示，也有按图 8-34 所示方案用改变旁路流量大小来控制床层温度的。

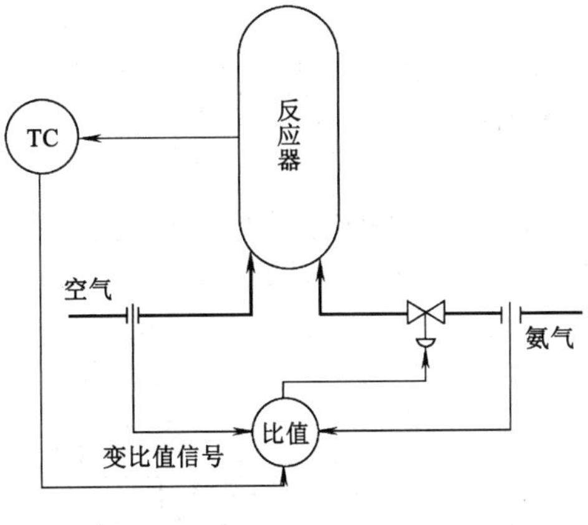

图 8-32　改变进料浓度控制反应器温度

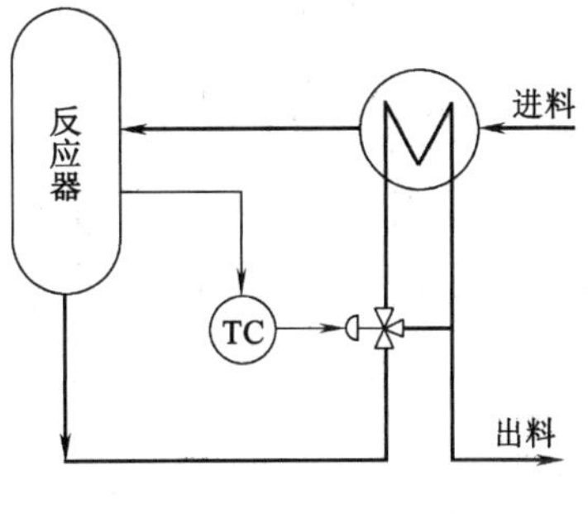

图 8-33　用载热体流量控制温度

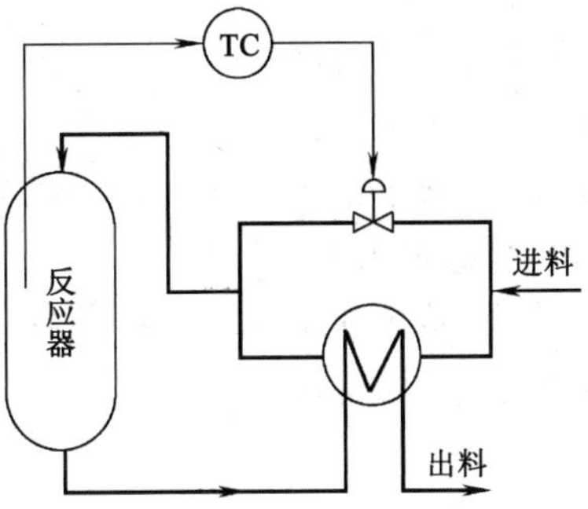

图 8-34　用旁路控制温度

(3) 改变段间进入的冷气量

在多段反应器中，可将部分冷的原料气不经预热直接进入段间，与上一段反应后的热气体混合，从而降低了下一段入口气体的温度。图 8-35 所示为硫酸生产中用 SO_2 氧化成 SO_3 的固定床反应器温度控制方案。这种控制方案由于冷的那一部分原料气少经过一段催化剂层，所以原料气总的转化率有所降低。另外有一种情况，如在合成氨生产工艺中，当用水蒸气与一氧化碳变换成氢气($CO+H_2O \rightarrow CO_2+H_2$)时，为了使反应完全，进入变换炉的水蒸气往往是过量很多的，这时段间冷气采用水蒸气则不会降低一氧化碳的转化率，图 8-36 所示为这种方案的原理图。

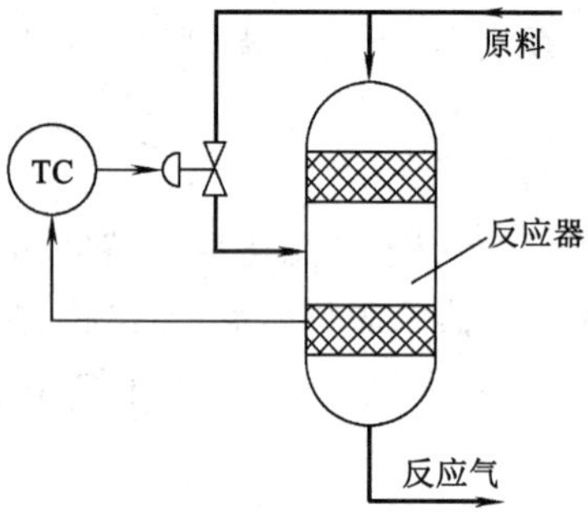

图 8-35　用改变段间冷气量控制温度

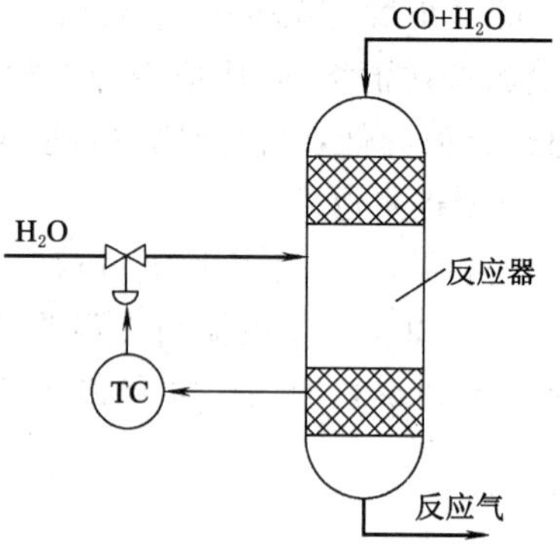

图 8-36　用改变段间蒸汽量控制温度

8.4.4　流化床反应器的自动控制

流化床反应器底部装有多孔筛板，催化剂呈粉末状置于筛板上，当从底部进入的原料气流速达到一定值时，催化剂开始上升呈沸腾状，这种现象称为固体流态化。催化剂沸腾后，由于搅动剧烈，因而传质、传热和反应强度都高，并且有利于连续化和自动化生产。

与固定床反应器的自动控制相似，流化床反应器的温度控制是十分重要的。为了自动控制流化床的温度，可以通过改变原料入口温度（见图 8-37），也可以通过改变进入流化床的冷却剂流量（见图 8-38），以控制流化床反应器内的温度。

在流化床反应器内，为了了解催化剂的沸腾状态，常设置差压指示系统，如图 8-39 所示。在正常情况下，差压不能太小或太大，以防止出现催化剂下沉或冲泡的现象。当发生冲泡现象时，差压计示值会变小；当反应器中有结块、结焦和堵塞现象时，也可以通过差压仪表显示出来，此时示值会变大。

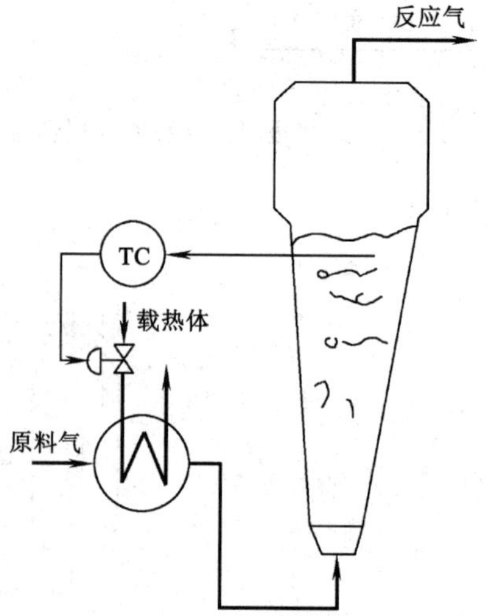

图 8-37　改变入口温度控制反应器温度

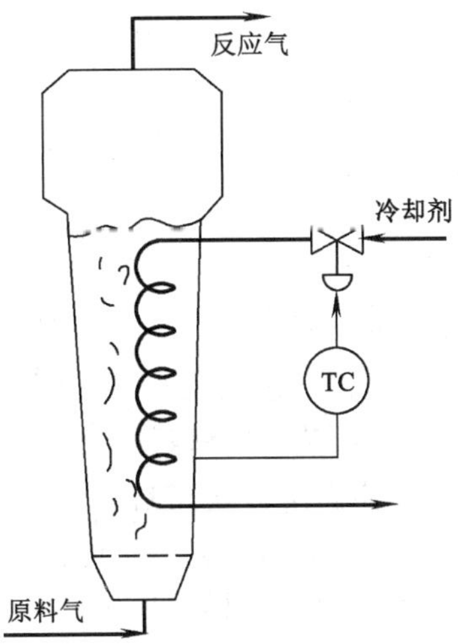

图 8-38　改变冷却剂流量控制温度

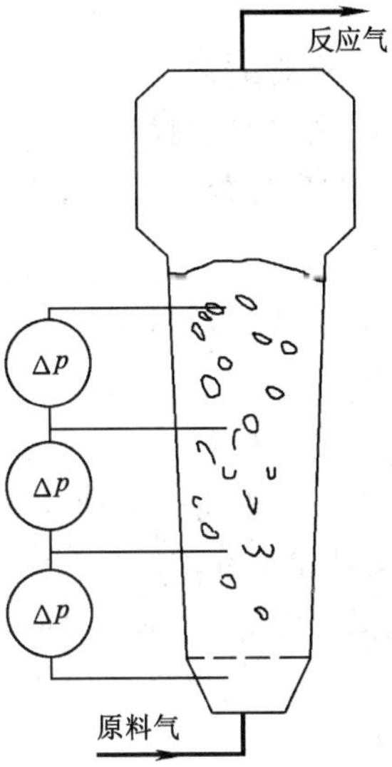

图 8-39　流化床差压指示系统

8.5　汽包液位的控制

汽包是汽化冷却系统中的核心设备，其液位是保证加热炉安全生产的关键。汽包的液位高于正常值会减小汽包的蒸汽空间，使得蒸汽在汽包蒸汽空间内的流速增加。蒸汽在汽包内停留的时间变短，使其携带的水滴来不及从蒸汽中分离出来，影响蒸汽品质。汽包的液位低于正常值，则加大汽包的蒸汽空间，减小了蒸汽的流速，有利于汽水分离，使蒸汽品质提高。但从热水循环泵的汽蚀角度来看，液位低会使泵入口水柱降低，即泵的入口压力降低，容易使水在泵的入口汽化。

另一方面，当循环泵的工作扬程不变时，泵的入口压力降低会造成出口压力降低，引起循环回路流量的减小，对水梁的冷却不利。严重时会烧毁水梁，使加热炉瘫痪。因此，为了保证加热炉的安全运行，汽包液位的控制至关重要。

8.5.1　汽包液位检测

目前，测量汽包液位的仪表有无盲区低偏差双色水位计，电极式测量装置，单、双室平衡容器和磁翻板液位计等。这些仪表的原理分别是运用连通管式（无盲区低偏差双色水位计，电极式测量装置）、差压式原理（单、双室平衡容器）、磁浮子原理和磁耦合作用（磁翻板液位计）。

磁翻板液位计是以磁性浮子为检测元件，通过磁性浮子与显示色柱中磁性体的磁耦合作用，反映被测液位或界面的测量仪表，其原理如图 8-40 所示。

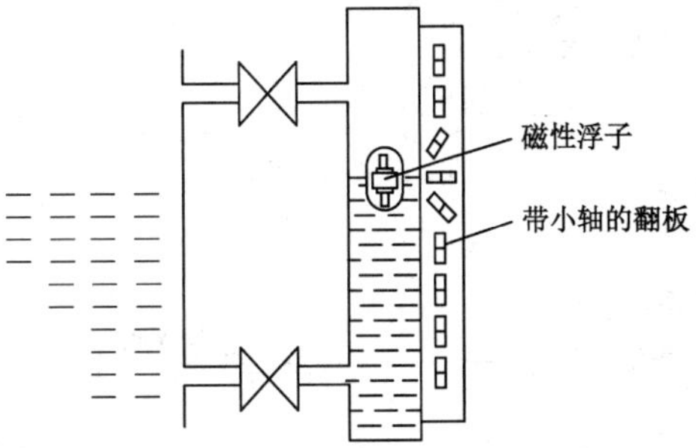

图 8-40　磁翻板液位计原理示意图

主体管(有磁浮子的腔体)通过阀门与汽包组成一个连通器,主体管内的液位与汽包液位等高,磁浮子会随着汽包液位的升降而升降。磁性浮子内的永久磁钢通过磁耦合传递到磁翻柱指示器,驱动红、白翻板翻转 180°。当汽包液位上升时磁翻板由白色转变为红色,当汽包液位下降时磁翻板由红色转变为白色,实现液位的清晰显示,同时还可以输出与液位成比例的模拟信号。

8.5.2 汽包液位控制方案

若生产过程中汽包给水突然中断,则汽包液位可能在几十秒内降至汽包危险液位。若汽包内给水流量和蒸汽流量之间不能达到物质平衡状态,则汽包在短时间内会发生缺水或满水事故。因此,汽包液位的快速准确控制是加热炉安全运行的重要保障。

基本的液位单闭环控制俗称单冲量控制。双冲量控制是在单冲量控制的基础上引入了蒸汽流量前馈控制。包含液位信号、给水流量信号、蒸汽流量信号的前馈-反馈控制与前馈-串级控制均称为三冲量控制。考虑汽化冷却系统的复杂性,一般采用前馈-串级控制方案。

(1) 单冲量控制

单冲量控制系统是一种典型的单回路控制系统,是以汽包液位为反馈信号的闭环单回路控制,也是汽包液位早期的自动控制方案。单冲量控制系统如图 8-41 所示。

单冲量控制适合负荷比较稳定、汽水循环慢的小容量汽包。该类型汽包蓄水量小,水面下气泡数量少,汽包液位的滞后性和“虚假水位”现象不太明显,因此,可采用单冲量控制。但是,单冲量控制存在以下缺点:① 汽包液位变化有一定的滞后性和惯性,给水阀要等到液位变化后才能动作,在经过一段延迟时间后才能影响汽包液位,这样汽包液位将会出现较大的波动,调节时间长且控制品质差;② “虚假水位”现象使调节阀误动作,使给水流量变化方向与蒸汽负荷的变化方向相反,扩大汽包进、出量的不平衡,汽包液位难以得到稳定的控制,严重影响设备的使用寿命和安全。

对于大中型汽包,其蒸汽负荷变化大、汽水循环速度快,采用单冲量控制不合适。

(2) 双冲量控制

由于单冲量控制对可测而不可控的蒸汽流量扰动无法及时控制,只有等到被控制对象发生变化,偏差出现后调节阀才开始动作,控制动作远落后于扰动,汽包液位波动比较大。为了能够及时抑制蒸汽流量扰动,在单冲量控制的基础上引入蒸汽流量信号进行前馈补偿,即双冲量控制,其流程图如图 8-42 所示。

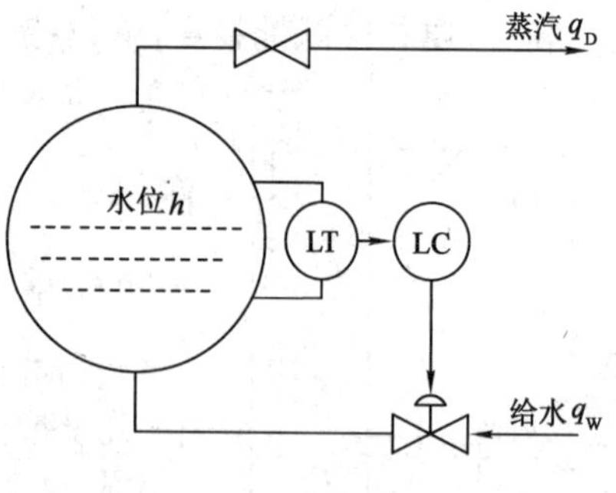

图 8-41 单冲量控制系统

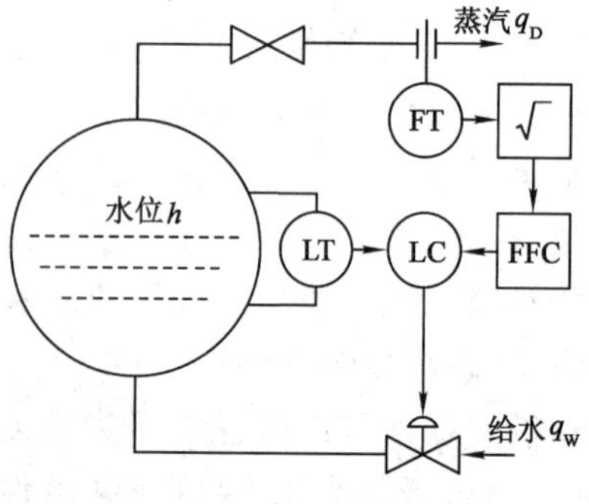

图 8-42 双冲量控制系统

当蒸汽流量发生变化时，前馈回路立即给调节阀一个补偿信号，使调节阀变化的方向与蒸汽负荷变化的方向相同，这样就可以减少由于“虚假水位”现象而引起的汽包液位变化，大大改善了控制系统的动态特性，提高了汽包液位的控制品质。

双冲量控制系统没有引入给水流量信号，不能对给水扰动进行快速补偿，所以双冲量控制方案适合于给水压力比较平稳的汽化冷却系统。

(3) 三冲量控制

在双冲量的基础上引入给水流量信号，构成三冲量控制系统。三冲量控制系统以汽包液位、蒸汽流量、给水流量三个输入信号构成前馈-反馈控制系统或前馈-串级控制系统。前馈-反馈控制系统中对蒸汽流量扰动和给水流量扰动分别进行前馈补偿，控制系统流程图如图 8-43 所示，两个前馈控制器 FFC 分别对蒸汽流量扰动和给水流量扰动进行补偿，信号叠加在液位控制器 LC 上，对液位进行控制。该方案使用较少。

前馈-串级控制系统中将汽包液位作为主被控量，给水流量作为副被控量，对蒸汽流量扰动进行前馈补偿，控制系统流程图如图 8-44 所示，液位控制器 LC 的输出作为副环给水流量控制器 FC 的设定值，FFC 对蒸汽流量扰动进行补偿，信号叠加在副控制器 FC 上，对给水流量进行控制，从而实现液位调节。

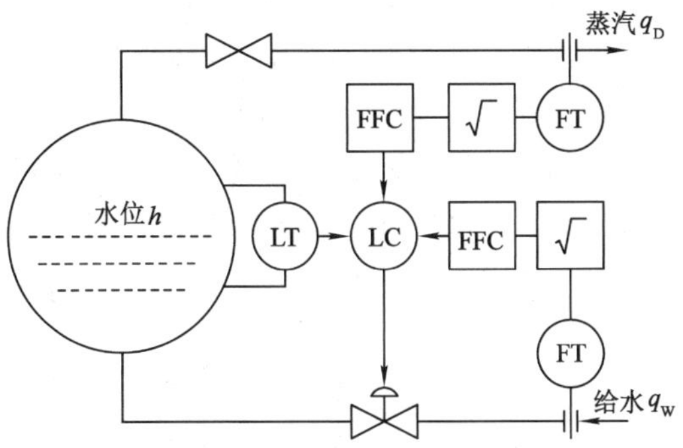

图 8-43　前馈-反馈三冲量控制

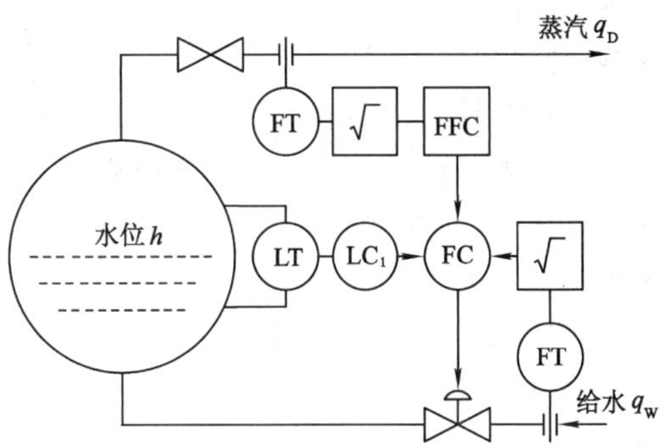

图 8-44　前馈-串级三冲量控制

8.6　加热炉炉膛温度的控制

加热过程是一个极其复杂的过程，包括燃料的燃烧、火焰辐射传热以及炉内热对流等，每个过程都不是独立的，相互之间作用明显，因此实现加热炉的炉温自动控制是非常困难的。要在现实生产中进行炉温自动控制需要考虑多种因素，一方面，要保证燃烧系统跟踪设定温度值的速度足够快；另一方面，应当尽量减少燃料的浪费，最大限度地节能降耗。常见的炉温控制系统如下。

(1) 单回路控制

温度单回路控制是最简单的控制方法，根据炉温的变化调节燃气和空气的输入流量。由于各加热段之间的相互耦合及空燃比等因素，这种方法在很大程度上要依赖操作经验，不能实现真正意义上的炉温自动控制。

(2) 串级比值控制

将炉膛温度作为主被控参数，燃气流量和空气流量作为副被控参数。燃气回路和空气回路并行，温度控制器的输出值作为燃气设定值，同时温度控制的输出值乘以空燃比作为空气设定值。燃气流量为主动量，空气流量为从动量，两个流量均采用闭环控制，如图 8-45 所示，当炉膛温度过低时，温度调节器增大燃气量，空气流量以一定比值自动跟随变化。

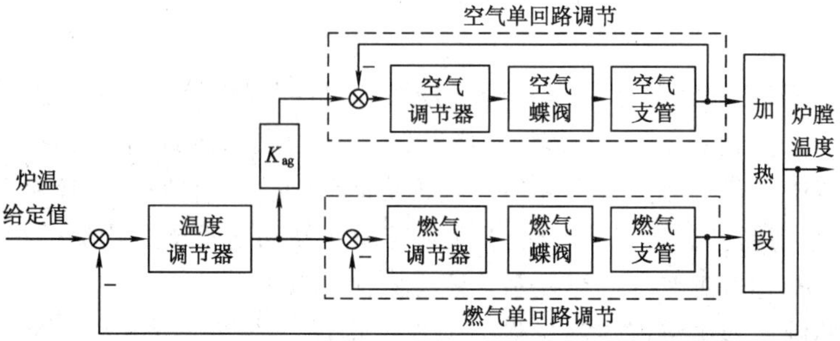

图 8-45　串级比值控制

（3）空气限幅控制

由于上述情况中，空气的增加滞后于燃气量的增加，会导致燃烧不充分。相对于串级比值控制，空气限幅控制中增加了一个空气高值选择器，将燃气流量检测值乘以空燃比得出的值与温度调节器输出值乘以空燃比得出的值进行高值选择作为空气回路的设定值。空气限幅控制方法可以保证空气量比燃气量充裕，不会产生燃烧不充分现象。但由于对空气量的上限没有限制，往往空气量过大使得炉膛内部保持氧化性气体气氛，钢坯的氧化烧损严重，且排烟热损较大。

（4）双闭环交叉限幅控制

针对空气限幅控制方案中可能会出现空气量过大的突出问题，目前，加热炉多采用双闭环交叉限幅控制方法。在空气限幅控制中再增加一个燃气低值选择器，将空气流量检测值除以空燃比得出的值与温度调节器的输出值进行低值选择作为燃气回路的设定值，系统如图 8-46 所示。

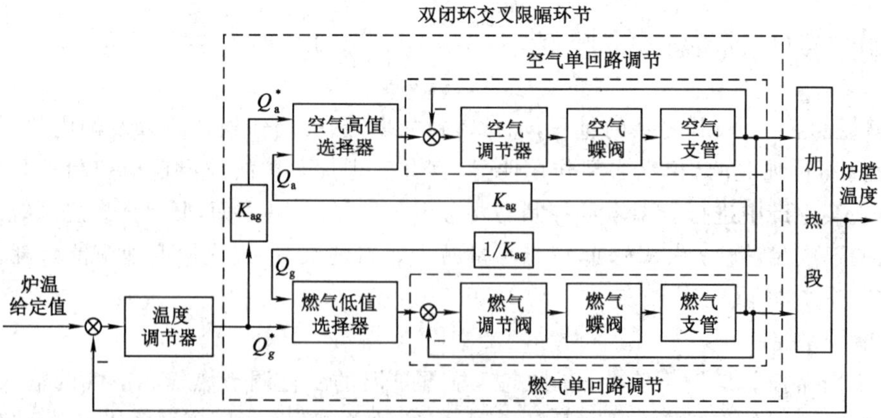

图 8-46　空气/燃气双闭环交叉限幅控制